原 康夫・近 桂一郎・丸山瑛一・松下 貢 編集

裳華房フィジックスライブラリー

振 動・波 動

早稲田大学名誉教授
理学博士
近 桂一郎 著

裳 華 房

Oscillations and Waves

by

Keiichiro KON, DR. SC.

SHOKABO

TOKYO

編 集 趣 旨

「裳華房フィジックスライブラリー」の刊行に当り，その編集趣旨を説明します．

最近の科学技術の進歩とそれにともなう社会の変化は著しいものがあります．このように新しい知識が急増し，また新しい状況に対応することが必要な時代に求められるのは，個々の細かい知識よりは，知識を実地に応用して問題を発見し解決する能力と，生涯にわたって新しい知識を自分のものとする能力です．このためには，基礎になる，しかも精選された知識，抽象的に物事を考える能力，合わせて数理的な推論の能力が必要です．このときに重要になるのが物理学の学習です．物理学は科学技術の基礎にあって，力，エネルギー，電場，磁場，エントロピーなどの概念を生み出し，日常体験する現象を定性的に，さらには定量的に理解する体系を築いてきました．

たとえば，ヨーヨーの糸の端を持って落下させるとゆっくり落ちて行きます．その理由がわかると，それを糸口にしていろいろなことを理解でき，物理の面白さがわかるようになってきます．

しかし，物理はむずかしいので敬遠したくなる人が多いのも事実です．物理がむずかしいと思われる理由にはいくつかあります．そのひとつは数学です．数学では $48 \div 6 = 8$ ですが，物理の速さの計算では $48\,\text{m} \div 6\,\text{s} = 8\,\text{m/s}$ となります．実用になる数学を身につけるには，物理の学習の中で数学を学ぶのが有効な方法なのです．この"メートル"を"秒"で割るという一見不可能なようなことの理解が，実は，数理的推論能力養成の第1歩なのです．

一見，むずかしそうなハードルを越す体験を重ねて理解を深めていくところに物理学の学習の有用さがあり，大学の理工系学部の基礎科目として物理

が最も重要である理由があると思います．

　受験勉強では暗記が有効なように思われ，必ずしもそれを否定できません．ただ暗記したことは忘れやすいことも事実です．大学の勉強でも，解く前に問題の答を見ると，それで多くの事柄がわかったような気持になるかもしれません．しかし，それでは，考えたり理解を深めたりする機会を失います．20世紀を代表する物理学者の1人であるファインマン博士は，「問題を解いて行き詰まった場合には，答をチラッと見て，ヒントを得たらまた自分で考える」という方法を薦めています．皆さんも参考にしてみてください．

　将来の科学技術を支えるであろう学生諸君が，日常体験する自然現象や科学技術の基礎に物理があることを理解し，物理的な考え方の有効性と物理の面白さを体験して興味を深め，さらに物理を応用する能力を養成することを目指して企画したのが本シリーズであります．

　裳華房ではこれまでも，その時代の要求を満たす物理学の教科書・参考書を刊行してきましたが，物理学を深く理解し，平易に興味深く表現する力量を具えた執筆者の方々の協力を得て，ここに新たに，現代にふさわしい基礎的参考書のシリーズを学生諸君に贈ります．

　本シリーズは以下の点を特徴としています．

- 基礎的事項を精選した構成
- ポイントとなる事項の核心をついた解説
- ビジュアルで豊富な図
- 豊富な［例題］，［演習問題］とくわしい［解答］
- 主題にマッチした興味深い話題の"コラム"

　このような特徴を具えたこのシリーズが，理工系学部で最も大切な物理の学習に役立ち，学生諸君のよき友となることを確信いたします．

編 集 委 員 会

はじめに

　振動と波動は大学理工系基礎科目の物理の重要な部分の一つである．本書は，これから振動，波動を学ぼうという人たちの入門書として，また，丁度いま学習している人たち，あるいはもう一度勉強し直そうという人たちの参考書となることをねらいとしている．

　振動・波動は力学，電磁気学あるいは熱学のように，固有の物理法則を基礎とする，特定の分野を主題とするのではない．その主な役目は，分野を横断して同じ見方で扱うことのできる問題をとり出し，共通な解決方法を与えることである．異なる現象に共通の性質をとり出すために用いられるのは，それらを特徴的に示す，単純な系，すなわち模型である．例えばおもりとばねをつないだ系は，そのものにとどまらないで，いろいろな機械や構造物の力学的な振動や回路の電気的な振動について，統一的な見方を表す模型となる．もちろんこれらの模型は極端に単純化されていて，具体的な問題にそっくりそのまま適用できるものではない．しかし，それだからこそ，多くの場合に共通な基本的性質を示すことが可能なのである．さらに，多くの場合，その性質は簡単な数式で表されるから，パソコンを使って，その振舞を手軽に調べることができる．

　本書では，特に広く使われる模型を順にとり上げて，その性質や取扱い方をできるだけ詳しく議論したつもりである．まず，第1～3章では，1個のおもりと1個のばねの模型によって，重ね合わせの法則が成り立つ系で自然に起こる振動，あるいは外部から加えられた力の下での運動について，基本的な事柄を説明した．その応用として，第4章では，単純な回路での電気振動にふれ，さらに，外から系に加えられた作用と，その結果として起こる変化との関係を，より一般的に扱う考え方への入口を示した．ここまでの主題

が1個の変数で表される，自由度1の系の振動であったのに対して，第5〜8章では多数の自由度をもつ系の振動や波をとり上げる．まず，第5,6章ではおもりとばねがそれぞれ複数個結合した模型から出発して，振動を系全体の運動として捉える考え方を述べる．このような系全体の集団的な運動の代表的な例は波である．第7章では主に波を数式で表す方法を説明し，続いて，上の模型の極限に当る，一様な弦，弾性体の棒を例として，波の性質を基本的な物理法則から説明する道筋を第8章で示した．物理に登場する波のうちで最も重要なものの一つは電磁波である．第9,10章は第8章までに述べた事柄の応用編として，電磁波の基本的な性質，特に干渉と回折について，入門的な解説を行なった．

全体として，第1,2,5,7章と第8章の前半では，物理実験を含めて大学初年級の物理でとり上げられる話題を中心にして述べ，残りの章で，やや進んだ問題や取扱いへの入口を示したつもりである．また，各章ごとに基本的な事柄を始めの方に置き，より進んだテーマは後方の節で述べることにした．なお，これらの節については，各見出しに * を付けて示した．

大学の基礎科目である物理の参考書という本シリーズのねらいを考えて，説明や議論は標準的な方法に従ったが，全体に電気回路の振動と力学的な振動の対比を強調したこと，および，波の基本的な法則を表すのに，2つの場の量を結ぶ関係式をいわゆる波動方程式よりも重視したことは，伝統的な教程を逸脱しているかもしれない．著者のねらいは，実験により結び付けやすい例を多く示すこと，また電磁波を中心として，さまざまな波を統一的に見る視点をよりはっきりと提示することである．それらがどこまで実現されているかの判定は，読者の方々のご批判を待ちたい．また，模型の具体的な性質を示すために，なるべく多くのグラフを掲げたが，紙数の都合で十分とはいえない．できれば，読者が自分自身の計算によって補われることを期待している．

執筆に当っては，学生実験室を含む教室あるいは研究室で，著者が学生諸

氏に接する際に説明，質問への回答などのために作ったメモを主な材料とした．それらをまとめた第1次の原稿を，本シリーズの編集委員である原 康夫教授，丸山瑛一教授に見て頂いた．両先生からの多くの有益なご助言に基づいて，内容，構成の両面で全般的に書き改めて，第2次の原稿とした．この段階では，巻末に挙げた参考書を参照した．

　振動と波動について啓発を受けた，多くの知友，および書物の著者に感謝する．なかでも原，丸山 両教授には，長年にわたるご教導と合わせて心からお礼を申し上げる．

　いくつかの図・写真について，三省堂 教科書編集部の倉又 茂氏，および早稲田大学理工学部フィジカル部門の方々，特に染谷貞一，田中 淳の両氏にご助力を賜った．さらに，不備な点，わかりにくい点のなお少なくなかった第2次稿を最終的な形に仕上げることができたのは，裳華房編集部の小野達也氏，石黒浩之氏のご援助による．これらの方々すべてに深く感謝する．

2006年11月

近　桂一郎

目　次

1.　単　振　動

§1.1　いろいろな振動 ・・・・・・1
§1.2　単振動
　　　—おもりとばねの模型—・・2
§1.3　単振動をするおもりにはたらく
　　　力 ・・・・・・・・・・6
§1.4　つり合いの位置の周りの振動
　　　・・・・・・・・・・10
§1.5　単振り子 ・・・・・・・・13
§1.6　等速円運動と単振動
　　　—ベクトル図— ・・・・14
§1.7　複素数による表示 ・・・・16
§1.8　単振動のエネルギー ・・・18
演習問題 ・・・・・・・・・・21

2.　減衰振動と強制振動

§2.1　振動とエネルギーの散逸 ・23
§2.2　速度に比例する抵抗力 ・・28
§2.3　減衰振動の性質 ・・・・・34
§2.4　階段的に加わる外力の下での
　　　運動 ・・・・・・・・41
§2.5　単振動をする外力 ・・・・45
§2.6　強制振動の性質 ・・・・・50
§2.7　エネルギーの流れと共振* ・55
演習問題 ・・・・・・・・・・61

3.　単振動の重ね合わせ

§3.1　単振動の重ね合わせ ・・・63
§3.2　角振動数の等しい単振動の
　　　重ね合わせ ・・・・・65
§3.3　角振動数の異なる単振動の
　　　重ね合わせ　—うなり— ・66
§3.4　繰り返しパルス ・・・・・69
§3.5　単発パルス ・・・・・・・73
§3.6　2次元の単振動 ・・・・・75
§3.7　フーリエ級数 ・・・・・・80
§3.8　複素数を使って表したフーリエ
　　　級数 ・・・・・・・・87
§3.9　フーリエ積分* ・・・・・・89
演習問題 ・・・・・・・・・・94

4. 電気回路で起こる振動 —外力と応答—

§4.1 コイルとコンデンサーと抵抗
　　　でできた回路 ‥‥95
§4.2 インピーダンス ‥‥99
§4.3 外力と応答の関係 ‥‥104
§4.4 衝撃力に対する応答* ‥107
§4.5 一般の外力と衝撃力に対する応答* ‥‥111
§4.6 一般の外力と単振動型の変化をする外力に対する応答* ‥‥115
演習問題 ‥‥118

5. 連成振動

§5.1 連成振動 ‥‥119
§5.2 2個の質点の系の連成振動 122
§5.3 基準振動 ‥‥128
§5.4 基準振動の形 ‥‥136
§5.5 エネルギーの移動* ‥‥138
§5.6 基準座標* ‥‥140
演習問題 ‥‥147

6. 連続的な物体の振動

§6.1 弦や棒の基準振動 ‥‥149
§6.2 おもりとばねの列
　　　—振動モード— ‥‥151
§6.3 おもりとばねの列
　　　—基準座標— ‥‥157
§6.4 連続的な媒質にはたらく力と変形 ‥‥164
§6.5 弾性体の棒の縦振動 ‥‥167
演習問題 ‥‥174

7. 波とその性質

§7.1 波 ‥‥176
§7.2 正弦波 ‥‥177
§7.3 一般の1次元の波 ‥‥184
§7.4 3次元の平面波と波数ベクトル ‥‥187
§7.5 波の重ね合わせ ‥‥188
§7.6 うなりの波の伝播 ‥‥189
§7.7 波束とその伝播* ‥‥193

8. 波の基本法則

§8.1 波の速さ ・・・・・・・・197
§8.2 弦の運動の法則 ・・・・・200
§8.3 波の基本方程式 ・・・・・202
§8.4 波動方程式とそれを満たす波
　　　・・・・・・・・・・・205
§8.5 媒質の境界と波の反射 ・・210
§8.6 波のエネルギーとその移動 217
§8.7 2次元，3次元の波動方程式*
　　　・・・・・・・・・・・223
演習問題 ・・・・・・・・・・225

9. 電磁波

§9.1 同軸ケーブルを伝わる電磁波
　　　・・・・・・・・・・・229
§9.2 ケーブルの接続と反射 ・・234
§9.3 真空および一様な誘電体の中の電磁波 ・・・・・・・・238
§9.4 はしご回路とフィルター特性*
　　　・・・・・・・・・・・245
演習問題 ・・・・・・・・・・248

10. 干渉と回折

§10.1 波の干渉 ・・・・・・・250
§10.2 2個の小さい波源から出る波の干渉 ・・・・・・259
§10.3 遠方の波の近似と現実の波
　　　・・・・・・・・・・・262
§10.4 波源の列* ・・・・・・・269
§10.5 光の波の干渉 ・・・・・273
§10.6 波の回折 ・・・・・・・277
§10.7 スリットによる回折* ・280
§10.8 回折格子* ・・・・・・286
演習問題 ・・・・・・・・・・289

演習問題解答 ・・・・・・・・・・・・・291
参考書 ・・・・・・・・・・・・・・・304
索引 ・・・・・・・・・・・・・・・・305

1 単振動

　最も簡単な振動は単振動，すなわち，時間変化が正弦（サイン）あるいは余弦（コサイン）関数で表される振動である．そこでまず単振動をとり上げて，数式でどう表すか，どのような場合に起こるか，エネルギーの時間変化を含めてどんな性質をもっているか，などについて述べる．それを通じて，振動と波のさまざまな問題を扱うときの基礎となる，概念と方法を紹介するのが本章のねらいである．

§1.1　いろいろな振動

　我々の周りにはさまざまな振動，すなわち時間とともに同じ状態が繰り返して進む変化がある．例えば身近な公園に行ってみると，ブランコやシーソーの運動が振動であることに気づく．また，ヒトの声帯，スピーカーのコーン，楽器の弦などの振動が空気の波として我々の耳に伝わり，再び聴覚の器官を振動させるのが音の機構である．このような力学的振動は，機械や建造物などでも起こり，工業技術上大切な意味をもっている．

　上に挙げたのは力学的な振動の例であるが，テレビ，ラジオ，携帯電話などは，電磁波すなわち空間を伝わってくる電場と磁場の振動が受信機の中で引き起こす振動電流によって，遠くから送られてくる情報を受けとっている．さらに我々が温度として知覚するものには，物質を構成している原子・分子の振動のエネルギーが関わっている．

　より定量的にみると，これらの現象では，ブランコやシーソーの傾き角，

空気の圧力の変化,受信回路の中を流れる電流,固体の中での原子の平均位置からの変位などの,変化を特徴づける量がある.変化の様子は極めて厳密に,あるいはおおよそ,独立変数である時間に対して繰り返し同じ値をとる関数,すなわち時間の周期関数で表される.

しかしブランコとシーソーの振動では,大きい違いがある.ブランコに乗っている人はつり合いの位置,すなわち最下点の両側を振動している.つり合いの位置から少しずれると,重力とロープの力の合力が,ブランコをつり合いの位置に戻そうとする(図1.7参照).しかし,つり合いの位置に戻ってもブランコは静止しない.慣性のために運動を続けて,再びつり合いが破れる.この運動は重力によって減速され,やがて速度がゼロとなると,つり合いの位置に向かって逆向きの運動を始める.こうしてブランコは同じ運動を繰り返す.結局この場合には,慣性と,系を安定なつり合いの位置に引き戻そうとする力(復元力)の両方の存在が本質的な役割を果たしている.変化がつり合い状態の両側で起こる振動は,一般にこのタイプである.

一方,シーソーでは事情が異なっている.シーソーが安定な状態は水平になったときではなくて,左右のどちらかに傾いたときである.二つの安定な状態のうちどちらに落ち着くかは,乗り手2人の位置の微妙な変化で決まる.このように複数の安定な状態をもつ系では,偶然の要因でそれらの間を系が移り変わることによって,一種の振動が起こる.本書ではブランコ型の振動だけをとり上げ,その性質を詳しく議論することにする.

§1.2 単振動 —おもりとばねの模型—

自然界と人間の技術がつくり出す世界を合わせて,ブランコ型の振動は極めて多い.それらの中で定量的に扱うのに便利なのは,おもりとばねでできた系である.ばねにおもりを付け,ばねのもう一方の端を固定する.このとき,ばねをつり合いの状態よりも少し伸ばして(あるいは縮めて)から放すと,おもりはつり合いの位置の周りで振動する.ここでは問題を理想化し

て，水平で滑らかな床の上にある質点がばねで壁につながれている系 (図 1.1) を考えよう．これをおもりとばねの模型とよぶことにする．

質点の位置を表すのに，ばねの伸び縮みの方向に x 軸をとり，つり合いの位置に座標の原点をとると，座標 $x(t)$ がそのままつり合いの位置からの質点の変位を表す．このような系を実際につくって運動の様子を調べると，変位は時刻 t を変数に含む余弦（あるいは正弦）関数

$$x(t) = X_0 \cos\left(\frac{2\pi t}{T} + \alpha\right)$$
(1.1)

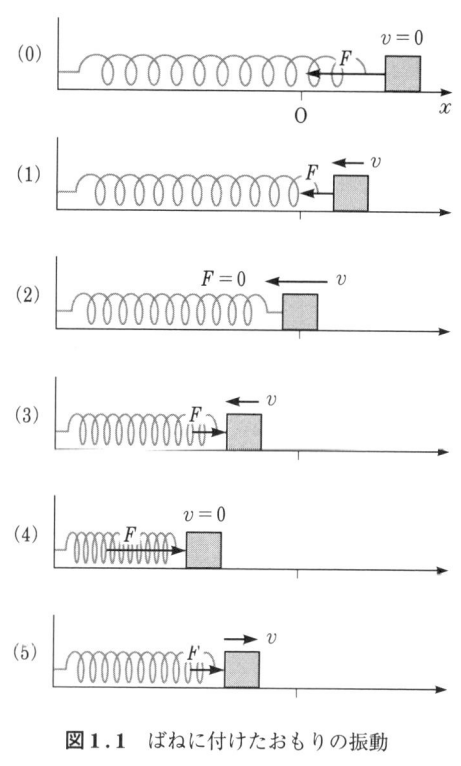

図 1.1 ばねに付けたおもりの振動

でよく表される．ここで，関数の中に入っている $2\pi t/T + \alpha$ を**位相**とよぶ．

当面，X_0 は正の定数として (1.1) の関係をグラフで表すと図 1.2 のようになり，変位 $x(t)$ は X_0 と $-X_0$ の間で変化し，時間 T が経つごとに，全く同じ値をとる．この運動を**振幅** X_0，**周期** T の**単振動**とよぶ．周期の逆数 $\nu = 1/T$ は，単位時間の間に同じ状態が系に現れる回数を意味し，**振動数**とよばれる．その単位は $[\text{s}^{-1}]$ で，これを**ヘルツ** [Hz] とよぶ．しかし物理では，振動数よりも

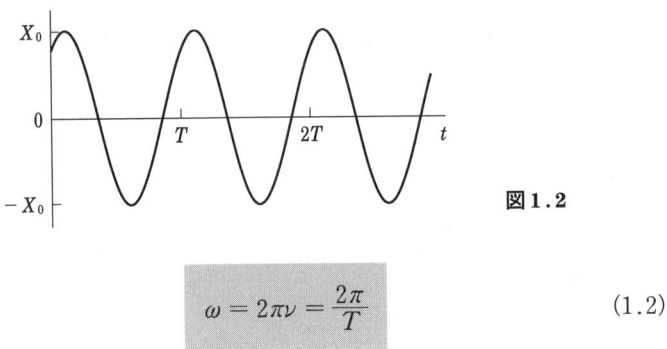

図1.2

$$\omega = 2\pi\nu = \frac{2\pi}{T} \tag{1.2}$$

で定義される**角振動数** ω (単位 [Hz]) をより多く使う．この ω を使うと，(1.1) は

$$x(t) = X_0 \cos(\omega t + \alpha) \tag{1.3}$$

と表される．

　実際の系では，摩擦などの効果で力学的エネルギーが次第に失われて振動が弱まるから，(1.3) はある時間の範囲の間だけで近似的に成り立つ式である．ここでは，(1.3) の変化が長く続く理想的な場合を考えている．しかし，この理想化によって，かえって多くの場合に現実の現象を記述することができる．

　単振動で大切な役割を果たす量は，**位相**

$$\varphi(t) = \frac{2\pi t}{T} + \alpha = \omega t + \alpha \tag{1.4}$$

である．位相は余弦（あるいは正弦）関数の中身だから次元のない量だが，しばしば角度として扱い，**ラジアン** (rad) あるいは**度** (°) を付けてよぶ．(1.4) からわかるように，角振動数 ω は単位時間当りの位相の変化，あるいは位相の変化率である．また α は時刻 $t = 0$ での位相の値だから，**初期位相**

あるいは**位相定数**とよぶ．

(1.3)の定数 X_0 と α は一通りには決まらない．α に 2π の整数倍を加えても，この式は同じ単振動を表す．また X_0 にマイナスの値も許すことにすれば，α にはさらに π の奇数倍の任意性が現れる．したがって，X_0 の符号と α の値は，なるべく式が簡単になるように選ぶことができる．

[**例題 1.1**] (1.3)で表される運動について，おもりの速度と加速度の時間変化をグラフで表せ．

[解] 力学で学習したように，速度 $v(t)$, 加速度 $a(t)$ はそれぞれ

$$v(t) = \frac{dx}{dt} = -\omega X_0 \sin(\omega t + \alpha) = \omega X_0 \cos\left(\omega t + \alpha + \frac{\pi}{2}\right) \quad (1.5)$$

$$a(t) = \frac{d^2 x}{dt^2} = -\omega^2 X_0 \cos(\omega t + \alpha) = \omega^2 X_0 \cos(\omega t + \alpha + \pi) \quad (1.6)$$

である．

図1.3に示すように，これらのグラフは変位のグラフを t 軸のマイナス方向，

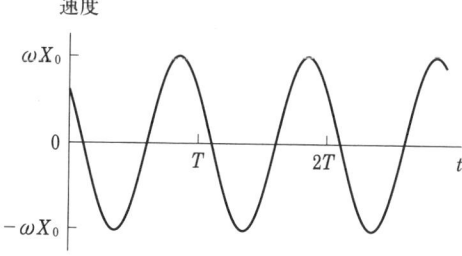

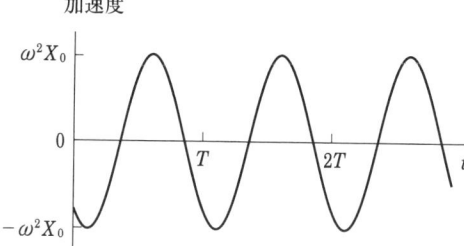

図 **1.3**

すなわち，より以前の時刻にそれぞれ $\pi/2\omega(=T/4)$ あるいは $\pi/\omega(=T/2)$ だけ移動したものと同じ位置にある．すなわち，速度と加速度は変位と同じ角振動数で，それぞれ $T/4$, $T/2$ だけ時間的に進んだ変化をしている．

ここで意味を広げて，ある系における変化を表す量 $u(t)$ が (1.3) と同じ形の式

$$u(t) = U_0 \cos(\omega t + \alpha) \tag{1.7}$$

で表せるとき，この変化を振幅 U_0, 角振動数 ω の単振動とよぶことにする．$u(t)$ は特に変位でなくてもよい．本書では，これから圧力，電圧，電流など，さまざまな量の単振動が登場する．

§1.3 単振動をするおもりにはたらく力

(1.3) と (1.6) から，おもりとばねの模型の変位 $x(t)$ と加速度 $a(t)$ に，

$$a(t) = -\omega^2 x(t) \tag{1.8}$$

の関係があることがわかる．おもりを質量 m の質点と考えて，ニュートンの運動法則 $f = ma$ を使うと，質点にはたらく力 $f(t)$ は

$$\begin{aligned} f(t) &= m\,a(t) \\ &= -m\omega^2 x(t) \end{aligned} \tag{1.9}$$

で与えられる．この式は，力は方向が変位と逆向きで，大きさは変位の大きさに比例することを表している．

このようにして，おもりとばねの模型の運動が単振動になるためには，質点にはたらくばねの復元力の大きさと，質点の変位であるばねの伸びとが比例しなければならない．前節でおもりの振動で変位が (1.3) で表せると考えたときには，ばねの力についてこのような理想化を行なっていたのである．現実のばねでは伸びがあまり大きくない限り，力と伸びは比例する．

逆に，質点にはたらく力 f が伸びに比例して

$$f = -kx \quad (k > 0) \tag{1.10}$$

が成り立てば，この質点は (1.3) で表される単振動をして，その角振動数は

$$\omega_0 = \sqrt{\frac{k}{m}} \tag{1.11}$$

となる．ω_0 はこの系で起こる単振動の角振動数で，**固有角振動数**とよばれる．演習問題［1］でみるように，(1.11) の右辺の単位は $[\mathrm{s}^{-1}]$ である．m が大きく k が小さいほど ω_0 が小さくなって運動はゆっくりしたものになり，その逆の場合は運動は速くなる．

　上に述べたことを数式で示すには，(1.10) で表される力を受けて運動する質点の運動方程式

$$m\frac{d^2x}{dt^2} = -kx \tag{1.12}$$

を解けばよい．結果を予想して (1.11) の ω_0 を使うと，この関係式は

$$\frac{d^2x}{dt^2} + \omega_0^2 x = 0 \tag{1.13}$$

と書き直すことができる．

　(1.13) を満たす関数 $x(t)$ を求める方法の詳しい説明は後にして，まず大筋を示すことにする．

$$x(t) = \cos \omega_0 t, \qquad x(t) = \sin \omega_0 t \tag{1.14}$$

がそれぞれ (1.13) を満足することは，実際に代入してみればわかる．また任意定数 C_1, C_2 を含む (1.14) の線形結合

$$x(t) = C_1 \cos \omega_0 t + C_2 \sin \omega_0 t \tag{1.15}$$

も (1.13) を満足する．ここで，

$$C = \sqrt{C_1^2 + C_2^2}, \qquad \tan \alpha = -\frac{C_2}{C_1} \tag{1.16}$$

とすると，(1.15) は三角関数の合成によって

$$x(t) = C\cos(\omega_0 t + \alpha) \quad (1.17)$$

と書き直される．

　微分方程式の理論によると，(1.13) を満たす関数 $x(t)$ はいつも (1.15) あるいは (1.17) の形に表せるから，おもりとばねの模型でのあらゆる運動がこれらの式で表される．この意味で，(1.15) あるいは (1.17) を (1.13) の**一般解**という．

　一般に，2階の微分方程式の一般解は2個の任意定数 C_1, C_2 を含む．特に (1.13) は，未知関数 $x(t)$ やその導関数 dx/dt （いまの場合は (1.13) には含まれていないが），d^2x/dt^2 の1次の項だけでできていて，例えば $(dx/dt)^2$ に比例する項などは現れていない．これが2個の解の線形結合で一般解を表せることの理由である．（微分方程式については，例えば本シリーズの「物理数学（Ⅰ）」（中山恒義著，第6章）を参照．）

　ここまでは C_1, C_2, あるいは C, α は任意の値をとる定数としてきたが，初期条件を与えれば，それらの値は一通りに決まる．すなわち，ある時刻 t_0 における位置 $x(t_0)$，速度 $v(t_0) = dx/dt|_{t=t_0}$ がわかれば，(1.15), (1.17) で任意定数の値を決め，その場合の運動を表す式をつくることができる．例えば，時刻 $t=0$ での変位と速度がそれぞれ $x(0) = X_0, v(0) = V_0$ であったとすると，その後の運動は (1.15) で $C_1 = X_0, C_2 = V_0/\omega_0$ としたものになる（演習問題［3］参照）．

　一般に，ある系のつり合いの状態からのずれ（変位）を表す量 u と，それを引き戻そうとする作用を表す量 f の間に，

$$f = -ku \quad (k > 0) \quad (1.18)$$

の関係が成り立つとき，u の時間変化は単振動になる．このような系を**調和振動子**という．質点とばねの系はその代表的な例である．

[**例題 1.2**] 図 1.4 のように，円板の中心に糸を付けて水平に吊るす．糸を角度 θ だけひねったとき，それをもとへ戻そうとする力のモーメント $-k\theta$ がはたらくとする．円板をつり合いの位置から角度 θ_0 だけ回転して静かに放したとき，その後，円板はどのような運動をするか．

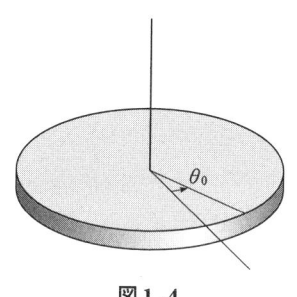

図 1.4

[**解**] 中心軸の周りの円板の慣性モーメントを I とすると，力学で学んだように，回転運動の運動方程式は

$$I\frac{d^2\theta}{dt^2} = -k\theta \tag{a}$$

である．(1.17) によって，この一般解は $\theta(t) = C\cos(\sqrt{k/I}\,t + \alpha)$ と表される．初期条件 $\theta(0) = C\cos\alpha = \theta_0$, $\theta'(0) = -\sqrt{k/I}\,C\sin\alpha = 0$ から，任意定数の値は $C = \theta_0$, $\alpha = 0$ となる．すなわち，円板は

$$\theta(t) = \theta_0 \cos\sqrt{\frac{k}{I}}\,t \tag{b}$$

で表される回転振動をする．この系を**ひねり振り子**という．

I と k の一方がわかっているとき，その周期 $T = 2\pi\sqrt{I/k}$ を測定すれば，もう一方を知ることができる．このことは，細い金属線のねじれ係数 k を求め，それからこの金属の剛性率 G (§6.4 参照) を求めるのに利用されている．

[**例題 1.3**] 図 1.5 のような断面積一定の U 字管の中に液体を入れると，つり合いの状態では左右の液面は同じ高さになる．そのつり合いを崩して一方の液面を高くすると，その後，液体は管の中で振動する．その周期を求めよ．

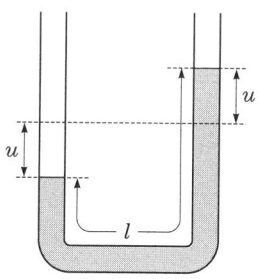

図 1.5

10 1. 単振動

[**解**] 液体の密度を ρ，管の断面積を A，液体の体積が一定であるとして，管内にある液の全長を l（= 一定）とする．つり合いの位置を基準として，右側の液面の高さが $+u$ のとき，左側の液面の高さは $-u$，また液体が管内を移動する速度は du/dt である．

液体の質量は $\rho l A$ である．また，右側の管で左側の液面より上にある部分（長さ $2u$）が液体を管に沿ってつり合いの位置に戻そうとする復元力の原因であり，大きさは $\rho g A \times 2u$ となる．液体を一つのかたまりと考えたときの液体全体の運動方程式は $(\rho l A)d^2u/dt^2 = -2\rho g A u$，すなわち，

$$\frac{d^2u}{dt^2} = -\frac{2g}{l}u \tag{a}$$

で，液面は角振動数 $\omega_0 = \sqrt{2g/l}$ の単振動をする．また，その周期は

$$T = 2\pi\sqrt{\frac{l}{2g}} \tag{b}$$

である．後で示す (1.27) と比べると，これは長さ $l/2$ の単振り子の周期に等しいことがわかる．

上の2つの例が示すように，(1.18) で表される作用がはたらく系の単振動の角振動数は $\sqrt{k/M}$ である．ここで，M は系の慣性を表す量である．

§1.4 つり合いの位置の周りの振動

復元力が変位に比例するばね，あるいはつり合いからのずれとそれを戻そうとする作用とが比例する系，という仮定は限られた場合だけに適用できるもののようにみえる．しかし，(1.10)（あるいは (1.18)）は広い一般性をもっていて，つり合いの位置の周りの運動はいつも近似的に単振動で表される．そのことを次に示す．

図 1.1 の模型を一般化して，質点にはたらく力が変位 x の関数 $f(x)$ で与えられるとすると，この質点の運動方程式は

$$m\frac{d^2x}{dt^2} = f(x) \qquad (1.19)$$

となる．力を表す関数 $f(x)$ をつり合いの位置 $x=0$ の周りでべき級数に展開して，

$$f(x) = f(0) + f'(0)\,x + \frac{f''(0)}{2}x^2 + \frac{f'''(0)}{6}x^3 + \cdots \qquad (1.20)$$

とすると，$f(0)=0$ である．

つり合いが安定ならば，変位をゼロにしようとする力がはたらくから，$x>0$ のとき $f(x) \leqq 0$，また $x<0$ のとき $f(x) \geqq 0$ となって，$f'(0)<0$ である．そこで，

$$k = -f'(0) \quad (>0) \qquad (1.21)$$

とおき，つり合いの位置からの変位が小さいとして，(1.20) で x の 2 次以上の項を省略すれば，(1.10) の形になる．こうして，つり合いの位置の周りの運動は近似的に単振動となり，その角振動数は

$$\omega_0 = \sqrt{\frac{f'(0)}{m}} \qquad (1.22)$$

で与えられる．この点で，単振動はブランコ型の振動の中で最も基本的なものといえる．

［例題 1.4］2 原子分子をつくっている原子の間にはたらく力のポテンシャルは

$$V = V_0 \left\{ \exp\left[-\frac{2(x-x_0)}{a}\right] - 2\exp\left[-\frac{(x-x_0)}{a}\right] \right\} \qquad (a)$$

で近似的に表される（図 1.6）．x は 2 個の原子の中心間の距離で，定数 x_0，V_0 はそれぞれつり合いの状態での原子（の中心）の間の距離，および 2 個の原子を遠方に引き離して分子を壊すのに必要な仕事を表す．また a は長さのデイメンションをもつ量である．

（1）質量 M の 2 個の原子がつり合いの位置の周りで振動しているとき，その角振動数 ω_0 を求めよ．

12　1. 単振動

（2）水素分子 H_2 の場合，（1）の振動の振動数 ($\omega_0/2\pi$) が 1.3×10^{14} Hz であることがわかっている．水素原子間にはたらく力がばねの力で表せるならば，そのばね定数 k の値はいくらか．

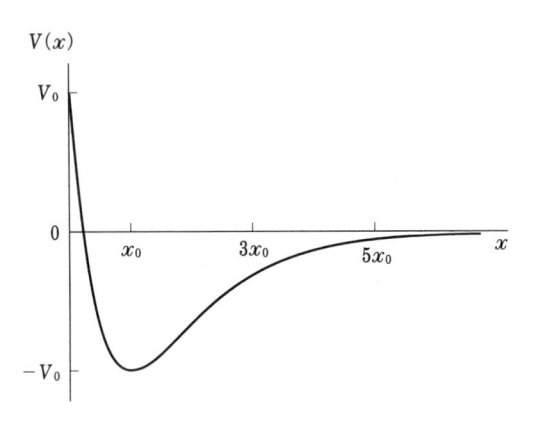

図1.6

[解]（1）ポテンシャル V をつり合いの位置からの原子間距離の変化 $u = x - x_0$ のべき級数に展開し，u/a が小さいとして，$(u/a)^3$ より次数の高い項を省略すると，

$$V = V_0(e^{-2u/a} - 2e^{-u/a})$$
$$= V_0\left\{\left[1 - \frac{2u}{a} + \frac{1}{2}\left(\frac{2u}{a}\right)^2 - \frac{1}{6}\left(\frac{2u}{a}\right)^3 + \cdots\right]\right.$$
$$\left. - 2\left[1 - \frac{u}{a} + \frac{1}{2}\left(\frac{u}{a}\right)^2 - \frac{1}{6}\left(\frac{u}{a}\right)^3 + \cdots\right]\right\}$$
$$\approx -V_0 + \frac{1}{2}\left(\frac{2V_0}{a^2}\right)u^2 + \cdots \quad\quad (b)$$

となる．これは定数 $k = 2V_0/a^2$ のばねの力のポテンシャルを表している．

一方の原子を固定し，換算質量 $M/2$ をもつもう一方の原子が振動するときの固有角振動数 ω_0 を求めると，

$$\omega_0 = \sqrt{\frac{k}{M/2}} = \sqrt{\frac{4V_0}{Ma^2}} \quad\quad (c)$$

となる．

（2）（c）から，ばね定数は $k = (M/2)\omega_0^2 = 2\pi^2(\omega_0/2\pi)^2 M$ と表せるので，これに水素原子の質量 $M = 1.67 \times 10^{-27}$ kg と，$\omega_0/2\pi = 1.3 \times 10^{14}$ Hz を代入すると，$k = 5.6 \times 10^2$ N/m となる．これは，ばねの伸びが 1 cm のときの復元力が

およそ 0.5 kg 重であることに相当する．

§1.5　単振り子

ブランコや振り子のように吊り下げられた物体は，つり合いが乱されると振動を始める．図 1.7 のように糸におもりを吊るし，そのもう一端を固定する場合を考えよう．つり合いの状態では，おもりの重心は固定点の真下に静止する．おもりがつり合いの位置からずれると，重力がそれをもとの位置に引き戻そうとして振動が起こる．

問題を単純化し，おもりの大きさを無視してその運動を重心の運動でおきかえ，しかも一定の平面内で起こるとする．さら

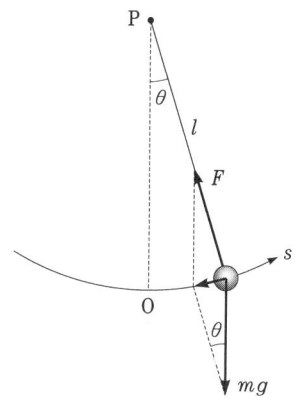

図 1.7　振り子の運動

に，糸は軽いとして，その質量を無視する．このときには，一端 P を固定した長さ l の軽い糸のもう一方の端に質量 m の質点があり，それが P を中心とする円弧上を運動する，と考えることができる．このように理想化された振り子を**単振り子**という．重い鉄の球を糸で吊るせば，この状況を近似的に実現することができる．

質点は固定点 P を中心とする半径 l の円周，またはその一部分を運動する．P から真下に延びる点線の方向を基準にとり，ある瞬間 t における糸の振れ角 $\theta = \theta(t)$ を質点の運動を表す変数とすると，つり合いの位置の点 O ($\theta = 0$) から時刻 t における位置までの軌道に沿う距離は $s = l\theta$ である．このときの質点の加速度を軌道の接線方向 t（すなわち糸に垂直な方向，θ が増加する向きを正とする），および法線方向 n（糸の方向，円の中心 P に向かう向きを正とする）の成分に分けると，それぞれ $a_t = d^2s/dt^2 = l\, d^2\theta/dt^2$，$a_n = (ds/dt)^2/l = l(d\theta/dt)^2$ である．質点にはたらく力は真下

に向く重力 mg と糸の張力 F だから，運動方程式は次のようになる．

$$ml\frac{d^2\theta}{dt^2} = -mg\sin\theta \quad \text{(t 方向)} \tag{1.23}$$

$$ml\left(\frac{d\theta}{dt}\right)^2 = F - mg\cos\theta \quad \text{(n 方向)} \tag{1.24}$$

(1.23) で θ を x に対応させると，(1.19) で $f(x)$ が正弦関数である場合に相当する．振れ角 θ が小さいときには，べき級数展開 $\sin\theta = \theta - \theta^3/3! + \theta^5/5! - \theta^7/7! + \cdots$ で2次以上の項を省略して，近似的に

$$\frac{d^2\theta}{dt^2} = -\frac{g}{l}\theta \tag{1.25}$$

となり，(1.13) と同じ形にできる．したがって，質点の運動は角振動数

$$\omega_0 = \sqrt{\frac{g}{l}} \tag{1.26}$$

あるいは周期

$$T = 2\pi\sqrt{\frac{l}{g}} \tag{1.27}$$

の単振動で，振れ角の変化は $\theta(t) = \theta_0 \cos(\sqrt{g/l}\,t + \alpha)$ で表される．例えば，長さ1mの振り子の周期はおよそ2sである．

以上の結果は，振り子の振れ角が小さいという条件の下で導かれている．電卓を使えばすぐに確かめられるように，$\sin\theta$ を θ でおきかえる近似は，$\theta \lesssim 0.1 (\approx 6°)$ の範囲で1%の精度で成り立つ．これは，糸の長さ l が1mであれば，振れ幅（両側）2cm程度以下に相当するので，大学初年級の物理実験では多くの場合に単振り子の運動を単振動と見なしてよい．

§1.6 等速円運動と単振動 ― ベクトル図 ―

次に，別の視点から単振動の特徴を示そう．図1.8(a) のように，半径 X_0 の円周上を一定の角速度 ω で等速円運動をする点Pを考えよう．ここで点Pの位置ベクトル $\overrightarrow{OP}$ が基準の方向，例えば x 軸の正の方向となす角 φ は

§1.6 等速円運動と単振動 ―ベクトル図―

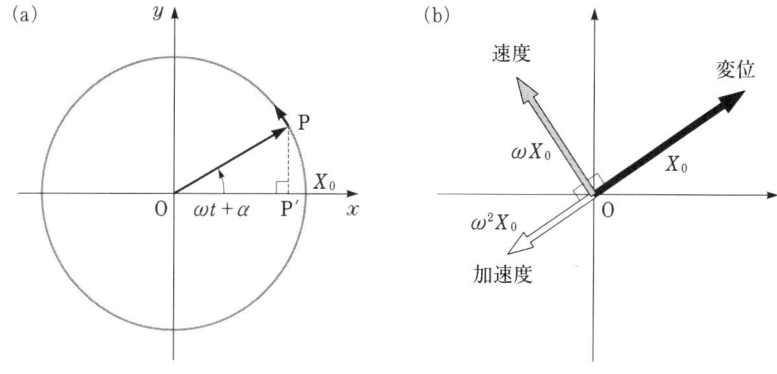

図1.8

(1.4) のように $\varphi(t) = \omega t + \alpha$ の時間変化をすると仮定する．このとき x 軸への動点 P の正射影を P′ とすると，点 P′ の運動は単振動になる．(例えば，この直線を x 軸に選ぶと，正射影の座標は $x(t) = X_0 \cos(\omega t + \alpha)$ となって，(1.3) に一致する)．こうして，単振動を図 1.8 の位置ベクトル $\overrightarrow{\mathrm{OP}} = (x, y)$ の運動に対応させることができる．単振動の位相 $\varphi(t) = \omega t + \alpha$ はこのベクトルの方向を表す角であり，時間の経過とともに，$\overrightarrow{\mathrm{OP}}$ は角速度 ω で回転する．この図を**ベクトル図**，$\overrightarrow{\mathrm{OP}}$ を**変位ベクトル**，また OP 方向の単位ベクトル (図には示していないが，大きさが 1 のベクトル) を単振動の**位相ベクトル**とよぶ．

この表し方では，異なった時刻における変位は 1 つの円周上の異なった点に対応する．円周上の点はどれも同等だから，単振動には特別な時刻はなくて，どの瞬間 t も同等である．その意味で，単振動は最も簡単な振動といえる．円のどの直径を x 軸 (あるいは y 軸) に選んでもよいが，それに応じて初期位相 α の値は変わる．これは時間 t の原点をどの瞬間にとってもよいことに対応している．

(1.5), (1.6) によると，上述の変位ベクトルに対する速度，加速度の

ベクトルをつくることができる(図1.8(b))．それらの大きさはそれぞれ $\omega_0 X_0$, $\omega_0^2 X_0$ で，その方向は変位ベクトルから反時計回りにそれぞれ $\pi/2$, π だけ回転している．このことを，速度，加速度は変位に対してそれぞれ $\pi/2$, π だけ位相が進んでいるという．「進んでいる」という表現は，対応する時間変化がより早く起こることを意味している．逆に，変位は速度，加速度よりもそれぞれ $\pi/2$, π だけ位相が遅れているということもできる．ベクトル図を用いると，単振動に関する問題を単純に扱うことができる．

[例題1.5] ベクトル図によって，図1.1の模型での単振動の固有角振動数 ω_0 を求めよ．

[解] (1.12)の単振動の運動方程式 $m(d^2x/dt^2) = -kx$ の両辺を表すベクトルの大きさは，それぞれ $m\omega^2 X_0$, kX_0 である．ベクトル図は図1.9のようになり，これから直ちに $m\omega^2 = k$，すなわち (1.11) を得る．

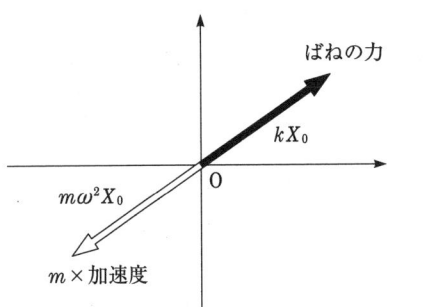

図1.9

§1.7 複素数による表示

前節の方法では，回転するベクトルの x 成分で単振動をする物理量を表したが，この考え方をさらに進めて，計算により適した形にしてみよう．それには，xy 平面上のベクトル (x, y) と複素数 $z = x + iy$ とが1:1に対応することを利用して，単振動を複素数の値をとる関数

$$x_c(t) = x(t) + i\,y(t) = X_0 \cos(\omega t + \alpha) + i X_0 \sin(\omega t + \alpha)$$

§1.7 複素数による表示　17

$$= X_0 e^{\mathrm{i}(\omega t + \alpha)} \tag{1.28}$$

で表す．ここでiは虚数単位 ($\mathrm{i}^2 = -1$) である．最後の表式は，点 (x, y) を極座標 r, θ を使って表すと，オイラーの公式 $e^{\mathrm{i}u} = \cos u + \mathrm{i} \sin u$ によって

$$x_\mathrm{c} = x + \mathrm{i}y = r \cos \theta + \mathrm{i}r \sin \theta = re^{\mathrm{i}\theta} \tag{1.29}$$

であることから導かれる(図1.10)．なお，r, θ をそれぞれ複素数 $x + \mathrm{i}y$ の絶対値，偏角という．

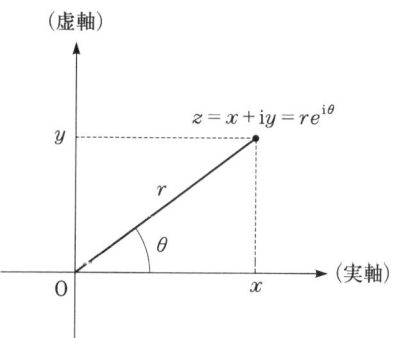

図 1.10

実際の変位 $x(t)$ は (1.28) の実数部分によって表されると考える．速度と加速度に対応するのは，それぞれ複素数値の関数，

$$v_\mathrm{c} = \frac{dx_\mathrm{c}}{dt}$$

$$= \mathrm{i}\omega X_0 e^{\mathrm{i}(\omega t + \alpha)}$$

$$= -\omega X_0 \sin (\omega t + \alpha) + \mathrm{i}\omega X_0 \cos (\omega t + \alpha) \tag{1.30}$$

$$a_\mathrm{c} = \frac{d^2 x_\mathrm{c}}{dt^2} = -\omega^2 X_0 \, e^{\mathrm{i}(\omega t + \alpha)}$$

$$= -\omega^2 X_0 \cos (\omega t + \alpha) - \mathrm{i}\omega^2 X_0 \sin (\omega t + \alpha) \tag{1.31}$$

で，それぞれの実数部分が実際の速度，加速度を与える．ここで

$$A_0 = X_0 e^{\mathrm{i}\alpha} = X_0 \cos \alpha + \mathrm{i}X_0 \sin \alpha \tag{1.32}$$

とおいて，(1.28), (1.30), (1.31) を

$$(複素数値の) 変位 = x_\mathrm{c}(t) = A_0 e^{\mathrm{i}\omega t} \tag{1.33}$$

$$(複素数値の) 速度 = v_\mathrm{c}(t) = \mathrm{i}\omega A_0 e^{\mathrm{i}\omega t} \tag{1.34}$$

$$(複素数値の) 加速度 = a_\mathrm{c}(t) = -\omega^2 A_0 e^{\mathrm{i}\omega t} \tag{1.35}$$

と記すことが多い．この表し方を**複素(数による)表示**，係数 $A_0, \mathrm{i}\omega A_0$,

18　1. 単振動

$-\omega^2 A_0$ などを**複素振幅**という．なお，添字 c は複素数(complex number) による表示であることを示す．

このように複素数値をとる関数で物理量を表す方法は混乱を起こしそうだが，この表し方で計算をして，最後に実数部分をとって結果を求める方が簡単である．なぜなら，正弦や余弦関数は微分や積分をする度に変身するのに対して，指数関数は形を変えないからである．ただし，この方法が可能なのは物理量の 1 次の演算，和，差，微分，積分などに限り，例えば $x^2(t)$, $v^2(t)$ のような 2 次の量を含むエネルギーの計算では，(1.33) などをそのまま用いることはできない．

§1.8　単振動のエネルギー

本章の最後に，エネルギーの視点から単振動を見直してみよう．まず図 1.1 のおもりとばねの模型で考える．この模型では摩擦，空気の抵抗などエネルギーを失う機構を一切考えていないから，力学的エネルギーが保存するはずである．実際，(1.3), (1.5) を使うと，時刻 t において，

質点の運動エネルギー；$K = \dfrac{mv^2}{2} = \dfrac{m(\omega_0 X_0)^2}{2} \sin^2(\omega_0 t + \alpha)$

$$= \frac{kX_0^2}{4}[1 - \cos 2(\omega_0 t + \alpha)] \quad (1.36)$$

ばねの力の位置エネルギー；$V = \dfrac{kx^2}{2} = \dfrac{kX_0^2}{2} \cos^2(\omega_0 t + \alpha)$

$$= \frac{kX_0^2}{4}[1 + \cos 2(\omega_0 t + \alpha)] \quad (1.37)$$

である．全力学的エネルギー E は

$$E = K + V = \frac{kX_0^2}{2} = \frac{m\omega_0^2 X_0^2}{2} \quad (1.38)$$

で一定となる．

運動エネルギーと位置エネルギーの時間変化は図 1.11 のようになる．

§1.8 単振動のエネルギー 19

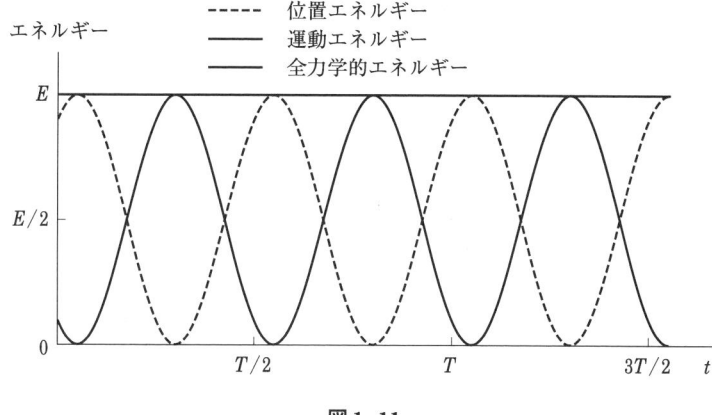

図1.11

ここで $T\,(=2\pi/\omega_0)$ は振動の周期を表す．両者は $E/2 = kX_0^2/4$ を中心として，振幅 $kX_0^2/4$，角振動数 $2\omega_0$ の単振動型の変化をしている．このように，2 つの異なる形のエネルギーが，和を一定に保ちながら，互いに変化しているのが，ブランコ型の振動の一般的な特徴である．

前に注意したように，エネルギーのように2乗や積を含む量の計算では変位や速度の複素表示をそのまま使うことはできない．例えば複素表示で $x_\mathrm{c}(t) = A_0 e^{\mathrm{i}\omega t}$, $A_0 = R_0 + \mathrm{i}I_0 = X_0 e^{\mathrm{i}\alpha}$ のとき，実際の変位はその実数部分 $x(t) = R_0 \cos\omega t - I_0 \sin\omega t = X_0 \cos(\omega t + \alpha)$ で表され，

$$(\text{実際の変位})^2 = \frac{R_0^2 + I_0^2}{2} + \frac{R_0^2 - I_0^2}{2}\cos 2\omega t - R_0 I_0 \sin 2\omega t$$

$$= \frac{X_0^2}{2}\{1 + \cos[2(\omega t + \alpha)]\} \tag{1.39}$$

が成り立つ．一方，複素表示での変位 $x_\mathrm{c}(t)$ をそのまま2乗したものの実数部分と虚数部分はそれぞれ

$$\mathrm{Re}\,[(A_0 e^{\mathrm{i}\omega t})^2] = (R_0^2 - I_0^2)\cos 2\omega t - 2R_0 I_0 \sin 2\omega t = X_0^2 \cos 2(\omega t + \alpha)$$
$$\mathrm{Im}\,[(A_0 e^{\mathrm{i}\omega t})^2] = (R_0^2 - I_0^2)\sin 2\omega t - 2R_0 I_0 \cos 2\omega t = X_0^2 \sin 2(\omega t + \alpha)$$

で，どちらも (1.39) とは一致しない．このように積（および商）を含む式では，複素表示の量をそのまま代入することはできない．

しかし，1周期（したがってまた周期の整数倍の時間）での時間平均をとると，正弦関数，余弦関数で振動する項はゼロになるので，定数項だけが残る．例えば (1.39) では

$$(\text{変位})^2 \text{の時間平均値} = \frac{R_0{}^2 + I_0{}^2}{2} = \frac{X_0{}^2}{2} = \frac{|A_0|^2}{2}$$

となって，複素振幅 A_0 の絶対値の 2 乗の 1/2 である．一般に，同じ角振動数 ω で単振動する 2 つの量 x, y を複素表示

$$x_c(t) = A_0 e^{i\omega t}, \qquad y_c(t) = B_0 e^{i\omega t}$$

で表したとき，

$$\begin{aligned}
xy \text{ の時間平均値} &= \text{積 } A_0 B_0{}^* \text{ あるいは } A_0{}^* B_0 \text{ の実数部分の } \frac{1}{2} \\
&= \frac{\operatorname{Re}[A_0 B_0{}^*]}{2} = \frac{\operatorname{Re}[A_0{}^* B_0]}{2} \\
&= \frac{A_0 B_0{}^* + A_0{}^* B_0}{4}
\end{aligned}$$

(1.40)

である．ここで $A_0{}^*, B_0{}^*$ は A_0, B_0 の共役複素数を表す．(1.40) は，単振動のエネルギーの時間平均値を求めるのにしばしば使われる．

[**例題 1.6**] ［例題 1.3］をエネルギーの考察によって解け．

[**解**] ［例題 1.3］と同じ記号で液体の運動エネルギーは $K = (\rho l A/2)(du/dt)^2$ である．また，右，左側の液面の高さがそれぞれ $-u, u$ の状態をつくるには，つり合いの状態で左側にあった高さ u の液柱を右側に移せばよい．したがって，その位置エネルギーは，つり合いの状態を基準として，$V = \rho g A u \times u = \rho g A u^2$ である．これらと (1.36)，(1.37) を比較し，$\rho l A \to m, 2\rho g A \to k$ という対応を考えれば，u が固有角振動数 $\omega_0 = \sqrt{2g/l}$ の単振動をすることがわかる．

演習問題

おもりは質点とし，糸の質量は無視する．

[1] (1.11)のωの単位が[s^{-1}]であることを確かめよ．

[2] 図1.1の模型の運動で，時刻$t=0$におけるおもりの位置，速度，加速度がそれぞれ，2.00×10^{-2}m，-3.46×10^{-1}m/s，-2.00m/s^{2}であった．この単振動を$x(t)=X_0\cos(\omega t+\alpha)$と表すとき，振幅，角振動数，初期位相を求めよ．また，おもりの質量が5.00×10^{-2}kgであれば，ばね定数kの値はいくらか．

[3] 初期条件$t=0$で$x=X_0$，$v=V_0$を満たす(1.12)の解は，(1.15)で$C_1=X_0$，$C_2=V_0/\omega$としたものであることを示せ．

[4] [例題1.2]において，密度8.4×10^3kg/m^{3}の黄銅でできた，直径0.10m，厚さ0.010mの円板を用いたとき，振動の周期が8.0sであった．このとき，糸のねじれ係数kはいくらか．なお，質量M，半径Rの一様な円板の中心軸の周りの慣性モーメントは$I=MR^2/2$である．

[5] 質量mのおもりと，自然の長さl_0，ばね定数kのばねがある．

(1) ばねの一端を固定し，もう一方の端におもりを付けて吊るしたとき，つり合いの状態でのばねの長さlはいくらか．つり合いの位置の周りでおもりが上下方向に振動するとき，その角振動数はいくらか．

(2) このばねを2個使って，図の2つの方法でおもりを吊るすとき，つり合いの状態でのばねの伸びはそれぞれいくらか．また，つり合いの点の周りでの上下振動の角振動数はそれぞれいくらか．

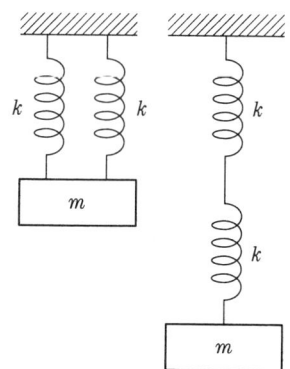

[6]* 図のように，長さLの軽い棒を壁上の点Pの周りで滑らかに回転できるように支

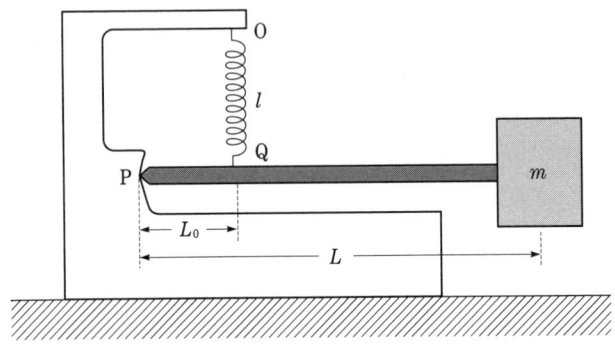

え,もう一方の端に質量 m のおもりを付ける.さらに P から距離 L_0 の点に,ばね定数 k のばねを付けて吊るし,つり合いの状態で棒がちょうど水平,ばねが鉛直になるようにした.このときのばねの全長を l とする.一定の鉛直面内でおもりに振幅の小さい振動をさせるとき,角振動数はいくらか.

[7]* 図のように,長さ l の軽い棒の上端に質量 m のおもりを付け,下端の周りに滑らかに回転できるようにする.高さ a の点に付けた水平なばね 2 個によってこの棒を保持して,振幅の小さい振動をさせるときの角振動数を,エネルギーの考察によって求めよ.ただし,ばね定数はそれぞれ $k/2$ とする.

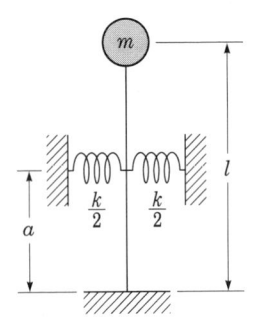

2 減衰振動と強制振動

　現実の系では，摩擦力などの作用で力学的エネルギーが消費され，振動は次第に減衰する．本章では，まずエネルギーの損失をとり入れた簡単な模型によって，単振動がどのような変化を受けるかを述べる．代表的な場合は単振動の振幅が時間とともに減少する運動，すなわち減衰振動である．

　エネルギーの損失がある系に定常的に運動を行なわせるには，外部からエネルギーを補給し続けなければならない．本章の後半では，上述の模型に正弦関数型の時間変化をする力が外部から加えられるときの運動である強制振動をとり上げて，外力の角振動数と運動の関係を明らかにする．また減衰振動と強制振動を通じて，微分方程式とその解で表される量の扱い方について述べる．

　本章の結果は，そのまま現実に起こる多くの振動に当てはめることができる．特に未知の系を解析する場合には，まず本章で示す模型を当てはめると有効なことが多い．減衰振動と強制振動は，この模型の性質を求める 2 つの基本的な実験方法と考えることができる．

§2.1 振動とエネルギーの散逸

　実際の運動では，摩擦力や抵抗力の作用によって力学的エネルギーが失われる．このことを**エネルギーの散逸**があるという．したがって外部からエネルギーを補給し続けない場合には，運動はだんだんに減衰する．本章では図 1.1 のおもりとばねの模型を改造して，エネルギーの散逸の効果を調べる．

　散逸が小さく，単位時間当りのエネルギーの損失が少ない場合には，時刻

2. 減衰振動と強制振動

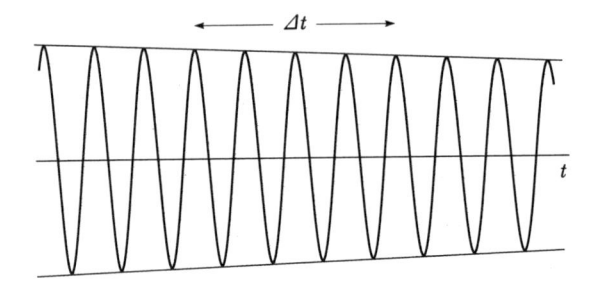

図 2.1

t と $t + \Delta t$ の間の短い時間間隔 Δt の間の運動を近似的に単振動と見なしてよい．この間の運動の様子を

$$x(t) = X(t)\cos(\omega t + \alpha) \qquad (2.1)$$

で表そう．近似的な単振動の"振幅" $X(t)$ は時間の経過とともに次第に減少するので，この考え方ができるのは Δt の間に振動が多数回起こっていて，図 2.1 のように，1 回の振動の間には振幅の変化が問題にならないときである．すなわち，(2.1) の考え方ができるための条件は，

$$1\text{周期} = \frac{2\pi}{\omega} \ll \Delta t \qquad (2.2)$$

である．Δt は短いといっても，(2.2) を満たすほど長くなければならない．時刻 t に続く Δt の間では，近似的な単振動の全力学的エネルギー $E(t)$ を (1.38) によって，

$$E(t) = \frac{m\omega^2 X^2(t)}{2} \qquad (2.3)$$

と表すことができる．また，エネルギーの損失の割合は

$$-\frac{dE}{dt} = -m\omega^2 X \frac{dX}{dt} \qquad (2.4)$$

で与えられ，いうまでもなく，エネルギーの減少とともに振幅 $X(t)$ も減少する．その様子は抵抗力などの性質によるはずだが，ここでは立ち入らないで，時刻 t と $t + \Delta t$ の間の力学的エネルギーの損失 ΔE とそのときの全力学的エネルギー $E(t)$ の比が一定，すなわち

$$-\frac{\mathit{\Delta} E}{E(t)} = \frac{2\mathit{\Delta} t}{\tau} \tag{2.5}$$

であると仮定してみよう．ここで散逸の速さを決めるのは時間のディメンションをもつ定数 τ である．なお，後の便利のために，係数 2 を付けた．$\mathit{\Delta} t$ を十分短くとっておけば，$\mathit{\Delta} E$ はそれに比例するはずだから，(2.5) はもっともらしい仮定である．

(2.5) の両辺を $\mathit{\Delta} t$ で割り，$\mathit{\Delta} t \to 0$ の極限をとると

$$-\frac{dE}{dt} = \frac{2E}{\tau} \tag{2.6}$$

となる．これが全力学的エネルギー $E(t)$ の現象を支配する微分方程式である．

運動が始まった時刻 $t=0$ でのエネルギーを $E(0)$ とする．例えば，ばねを X_0 だけ伸ばしておき，時刻 $t=0$ で静かに放したとすると，$E(0) = kX_0^2/2 = m\omega^2 X_0^2/2$ である．そのとき (2.6) の解は

$$E(t) = E(0)e^{-2t/\tau} \tag{2.7}$$

となる．この式は，図 2.2 に示したように，運動がだんだんに減衰し，τ 程度の時間が経つと，おもりが止まってしまうことを表している．この図の横

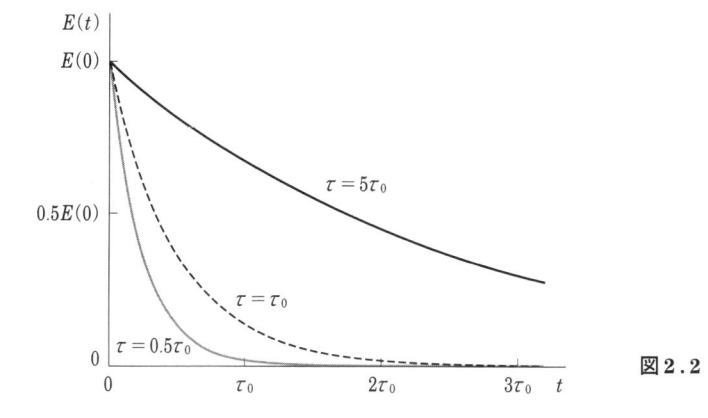

図 2.2

軸は，ある一定の時間間隔 τ_0 で目盛った．本節の基本的な仮定では Δt の間の減衰が小さいから，$\Delta t \ll \tau$ でなければならない．したがって (2.2) から，

$$\frac{2\pi}{\omega} \ll \tau \qquad (2.8)$$

が，上の考え方が成り立つための基本的な条件である．

(2.3)，(2.7) から，

$$X(t) = \sqrt{\frac{2E(0)}{m\omega^2}}\, e^{-t/\tau} = X_0 e^{-t/\tau} \qquad (2.9)$$

で，変位の時間変化は (2.1) から，

$$x(t) = X_0 e^{-t/\tau} \cos(\omega t + \alpha) \qquad (2.10)$$

で与えられる．この式は，単振動型の変化をしながら振幅が時間とともにだんだん小さくなることを表している（図 2.3(a)）．ここで $\gamma = 1/\tau$ とおくと，(2.10) は

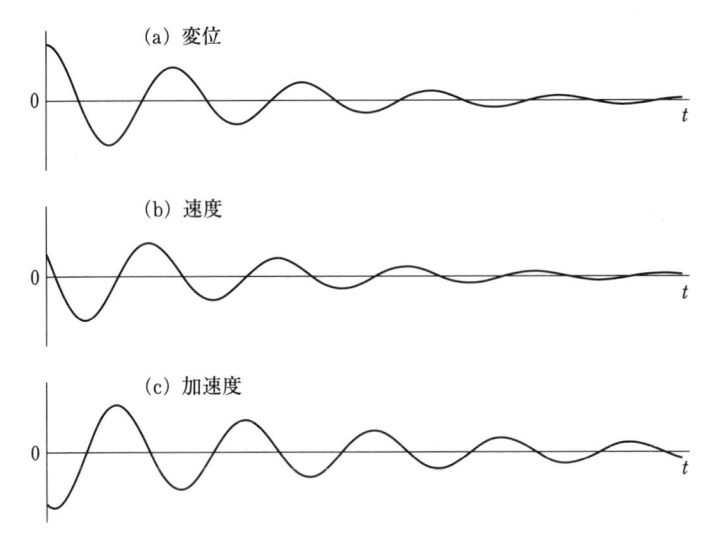

図 2.3

§2.1 振動とエネルギーの散逸　27

$$x(t) = X_0 e^{-\gamma t} \cos(\omega t + \alpha) \tag{2.11}$$

となる．γ は $[\mathrm{s}^{-1}]$ の単位をもつ量で，散逸の速さの目安として，広く使われる．例えば (2.8) は，

$$\gamma \ll \frac{\omega}{2\pi} \sim \omega \tag{2.12}$$

と表される．

[**例題 2.1**]　変位の時間変化が (2.11) で表される振動で，速度，加速度の表式 $v(t)$, $a(t)$ をつくれ．

[**解**]　$v(t) = \dfrac{dx}{dt} = X_0 e^{-\gamma t}[-\gamma \cos(\omega t + \alpha) - \omega \sin(\omega t + \alpha)]$

$$= -X_0 \sqrt{\gamma^2 + \omega^2}\, e^{-\gamma t} \cos(\omega t + \alpha - \theta) \tag{2.13}$$

$$\tan\theta = \frac{\omega}{\gamma} \tag{2.14}$$

$a(t) = \dfrac{d^2 x}{dt^2} = \dfrac{dv}{dt} = -X_0 e^{-\gamma t}[(\omega^2 - \gamma^2)\cos(\omega t + \alpha) - 2\gamma\omega \sin(\omega t + \alpha)]$

$$= -X_0 \sqrt{(\omega^2 - \gamma^2)^2 + (2\gamma\omega)^2}\, e^{-\gamma t} \cos(\omega t + \alpha + \varphi) \tag{2.15}$$

$$\tan\varphi = \frac{2\gamma\omega}{\omega^2 - \gamma^2} \tag{2.16}$$

である．速度と加速度の時間変化をそれぞれ図 2.3 (b)，(c) に示した．

次に，(2.11) で表される運動で条件 (2.12) が成り立つとき，エネルギーの散逸を引き起こす力の性質を調べよう．それには，ニュートンの運動の法則 $f = ma$ を使う．まず，加速度を表す式 (2.15) で $(\gamma/\omega)^2$ 以上の項を省略すると，

$$a(t) \approx -\omega^2 X_0 e^{-\gamma t}\left[\cos(\omega t + \alpha) - \frac{2\gamma}{\omega}\sin(\omega t + \alpha)\right]$$

である．一方，$-\omega^2 x(t) - 2\gamma v(t)$ を計算して，同様の近似をとると，
$-\omega^2 x(t) - 2\gamma v(t)$

$$= -\omega^2 X_0 e^{-\gamma t}\left[\cos(\omega t + \alpha) - \frac{2\gamma}{\omega}\sin(\omega t + \alpha) - 2\left(\frac{\gamma}{\omega}\right)^2 \cos(\omega t + \alpha)\right]$$

$$\approx -\omega^2 X_0 e^{-\gamma t}\left[\cos(\omega t + \alpha) - \frac{2\gamma}{\omega}\sin(\omega t + \alpha)\right]$$

となり,

$$m\,a(t) \approx -m\omega^2\,x(t) - 2m\gamma\,v(t) \tag{2.17}$$

が成り立つ．こうして，質点にはたらく力が，変位に比例する復元力 $-m\omega^2 x(t)$ と速度に比例する力 $-2m\gamma v(t)$ の和で表される．後者が散逸の原因となる抵抗力で，その大きさは速度に比例し，方向は，マイナスの符号が示すように，運動の方向と逆向きである．

ここまでの議論では，変位，速度などの物理量の変化に $e^{-\gamma t}$ という因子が入ってきた．これがエネルギーの散逸によって，運動がだんだんに弱ってくることの数式による表現である．これらの量は，時間 $\tau = 1/\gamma$ ごとに，$1/e \approx 0.368\cdots$ 倍に減少する．あるいは，時間 τ の間に，系の力学的エネルギーが $1/e^2 \approx 0.135\cdots$ 倍に減少する．おおざっぱに言って，τ は運動の勢いが持続している時間の目安と考えてよい．この意味で，τ を系の**時定数**という．

§2.2 速度に比例する抵抗力

前節ではおもりとばねの模型の単振動を出発点として，それがゆっくり減衰し，かつエネルギーの散逸の速さ $(\Delta E/E)/\Delta t$ が時刻によらず一定のときには，速度 v に比例する抵抗力 $-2m\gamma v$ がおもりにはたらいていることを近似的に導いた．

一般に，粘性の高い流体の中をゆっくり運動する物体にはたらく抵抗力は

$$f_{\text{res}} = -bv \quad (b > 0) \tag{2.18}$$

でよく表される．この力を**粘性抵抗力**という．例えば，ドアについているダンパーなどでは，図2.4のように油の入ったシリンダーの中を動くピストンにはたらく抵抗力を利用して，運動を和らげている．このように粘性抵抗力

§2.2 速度に比例する抵抗力　29

を利用して, 運動に制動を加える素子を総称して**ダッシュポット**とよぶ. 一方, 空気中を飛ぶボールや弾丸のように, さらさらの流体の中を速く進む物体にはたらく抵抗力は, ほぼ速度の 2 乗 v^2 に比例する. その点で, (2.18) は必ずしも広く成り立つことではない.[†] しかし第 4 章で示すように, 電気回路で起こる振動では, この力と電気抵抗のアナロジーが大きい役割をする.

これまでの議論とは逆に, 粘性抵抗力の式 (2.18) から出発して運動を求めるのは, 力学の典型的な問題である. その代表例として, おもりとばねの模型に, 粘性抵抗力 (2.18) のはたらくダッシュポットを付け加えた系 (図 2.5) を考えよう.

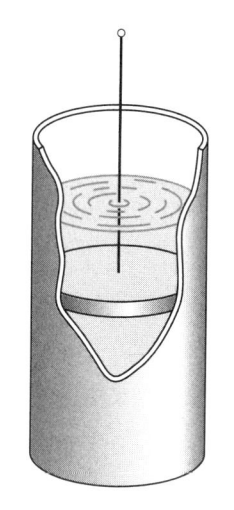

図 2.4

これを**おもりとばねとダッシュポットの模型**とよぶ. その運動方程式は

$$m\frac{d^2x}{dt^2} = \underbrace{-kx}_{\text{ばねの力}} \underbrace{- b\frac{dx}{dt}}_{\text{粘性抵抗力}} \quad (2.19)$$

となる. ここで, これまでと同じように $\omega_0 = \sqrt{k/m}$ とし, また

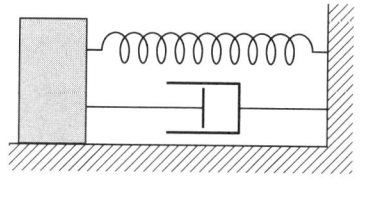

図 2.5

$$\gamma = \frac{b}{2m} \quad (>0) \quad (2.20)$$

とおく (これが前節で登場した γ と同じ役目をすることが後でわかる). ω_0 と γ を使うと (2.19) を

[†] 物理実験で広く行なわれている振り子では, 抵抗力 $= -bv^n$ とすると, n は 1.5 と 2 の間の値になる.

$$\frac{d^2x}{dt^2} + 2\gamma\frac{dx}{dt} + \omega_0^2 x = 0 \tag{2.21}$$

と書くことができる．このようにすると，系をつくっている要素の物理的性質である m, k, b が隠れてしまう．しかしその一方で，外見上全く異なった現象に共通点を見つけて，一般的に扱えるという利点がある．

(2.21)は変位を表す関数 $x(t)$ とその1階，2階の導関数が満たす条件式，すなわち微分方程式である．ここで微分方程式について基本的な事柄を復習しておこう．

一般に，未知関数 $x(t)$ について1次あるいは0次以外の項，例えば $(dx/dt)^2$ や $\sqrt{x(t)}$ を含まない微分方程式を**線形**であるという．また，(2.21)のように未知関数の0次の項がない場合を**同次方程式**とよぶ．(2.21)は定数係数，線形2階，同次の微分方程式である．この型の方程式は，解が

$$x(t) = Ce^{pt} \tag{2.22}$$

で表せると仮定して解くことができる（例えば，本シリーズの「物理数学（Ⅰ）」（中山恒義 著，第6章）を参照）．実際に(2.22)を(2.21)に代入すると，

$$p^2 + 2\gamma p + \omega_0^2 = 0 \tag{2.23}$$

を得る．この p についての2次方程式の解の性質に従って，以下の3つの場合が現れる．

Ⅰ． $\gamma > \omega_0$，すなわち $\tau < 2\pi/\omega_0$ のとき

これは抵抗力の効果がばねの力の効果よりも大きく，1周期経つ以前に振動が減衰してしまうときである．このとき，(2.23)の2つの解

$$p_1 = -\gamma + \sqrt{\gamma^2 - \omega_0^2}, \quad p_2 = -\gamma - \sqrt{\gamma^2 - \omega_0^2}$$

は，実数である．(2.21)の一般解は C_1, C_2 を任意定数として

$$\begin{aligned} x(t) &= C_1 e^{p_1 t} + C_2 e^{p_2 t} \\ &= e^{-\gamma t}[(C_1 + C_2)\cosh\sqrt{\gamma^2 - \omega_0^2}\,t + (C_1 - C_2)\sinh\sqrt{\gamma^2 - \omega_0^2}\,t] \end{aligned} \tag{2.24}$$

である．ここで，$\cosh u$，$\sinh u$ はそれぞれハイパボリックコサイン，ハイパボリックサインとよばれる関数で，

$$\cosh u = \frac{e^u + e^{-u}}{2}, \qquad \sinh u = \frac{e^u - e^{-u}}{2} \tag{2.25}$$

で定義される．u が実数のときにはオイラーの公式によって

$$\cosh \mathrm{i}u = \cos u, \qquad \sinh \mathrm{i}u = \mathrm{i} \sin u \tag{2.26}$$

の関係がある．

例えば，ばねを X_0 だけ伸ばして，ある瞬間 ($t=0$) に静かに放した後の運動に対応する解は，初期条件

$$x(0) = X_0, \qquad v(0) = \left.\frac{dx}{dt}\right|_{t=0} = 0 \tag{2.27}$$

を満たすから，

$$x(t) = X_0 e^{-\gamma t}\left[\cosh\sqrt{\gamma^2 - \omega_0^2}\,t + \frac{\gamma}{\sqrt{\gamma^2 - \omega_0^2}}\sinh\sqrt{\gamma^2 - \omega_0^2}\,t\right] \tag{2.28}$$

である．

II. $\gamma < \omega_0$，すなわち $\tau > 2\pi/\omega_0$ のとき

I とは逆に，抵抗力の効果がばねの力の効果よりも小さく，ある有限時間の間振動が起こる．このとき，(2.23) の解は複素数となる．それらを $p_1 = -\gamma + \mathrm{i}\omega_0'$，$p_2 = -\gamma - \mathrm{i}\omega_0'$ とする．ただし，

$$\omega_0' = \sqrt{\omega_0^2 - \gamma^2} \tag{2.29}$$

である．I の場合と同じく，(2.21) の一般解は C_1，C_2 を任意定数として，

$$x(t) = C_1 e^{(-\gamma + \mathrm{i}\omega_0')t} + C_2 e^{(-\gamma - \mathrm{i}\omega_0')t} = e^{-\gamma t}(C_1 e^{\mathrm{i}\omega_0' t} + C_2 e^{-\mathrm{i}\omega_0' t}) \tag{2.30}$$

となるが，変位 x は実数だから，C_1，C_2 は互いに共役な複素数であり，

$$C_1 = R + \mathrm{i}I = \frac{A}{2}e^{\mathrm{i}\alpha}, \qquad C_2 = R - \mathrm{i}I = \frac{A}{2}e^{-\mathrm{i}\alpha} \tag{2.31}$$

でなければならない．ここで $A/2 \cos \alpha = R = \mathrm{Re}\,[C_1] = \mathrm{Re}\,[C_2]$, $\tan \alpha = I/R$ である．(2.30) と (2.31) から，

$$x(t) = A e^{-\gamma t} \cos(\omega_0' t + \alpha) \tag{2.32}$$

すなわち，(2.11) で ω_0 を $\omega_0' = \omega_0 \sqrt{1 - (\gamma/\omega_0)^2}$ におきかえた式が得られた．(2.11) は γ が ω_0 に比べて十分に小さいという仮定の下で得られたのだから，これはもっともな結果である．(2.32) で表される運動を**減衰振動**という．速度は (2.32) を時間 t で微分して

$$v(t) = -A e^{-\gamma t} [\gamma \cos(\omega_0' t + \alpha) + \omega_0' \sin(\omega_0' t + \alpha)]$$
$$= -A \omega_0 e^{-\gamma t} \cos(\omega_0' t + \alpha - \theta) \tag{2.33}$$

$$\tan \theta = \frac{\omega_0'}{\gamma} = \frac{\sqrt{\omega_0^2 - \gamma^2}}{\gamma} \tag{2.34}$$

である．初期条件 (2.27) を満たす解は

$$x(t) = X_0 e^{-\gamma t} \left[\cos \sqrt{\omega_0^2 - \gamma^2}\, t + \frac{\gamma}{\sqrt{\omega_0^2 - \gamma^2}} \sin \sqrt{\omega_0^2 - \gamma^2}\, t \right] \tag{2.35}$$

$$v(t) = -\frac{\omega_0^2 X_0}{\sqrt{\omega_0^2 - \gamma^2}} e^{-\gamma t} \sin \sqrt{\omega_0^2 - \gamma^2}\, t \tag{2.36}$$

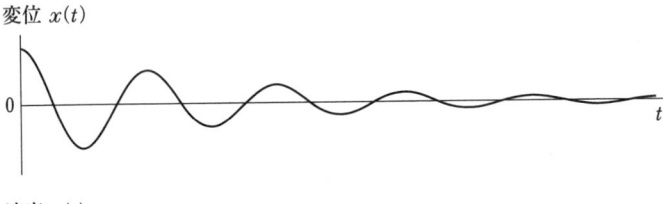

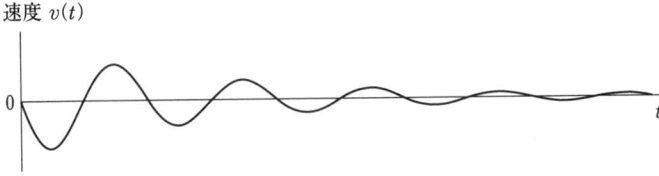

図 2.6

となる．この変位 $x(t)$ と速度 $v(t) = dx/dt$ の変化の様子を図 2.6 に示す．

III. $\gamma = \omega_0$ のとき

べき p を決める 2 次方程式 (2.23) の解が 2 重解となって，いままでの方法では 2 個の独立な解を得ることができない（このときの解の見つけ方は他書に譲る）．ここでは結果だけを示すと，

$$x(t) = (A + Bt)e^{-\gamma t} \qquad (A, B \text{ は任意定数}) \tag{2.37}$$

が (2.21) の一般解であり，また初期条件 (2.27) を満たす解は，

$$x(t) = X_0(1 + \gamma t)e^{-\gamma t} \tag{2.38}$$

である．これは実際に (2.21) に代入して確かめることができる（演習問題 [2] 参照）．

ω_0 が同じで γ が少しずつ異なる，I，II，III それぞれの場合について，ばねを伸ばしてから静かに放した後の x の時間変化を図 2.7 に示した．つり合いの状態に近づく様子は，I ではゆっくりであり，一方 II では速すぎて，慣性のためにつり合いの点を通り越して振動が起こる．これらに反して，III の場合には最も速くつり合いに達する．I，II，III それぞれの場合を**過減衰，不足減衰，臨界減衰**という．

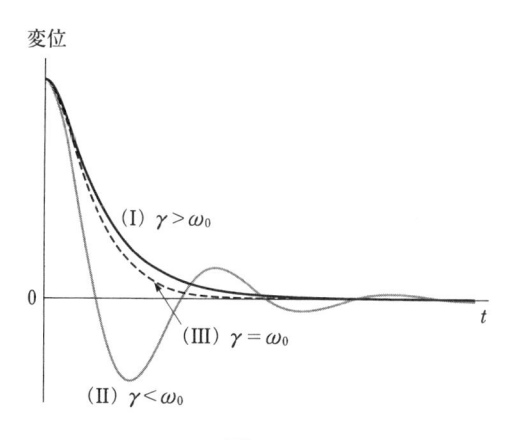

図 2.7

一般に，つり合いの状態からのずれを表す量 $u(t)$ の時間変化が (2.21) の形の式

$$\frac{d^2u}{dt^2} + 2\gamma \frac{du}{dt} + \omega_0^2 u = 0 \tag{2.39}$$

で支配される系を**減衰のある調和振動子**とよぶ．現実には必ずエネルギーの散逸があるから，多くの問題をこの模型で取扱うことができる．図2.5のおもりとばねとダッシュポットの系や，第3章でとり上げるコイルと抵抗とコンデンサーを直列に接続した回路などは，その代表的な例である．

§2.3 減衰振動の性質

本節では，前節のIIの不足減衰の場合の運動，すなわち減衰振動について，次の3つの性質，

1. 衝撃的な力の影響
2. 減衰の速さの表し方
3. 力学的エネルギーの消費

を詳しく調べる．読者がこれらを「大きい例題」として，検討しながら読み進めることを期待する．

（1） 衝撃力で始まった減衰振動

減衰振動では，系はだんだんに力学的エネルギーを失い，やがて運動が停止してしまう．このような運動が起こるためには，始めにばねを伸ばす，あるいはおもりに瞬間的に力を加えるなどによって，エネルギーを系の外から与えなければならない．運動方程式 (2.21) によって議論をする立場では，ある時刻における変位 X_0 と速度 V_0 とが，このエネルギーの与え方を決めることになる．

前節では，ばねを伸ばしておいて静かに放す場合をとり上げたから，ここではもう1つの典型的な場合として，始めつり合いの位置に静止していた質点がある瞬間 $t=0$ に速度 V_0 で動き出すときの運動を考えよう．これは初期条件

§2.3 減衰振動の性質　35

$$\left.\begin{array}{l} x(0) = A\cos\alpha = 0 \\ v(0) = -\gamma A\cos\alpha - \omega_0' A\sin\alpha = V_0 \end{array}\right\} \quad (2.40)$$

を与えることに相当し，これから $A = -V_0/\omega_0'$，$\alpha = \pi/2$ となる．したがって，$t \geqq 0$ での運動を表す式は，

$$\begin{aligned} x(t) &= \frac{V_0}{\omega_0'} e^{-\gamma t} \sin\omega_0' t \\ &= \frac{V_0}{\sqrt{\dfrac{k}{m} - \left(\dfrac{b}{2m}\right)^2}} e^{-bt/2m} \sin\sqrt{\frac{k}{m} - \left(\frac{b}{2m}\right)^2}\, t \end{aligned} \quad (2.41)$$

$$\begin{aligned} v(t) &= V_0 e^{-\gamma t}\left(\cos\omega_0' t - \frac{\gamma}{\omega_0'}\sin\omega_0' t\right) \\ &= V_0 e^{-bt/2m}\left[\cos\sqrt{\frac{k}{m} - \left(\frac{b}{2m}\right)^2}\, t \right. \\ &\quad \left. - \left(\frac{b}{2m}\Big/\sqrt{\frac{k}{m} - \left(\frac{b}{2m}\right)^2}\right)\sin\sqrt{\frac{k}{m} - \left(\frac{b}{2m}\right)^2}\, t\right] \end{aligned}$$

$$(2.42)$$

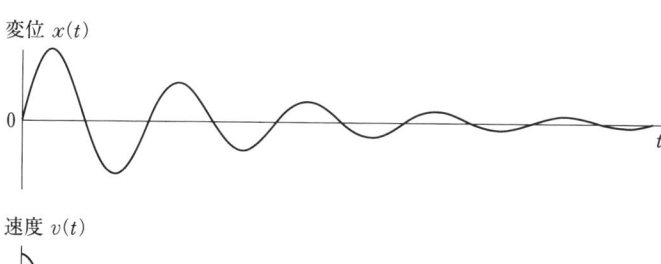

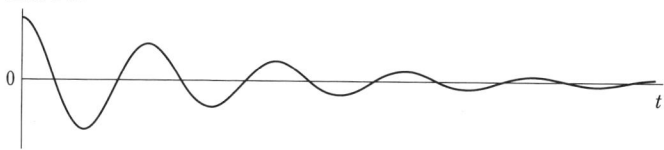

図 2.8

となる．$t < 0$ ではいうまでもなく，$x(t) = 0, v(t) = 0$ である．$t \geqq 0$ での運動の様子は図 2.8 のようになる．時刻 $t = 0$ におもりに一撃を加えれば，この運動を実際に起こすことができる．打撃を加えている短い時間の間に非常に大きい力がおもりに加わり，その結果，速度が短時間でゼロから有限の値 V_0 に変化する．力学の言葉でいうと，これは $t = 0$ 付近で力積 $I_0 = mV_0$ の衝撃力を加えたことに相当する．

（2） 対数減衰率

（1）と異なって，どのように運動が始まったかに依存しない性質の議論では，時間の原点 $t = 0$ をどこにとってもよい．そのときには (2.32)，(2.33) で $\alpha = 0$ とした

$$x(t) = A\, e^{-\gamma t} \cos \omega_0' t \tag{2.43}$$

$$v(t) = -A e^{-\gamma t}(\gamma \cos \omega_0' t + \omega_0' \sin \omega_0' t)$$
$$= -A\omega_0 e^{-\gamma t} \cos(\omega_0' t - \theta) \tag{2.44}$$

から出発することができる．

変位のグラフ（図 2.6）が山あるいは谷の時刻，すなわち $x(t)$ が極大または極小となる時刻は，$dx/dt = v(t) = 0$ から求められる．(2.33) によって，その条件は $\cos(\omega_0' t - \theta) = 0$ であり，変位が極値をとる時刻を順に t_n ($n = 1, 2, 3, \cdots$) とすると，

$$\omega_0' t_n - \theta = \left(n + \frac{1}{2}\right)\pi \tag{2.45}$$

であり，隣り合う極値の間の時間間隔は π/ω_0'，すなわち（近似的な）単振動の周期の 1/2 である．

図 2.9 で正の側の変位だけに注目して，隣接する山（n 番目と $n + 2$ 番目の極値）の高さ x_n, x_{n+2} の比をつくると，

$$\frac{x_{n+2}}{x_n} = \frac{\exp(-\gamma t_{n+2}) \cos \omega_0' t_{n+2}}{\exp(-\gamma t_n) \cos \omega_0' t_n} = \exp\left(\frac{-2\pi\gamma}{\sqrt{\omega_0^2 - \gamma^2}}\right) \tag{2.46}$$

となって，n にはよらないことがわかる．すなわち，$x_{n-2}, x_n, x_{n+2}, \cdots$ は

§2.3 減衰振動の性質 37

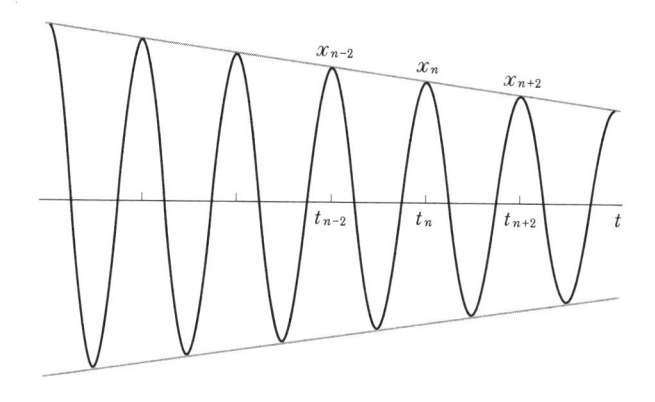

図2.9

等比数列になる．公比の逆数の自然対数

$$\delta = \ln \frac{x_{n+2}}{x_n} = \frac{2\pi\gamma}{\sqrt{\omega_0^2 - \gamma^2}}$$
$$= \frac{\pi}{Q\sqrt{1 - \frac{1}{4Q^2}}} \quad (2.47)$$

を**対数減衰率**という．これは減衰振動をする系を特徴づける大切な量である．特に，減衰が弱くて $\omega_0 \gg \gamma$ であれば，δ は $2\pi\gamma/\omega_0$ にほぼ等しい．

(2.47)に現れた

$$Q = \frac{\omega_0}{2\gamma} = \frac{\omega_0 \tau}{2} = \frac{\sqrt{km}}{b} \quad (2.48)$$

は，復元力と抵抗力との相対的な大きさを表すディメンションのない量で **Q値**とよばれる．後でみるように，これは一般に，振動する系のもっているエネルギーとその散逸の大きさの目安を与える．

[例題 2.2] 質量 m のおもりを油の入ったタンクの中で静かに放したところ，落下速度はすぐに一定値 V_0 になった．また軽いばねの一端を固定し，

もう一端にこのおもりを付けて，大気中で鉛直に吊るしたところ，X_0 だけ伸びた位置でつり合った．このおもりとばねをタンクの中に入れ，つり合いの状態から鉛直方向にばねを伸ばして静かに放し，つり合いの位置の周りで振動をさせる（図2.10）．

（1）おもりの振動の角振動数 ω はいくらか．

（2）振動の振幅が $1/e$ になるまでの時間 τ はいくらか．

（3）このおもり，ばね，油ダンパーの系の Q 値はいくらか．

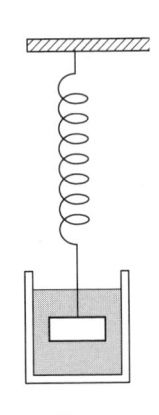

図2.10

[解] おもりが油の中を等速度で落下している状態では，重力 mg（下向き）と粘性抵抗力 bV_0（上向き）がつり合って，おもりにはたらく正味の力はゼロとなっている．これから，$b = mg/V_0$ である．また，大気中でのつり合いの様子から，ばね定数は $k = mg/X_0$ で，振動の様子を表すパラメータは $\omega_0 = \sqrt{k/m} = \sqrt{g/X_0}$，$\gamma = b/2m = g/2V_0$ となる．したがって，

（1）$\omega = \sqrt{\omega_0{}^2 - \gamma^2} = \sqrt{\dfrac{g}{X_0} - \dfrac{g^2}{4V_0{}^2}}$ （2）$\tau = \dfrac{1}{\gamma} = \dfrac{2V_0}{g}$

（3）$Q = \dfrac{\omega_0}{2\gamma} = \dfrac{V_0}{\sqrt{gX_0}}$

である．

（3）エネルギーの散逸

減衰振動をエネルギーと散逸の面から見直そう．ここで系に入ってくるエネルギー，失われるエネルギーの符号をそれぞれプラスあるいはマイナスとする．まず，(2.43)，(2.44) の表す運動で時刻 t と $t + T$ $(T = 2\pi/\omega')$ の間の1周期に粘性抵抗力 $-bv$ のする仕事 $W(t)$ を求める．これは同じ時間の間に系が失う力学的エネルギーでもある．短い時間 Δt の間の変位は $v\Delta t$ だから，$W(t)$ は積分の形で表され

§2.3 減衰振動の性質

$$W(t) = \int_t^{t+T} (-bv)v \, dt'$$

$$= -\frac{bA^2}{4} \int_t^{t+T} e^{-2\gamma t'} \left(\frac{\omega_0'^2 + \gamma^2}{2} - \frac{\omega_0'^2 - \gamma^2}{2} \cos 2\omega_0' t' + \gamma \omega_0' \sin 2\omega_0' t' \right) dt'$$

$$= -\frac{bA^2}{4} e^{-2\gamma t} (1 - e^{-2\gamma T}) \left(\frac{\omega_0^2}{\gamma} + \frac{\omega_0'}{2} \sin 2\omega_0' t + \frac{\gamma}{2} \cos 2\omega_0' t \right)$$

(2.49)

である．正弦関数，余弦関数の項は始めの時刻 $t = 0$ のとり方によって振動するから，平均値の計算では落としてよい．したがって，1周期 T 当りの平均の仕事量（＝1周期当りの平均のエネルギー損失）は

$$\overline{W} = -\frac{m\omega_0^2 A^2}{2} e^{-2\gamma t} (1 - e^{-2\gamma T}) = -\frac{kA^2}{2} e^{-2\gamma t} (1 - e^{-2\gamma T})$$

(2.50)

となる．

一方，全力学的エネルギーは

$$E(t) = \frac{m \, v^2(t)}{2} + \frac{k \, x^2(t)}{2}$$

$$= \frac{A^2}{2} e^{-2\gamma t} (k + m\gamma^2 \cos 2\omega_0' t + m\gamma \omega_0' \sin 2\omega_0' t)$$

(2.51)

であり，ここでも時間とともに振動する第2項，第3項を除いて考えると，時間平均値は，

$$\overline{E} = \frac{kA^2}{2} e^{-2\gamma t} = \frac{m\omega_0^2 (Ae^{-\gamma t})^2}{2}$$

(2.52)

となる．これは (2.3) に対応し，減衰振動でも単振動での関係 (1.38) が拡張された形で成り立っている．1周期当りの平均でみると，失われる力学的エネルギーの絶対値と全力学的エネルギーの比は

$$\frac{|\overline{W}|}{\overline{E}} = 1 - e^{-2\gamma T} \approx 2\gamma T = \frac{2\pi}{Q}$$

(2.53)

である．減衰が弱く，条件 (2.12) が成り立つときは，$e^{-2\gamma T}$ の展開で γT の2次以上の項を省略して $\approx$ 以後のようになる．これを単位時間当りに失われるエネルギー $|\overline{w}| = |\overline{W}|/T$ との比にすると

$$\boxed{\frac{|\overline{w}|}{E} = \frac{1 - e^{-2\gamma T}}{T} \approx 2\gamma} \tag{2.54}$$

となって，仮定 (2.5) を裏づける結果が得られる．

[**例題 2.3**]　電磁気学によると，真空中の光速度 c_0 よりずっと小さい速度で加速度運動をしている電子は単位時間当り $P = (-e)^2 a^2 / 6\pi\varepsilon_0 c_0^3$ のエネルギーを電磁波として放射する．ここで，$a, -e$ はそれぞれ電子の加速度と電荷である．また，$\varepsilon_0, m, -e$ はそれぞれ真空の誘電率，電子の質量，電荷を表す．

いま原子の簡単なモデルとして，電子が力の中心とばねの力で結び付けられていて，古典力学に従って単振動 $x(t) = X_0 \cos(\omega_0 t + \alpha)$ をしていると考える．これを**原子の調和振動子モデル**とよぶ．

（1）放射によって電子が失うエネルギーは単位時間当りいくらか？1周期に比べてかなり長い時間の間，振幅は一定であると考えて答えよ．

（2）（1）で求めたエネルギーの損失を説明するために，速度に比例する抵抗力 $F_{\text{res}} = -bv$ が電子にはたらいていて，その結果 (2.54) が成り立つと考えるとき，b を表す式をつくれ．

（3）（2）で求めた抵抗力がはたらくとき，電子の変位 $u(t)$ を表す式をつくれ．

（4）原子の中の電子の運動に対しては，およそ $T = 10^{-15}$ s とすることができる．このとき，原子が始めにもっていたエネルギーを失う時間 τ はどの程度の大きさか．

[**解**]（1）電子の加速度 $a(t) = -\omega_0^2 X_0 \cos(\omega_0 t + \alpha)$ を与えられた式に代入すると，時刻 t と $t + \Delta t$ の間に電磁波の放射によって失われるエネルギーの絶

対値は $\Delta E=(-e)^2a^2/6\pi\varepsilon_0c_0^3\,\Delta t=(e^2X_0^2\omega_0^4/6\pi\varepsilon_0c_0^3)[1+\cos 2(\omega_0 t+\alpha)]\Delta t/2$ だから，1 周期当りに失われるエネルギーの大きさは

$$\int_0^T \frac{e^2X_0^2\omega_0^4}{12\pi\varepsilon_0c_0^3}[1+\cos 2(\omega_0 t'+\alpha)]\,dt'=\frac{e^2X_0^2\omega_0^4 T}{12\pi\varepsilon_0c_0^3} \qquad \text{(a)}$$

である．これから，単位時間当りに電子の失うエネルギーは $w=-e^2X_0^2\omega_0^4/12\pi\varepsilon_0c_0^3$ となる．

（2）この電子の全力学的エネルギーは $E=m\omega_0^2X_0^2/2$ だから，$|w|/E=e^2\omega_0^2/6\pi\varepsilon_0mc_0^3$ である．ここで立場を変えて，電子はばねの力の他に抵抗力 $f_\text{res}-bv$ を受けていて (2.54) が成り立つと考えると，$|w|/E=2\gamma=b/m$ である．ゆえに，

$$b=\frac{e^2\omega_0^2}{6\pi\varepsilon_0c_0^3} \quad \text{あるいは} \quad \gamma=\frac{e^2\omega_0^2}{12\pi\varepsilon_0mc_0^3} \qquad \text{(b)}$$

となる．

（3）上の結果から，電子の運動を表す式は

$$u(t)=X_0e^{-\gamma t}\cos(\omega_0 t+\alpha')=X_0\exp\left(-\frac{e^2\omega_0^2}{12\pi\varepsilon_0mc_0^3}t\right)\cos(\omega_0 t+\alpha') \qquad \text{(c)}$$

である．

（4）電子が振動を続ける時間の目安は $\tau=1/\gamma=12\pi\varepsilon_0mc_0^3/e^2\omega_0^2\sim 10^{-7}$ s である．これは始めに考えた振動の周期 10^{-15} s に比べて 10^8 倍程度長い．したがって，1 周期の間の減衰は小さいという仮定は現実的であった．

§2.4　階段的に加わる外力の下での運動

　速さに比例する抵抗力とばねの力とを受けるおもりに，ある瞬間から一定の大きさ F の力が加わる場合を考えよう（図 2.11(a) 参照）．これはばねを急に引っ張る，あるいは押し縮める場合に起こることである．始めばねには伸び縮みがなく，おもりが静止というつり合いの状態 (E_1) にあったとしよう．外力の下では，系は新しいつり合いの状態 (E_2) に達し，そのときのばねの伸びは F_0/k である．E_1 から E_2 の移り変わりには有限の時間がかかる．

42　　2．減衰振動と強制振動

(a) 外力 F_0

(b) 変位
(II) $\gamma < \omega_0$
$\dfrac{F_0}{k}$
(III) $\gamma = \omega_0$
(I) $\gamma > \omega_0$

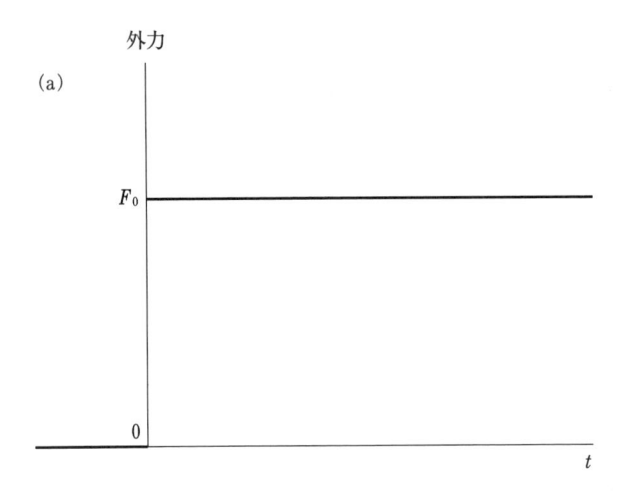

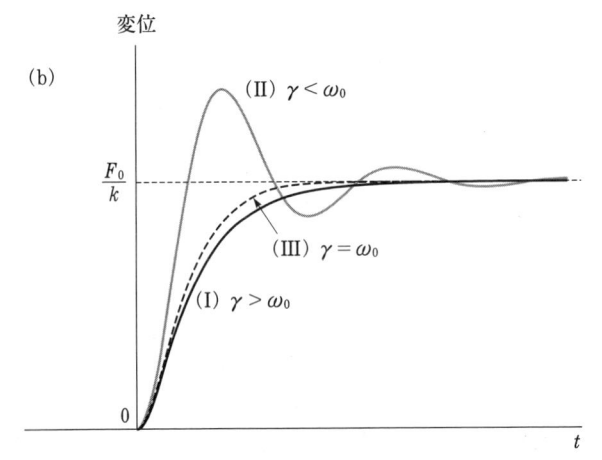

図2.11

おもりの慣性と粘性抵抗力によって，その運動が外力にすぐについていけないからである．

　系がつり合いの状態へ近づく様子を定量的に調べよう．質点の運動は $t<0$ では $v=0$, $x=0$ であり，$t \geqq 0$ では運動方程式

$$m\frac{d^2x}{dt^2} = -kx - b\frac{dx}{dt} + F_0 \tag{2.55}$$

§2.4 階段的に加わる外力の下での運動　43

を初期条件

$$x(0) = 0, \quad v(0) = \left.\frac{dx}{dt}\right|_{t=0} = 0 \tag{2.56}$$

の下で解いて得られる．右辺の各項はそれぞれ，ばねの復元力，粘性抵抗力，および一定の外力である．(2.55)をいままでと同じ記号を使って整理すると，

$$\frac{d^2x}{dt^2} + 2\gamma\frac{dx}{dt} + \omega_0^2 x = \frac{F_0}{m} \tag{2.57}$$

となる．系の性質を表すパラメータは ω_0 と γ で，前者は仮にエネルギーの散逸がなかった場合の単振動の角振動数，後者は抵抗の効果で運動が減衰する時間の目安 τ の逆数という意味をもっている．

ここで問題をより一般化して，減衰振動を与える微分方程式 (2.21) の右辺をゼロから既知関数 $f(t)$ に変えた2階線形の**同次でない微分方程式**

$$\frac{d^2x}{dt^2} + 2\gamma\frac{dx}{dt} + \omega_0^2 x = f(t) \tag{2.58}$$

の一般解の求め方を説明する．

この微分方程式では，左辺と右辺がそれぞれ減衰をともなう調和振動子の特性と外力とを表している．特に，$f(t) = F_0/m$ の場合が (2.57) である．さて，(2.58) の一つの解 $x_\mathrm{f}(t)$ が何らかの方法で求まったとすると，その一般解は右辺をゼロとした同次微分方程式，すなわち (2.21) の一般解 $x_\mathrm{gen}(t)$ を $x_\mathrm{f}(t)$ に加えたものである．$x_\mathrm{gen}(t) + x_\mathrm{f}(t)$ が (2.58) の解であることは，実際に代入してみればわかる．これは (2.58) が**線形**であることの結果である．しかも，$x_\mathrm{gen}(t)$ にはちょうど2個の任意定数が入っているから，$x_\mathrm{gen}(t) + x_\mathrm{f}(t)$ は**2階**の線形微分方程式 (2.58) の一般解である．特に，$\tau < \omega_0$ すなわち §2.2 の II の場合の一般解は (2.32) を使って，

$$x(t) = Ae^{-\gamma t}\cos\left(\sqrt{\omega_0^2 - \gamma^2}\,t + \alpha\right) + x_\mathrm{f}(t) \quad (A,\ \alpha \text{は任意定数}) \tag{2.59}$$

である．$x_\mathrm{f}(t)$ は (2.58) を満たしさえすれば，どんな形でもよい．

2. 減衰振動と強制振動

こうして，問題は $x_\mathrm{f}(t)$ を1つ見つけることにおきかえられた．これは一般には難しいが，図 2.11(a) のように外力がステップ状に変化する場合には，

$$x_\mathrm{f}(t) = \frac{F_0}{k} \tag{2.60}$$

のように，外力の下でのつり合いの状態での変位をとればよい．一般に，$x_\mathrm{f}(t)$ はこのようにはっきりした物理的意味をもつことが多い．

初期条件 (2.56) によって任意定数 A, α を求めると，求める解は

$$x(t) = \frac{F_0}{k}\left\{1 - e^{-\gamma t}\left[\cos\sqrt{\omega_0^2 - \gamma^2}\,t + \frac{\gamma}{\sqrt{\omega_0^2 - \gamma^2}}\sin\sqrt{\omega_0^2 - \gamma^2}\,t\right]\right\} \tag{2.61}$$

である．同様にして，$\gamma > \omega_0$（II）の場合は

$$x(t) = \frac{F_0}{k}\left\{1 - e^{-\gamma t}\left[\cosh\sqrt{\gamma^2 - \omega_0^2}\,t + \frac{\gamma}{\sqrt{\gamma^2 - \omega_0^2}}\sinh\sqrt{\gamma^2 - \omega_0^2}\,t\right]\right\} \tag{2.62}$$

また，$\gamma = \omega_0$（III）の場合は

$$x(t) = \frac{F_0}{k}[1 - (1 + \gamma t)e^{-\gamma t}] \tag{2.63}$$

を得る．図 2.7 と同じ条件のときに，それぞれのグラフを図 2.11(b) に示した．

系が新しいつり合いの状態 $x(t) = X_0 = F_0/k$ に近づく様子は，つり合いから外れた系がつり合いを回復する過程（図 2.7）と同じ形をしている．特に，臨界減衰の場合がつり合いへの接近が一番速い．工業技術では，系をいつもつり合いに近い状態に保つように制御することが多い．このような場合には，系を臨界減衰の状態にしておくことが必要である．

§2.5 単振動をする外力

おもりとばねとダッシュポットの模型のような減衰のある調和振動子で定常的な運動を起こさせるには，外力を加えることによっていつもエネルギーを補給しなければならない．その代表的な場合は，正弦関数型の時間変化をする外力がはたらく場合である．例えばスプリングの下端におもりを付けてぶら下げ，上端を上下に動かしてやれば，この状況を近似的に実現することができる（[例題 2.4] 参照）．現実にある多くの振動は，この模型で近似できる場合が多い．さらに第4章で示すように，一般の時間変化をする外力の下での運動も，ここで述べる運動から求めることができる．

まず，図2.5の模型に角振動数 ω の単振動をする外力

$$f(t) = F_0 \cos \omega t \tag{2.64}$$

がはたらく場合の定常的な振動を調べる（図2.12）．ω は系の性質とは無関係に，外部の条件，例えば手を動かす速さや振動を与える装置の設定によって調整できる量である．ここで

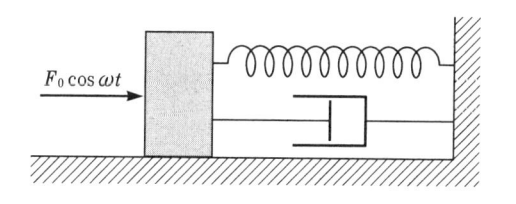

図 2.12

は，粘性抵抗の効果が小さく，外力がなければ減衰振動が起こる場合（§2.2のII）を扱う（他の場合の検討は読者の自習を期待する）．

質点の運動方程式は (2.19) の右辺に外力の項を加えて

$$m \frac{d^2 x}{dt^2} = \underbrace{- kx}_{\text{ばねの力}} \underbrace{- b \frac{dx}{dt}}_{\text{抵抗力}} + \underbrace{F_0 \cos \omega t}_{\text{外力}} \tag{2.65}$$

であり，$\gamma = b/2m$, $\omega_0 = \sqrt{k/m}$ を使って整理すると，

$$\frac{d^2 x}{dt^2} + 2\gamma \frac{dx}{dt} + \omega_0^2 x = \frac{F_0}{m} \cos \omega t \tag{2.66}$$

2. 減衰振動と強制振動

となる．前節で述べたように，この形の微分方程式の一般解は，1つの解 $x_\mathrm{f}(t)$ と右辺をゼロとした同次方程式 (2.21) の一般解 (2.32) を加えたもので，

$$(2.66) \text{ の一般解} = x_\mathrm{f}(t) + Ae^{-\gamma t}\cos\left(\sqrt{\omega_0{}^2 - \gamma^2}\, t + \alpha\right) \tag{2.67}$$

と表せる．$x_\mathrm{f}(t)$ は (2.66) の解であればどのような形でもよい．系の定常的な運動を問題にするときには，時間の経過とともに減衰する第2項，すなわち減衰振動を表す項を事実上ゼロとして無視する．これは無限の過去から外力 (2.64) がはたらいていて，系はすでに定常状態に達している，と考えることに相当する．

実際の問題では，スイッチをオンにして外力を加え始める瞬間があり，それに応じた初期条件で $x_\mathrm{gen}(t)$ の中の任意定数の値が決まる．スイッチをオンにした直後の，減衰項 $x_\mathrm{gen}(t)$ が無視できない期間での系の振舞を**過渡現象**という．しかし，$x_\mathrm{gen}(t)$ は時定数 $\tau = 1/\gamma$ 程度の時間が経つと減衰してしまい，運動を表すのは $x_\mathrm{f}(t)$ だけになる．これが定常状態である．現実に実際に起こる運動を考える場合には過渡現象が重要な問題になることが多い．しかし，ここでは定常的な運動だけをとり上げることにする．

§1.7 の複素表示の方法を使って $x_\mathrm{f}(t)$ を求めよう．理解を助けるための等価なベクトル図（図 2.13）と比較しながら読んでほしい．定常的な運動では，変位 $x_\mathrm{f}(t)$ は外

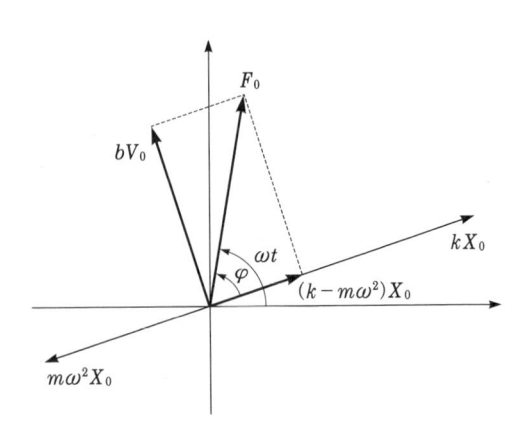

図 2.13

力と同じ角振動数 ω の単振動をするはずである．これはベクトル図で外力，変位，速度，加速度のベクトルが一定の角度を保ちながら，同じ角速度 ω で回転していることに相当する．そこで外力と変位を複素表示でそれぞれ

$$f_c(t) = F_0 e^{i\omega t} \tag{2.68}$$

$$x_c(t) = A e^{i\omega t} \tag{2.69}$$

と表すことができる．ここで時間 t の原点は $f_c(t)$ の初期位相がゼロとなるように選び，また煩雑さを避けるために，添字 f を省いた．

変位の振幅（ベクトルの大きさ）が X_0，力との位相の差（ベクトルの間の角度）が φ であるとき，変位の複素振幅を $A = X_0 e^{-i\varphi}$ とすれば，速度と加速度はそれぞれ

$$v_c(t) = \frac{dx_c}{dt} = i\omega A e^{i\omega t} = \omega X_0 e^{i(\omega t - \varphi + \pi/2)}$$

振幅 ωX_0，力との位相差 $-\varphi + \dfrac{\pi}{2}$ \tag{2.70}

$$a_c(t) = \frac{dv_c}{dt} = -\omega^2 A e^{i\omega t} = \omega^2 A e^{i(\omega t + \pi)}$$

振幅 $\omega^2 X_0$，力との位相差 $-\varphi + \pi$ \tag{2.71}

である．したがって，(2.66) を表す関係は

$$(-\omega^2 + 2i\gamma + \omega_0^2) A e^{i\omega t} = \frac{F_0}{m} e^{i\omega t}$$

となる．これが t の値によらず成り立つから，変位の複素振幅 A は外力の角振動数 ω の関数

$$\begin{aligned}
A(\omega) &= \frac{F_0}{m} \frac{1}{\omega_0^2 - \omega^2 + 2i\gamma\omega} \\
&= \frac{F_0}{m\sqrt{(\omega_0^2 - \omega^2)^2 + (2\gamma\omega)^2}} \frac{\omega_0^2 - \omega^2 - i(2\gamma\omega)}{\sqrt{(\omega_0^2 - \omega^2)^2 + (2\gamma\omega)^2}} \\
&= \frac{F_0}{m\sqrt{(\omega_0^2 - \omega^2)^2 + (2\gamma\omega)^2}} e^{-i\varphi}
\end{aligned}$$

$$\tag{2.72}$$

で表される．ここで，

$$\tan\varphi = \frac{2\gamma\omega}{\omega_0^2 - \omega^2} = \frac{b\omega}{k - m\omega^2} \tag{2.73}$$

である．

F_0 も角振動数 ω の単振動をする力の振幅という意味で $F(\omega)$ と表すことにすると，(2.72) は

$$\frac{A(\omega)}{F(\omega)} = \frac{1}{m(\omega_0^2 - \omega^2 + 2i\gamma\omega)} = \frac{1}{k - m\omega^2 + ib\omega} \tag{2.74}$$

と書くことができる．これは変位と力の複素振幅の比で，ばね定数の逆数 $1/k$ の一般化に当る量である．複素振幅 $A(\omega)$ は絶対値が

$$X_0 = X(\omega) = \frac{F_0}{m\sqrt{(\omega_0^2 - \omega^2)^2 + (2\gamma\omega)^2}} = \frac{F_0}{\sqrt{(k - m\omega^2)^2 + (b\omega)^2}} \tag{2.75}$$

で，偏角 $-\varphi$ の複素数になる．定常的な運動での変位と速度は (2.69)，(2.70) の実数部分で与えられるから，

$$\begin{aligned}x_\mathrm{f}(t) &= \frac{F_0}{m\sqrt{(\omega_0^2 - \omega^2)^2 + (2\gamma\omega)^2}} \cos(\omega t - \varphi) \\ &= \frac{F_0}{\sqrt{(k - m\omega^2)^2 + (b\omega)^2}} \cos(\omega t - \varphi)\end{aligned} \tag{2.76}$$

$$\begin{aligned}v_\mathrm{f}(t) &= \frac{F_0\omega}{m\sqrt{(\omega_0^2 - \omega^2)^2 + (2\gamma\omega)^2}} \cos\left[\omega t - \left(\varphi - \frac{\pi}{2}\right)\right] \\ &= \frac{F_0\omega}{\sqrt{(k - m\omega^2)^2 + (b\omega)^2}} \cos\left[\omega t - \left(\varphi - \frac{\pi}{2}\right)\right]\end{aligned} \tag{2.77}$$

となる．これらが表すように，質点の変位は外力と同じ角振動数 ω の単振動をし，その位相は外力より φ だけ遅れ，一方，速度の位相は $\delta = \varphi - \pi/2$ だけ遅れている．この振動を単振動する外力によって引き起こされたも

のと考え，**強制振動**とよぶ．振動の様子は外力の角振動数 ω とともに変わるが，それを表すのが (2.76), (2.77) の振幅の変化と位相のずれ φ の変化 (2.73) である．これらは次節で詳しく調べる．

[例題 2.4] 図 2.14 のように，自然の長さ l，ばね定数 k の軽いばねの一端に質量 m のおもりを付けて鉛直に吊るす．ばねの上端の点 P を上下に動かして，振幅 Y_0，角振動数 ω の単振動をさせるときのおもりの定常的な運動を調べよ．ただし，空気の抵抗力の影響は考えないものとする．

[解] 図のようにおもりが静止しているときの P の位置を原点，鉛直下向きに x 軸をとり，P およびおもりの座標をそれぞれ $y\,(=Y_0\cos\omega t)$, x とすると，ばねの伸びは $x(t)-y(t)-l$ だから，おもりの運動方程式は

$$m\frac{d^2x}{dt^2}=mg-k(x-y-l)=-k\left(x-l-\frac{mg}{k}\right)+kY_0\cos\omega t \tag{a}$$

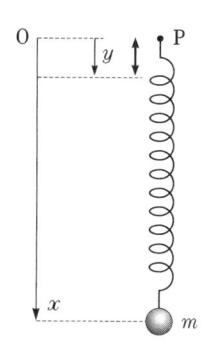

図 2.14

である．ここで $u=x-l-mg/k$ は，おもりとばねを静かに吊るした状態を基準にしたばねの伸びである．これを変数にすると，(a) を

$$m\frac{d^2u}{dt^2}+ku=kY_0\cos\omega t \tag{b}$$

と表すことができる．したがって，定常状態でのおもりの運動は振幅 kY_0，角振動数 ω の外力がはたらくときの強制振動になる．なお，ここでは抵抗力を考慮しないので $b=0$ としている．

(2.75) によって，その振幅は $kY_0/(k-m\omega^2)$ であり，$\omega=\sqrt{k/m}$，すなわちばねを動かす角振動数がおもりを自由に振動させたときの角振動数と一致するとき，振幅は非常に大きくなる．実際には抵抗力によってエネルギーの散逸が起こるから，振幅が無限大になることはない．

§2.6 強制振動の性質

外力の角振動数 ω を変えると,強制振動の様子は変化する.[例題 2.4] のようにおもりとばねを使い,上端をゆっくり,あるいは速く上下に動かしてみると,その様子を実感することができる.変化を定量的に調べるために,変位と速度の振幅,位相の遅れを ω あるいはディンメンションのない量 ω/ω_0 と $Q = \omega_0/2\gamma$ との式で表すと,(2.76), (2.77), (2.73) によって,

$$\frac{X(\omega)}{F_0} = \frac{1}{m\sqrt{(\omega_0{}^2 - \omega^2)^2 + (2\gamma\omega)^2}} = \frac{1}{m\omega_0{}^2} \frac{\dfrac{\omega_0}{\omega}}{\sqrt{\left(\dfrac{\omega_0}{\omega} - \dfrac{\omega}{\omega_0}\right)^2 + \left(\dfrac{1}{Q}\right)^2}}$$

(2.78)

$$\frac{V(\omega)}{F_0} = \frac{\omega X(\omega)}{F_0} = \frac{\omega}{m\sqrt{(\omega_0{}^2 - \omega^2)^2 + (2\gamma\omega)^2}}$$
$$= \frac{1}{m\omega_0} \frac{1}{\sqrt{\left(\dfrac{\omega_0}{\omega} - \dfrac{\omega}{\omega_0}\right)^2 + \left(\dfrac{1}{Q}\right)^2}}$$

(2.79)

$$\tan \varphi(\omega) = \frac{2\gamma\omega}{\omega_0{}^2 - \omega^2} = \frac{\dfrac{1}{Q}}{\dfrac{\omega_0}{\omega} - \dfrac{\omega}{\omega_0}}$$

(2.80)

となる.Q の異なる値に対して,これらの量と角振動数の関係をグラフにしたのが図 2.15 である.

この図を見ながら,外力の角振動数 ω によって,強制振動の様子がどのように変化するかを定性的に調べよう.

(1) 外力の変化が遅くて $\omega \to 0$ のときには,$X(\omega), \varphi(\omega)$ はそれぞれ $F_0/m\omega_0{}^2 = F_0/k, 0$ に近づく.$\omega = 0$ は時間によらない一定の外力 F_0 を意味するから,これは当然の結果である.

§2.6 強制振動の性質 51

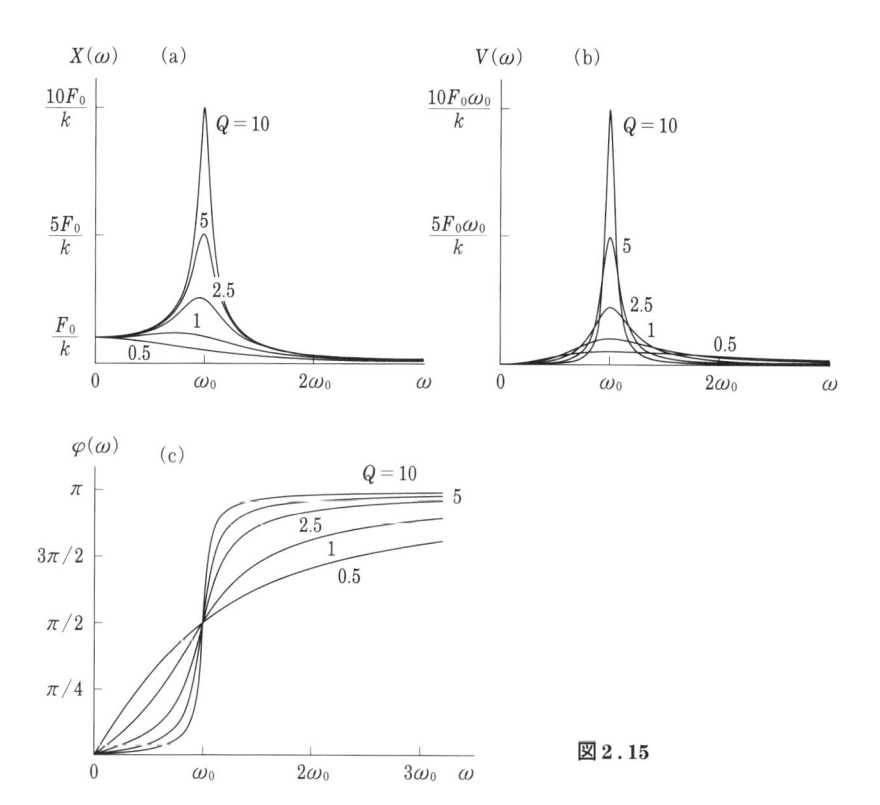

図 2.15

(2) 一方,非常に変化の速い外力に対しては $\omega \to \infty$ で,このとき $X(\omega) \to 0$, $\varphi(\omega) \to \pi$ ($\tan\varphi$ がマイナス側からゼロに近づく)である.重いおもりの付いたばね振り子を急速に動かそうとする場合がこれに相当する.慣性のためにおもりはほとんど停止し,運動は外力と逆向きである.

(3) (1) と (2) の中間で,外力の角振動数 ω が系の固有角振動数 ω_0 に近いときに著しい現象が起こる.Q がある限度より大きければ,このとき振幅と外力の振幅との比 $X(\omega)/F_0$ は大きい値になる.特に粘性抵抗を無視 ($1/Q \to 0$) できるときには,数式の上では $\omega = \omega_0$ で

$X(\omega)/F_0 \to \infty$ となり，外力がはたらかなくても，角振動数 ω_0 で有限の振幅の振動が起こることを意味する．これは ω_0 が系の固有振動数，すなわち何かのきっかけがあれば自然に起こる振動の角振動数であることの表現に他ならない．このことを利用すれば，いろいろな角振動数の外力を加えて振動が最も大きくなる場合を調べ，問題にしている系の固有振動数を知ることができる．これは複雑な系の固有振動数を求めるのに応用できる（[例題 5.1] 参照）．

より定量的な検討に移ると，一番単純なのは速度の振幅 $V(\omega)$ で，Q によらず $\omega = \omega_0$ のとき最大値 $F_0 Q/m\omega_0$ をとる．また $\omega = \omega_0(1 \pm 1/2Q)$ のとき，$V(\omega)$ は最大値の $1/\sqrt{2}$ になる．一方，変位の振幅 $X(\omega)$ の変化は Q の値によって異なる形になる．Q が比較的大きく，$Q > 1/\sqrt{2}$ である場合には，

$$\omega_{\max} = \sqrt{\omega_0^2 - 2\gamma^2} = \omega_0\sqrt{1 - \frac{1}{2Q^2}} \tag{2.81}$$

で最大値

$$X_{\max} = \frac{F_0}{2m\gamma\sqrt{\omega_0^2 - \gamma^2}} = \frac{F_0}{k}\frac{Q}{\sqrt{1 - \dfrac{1}{4Q^2}}} \tag{2.82}$$

をとる．特に Q が非常に大きいときは，$\omega_{\max} \approx \omega_0$ であり，ω が $\omega_0(1 \pm 1/2Q)$ の近くで，$X(\omega)$ も最大値の $1/\sqrt{2}$ になる．このとき $V(\omega)$, $X(\omega)$ は ω_0 を中心として鋭いピークをつくり，（その $1/\sqrt{2}$ 倍の高さでの）幅が ω_0/Q である．

一方，位相の遅れ φ はちょうど $\omega = \omega_0$ で $\pi/2$（$\tan\varphi \to \pm\infty$）になる．このとき，速度 $v_\mathrm{f}(t)$ と外力が同位相（$\delta = \varphi - \pi/2 = 0$）であり，外力に比例して速度が現れていることになる．図 2.13 のベクトル図を見直すと，運動方程式 (2.65) の右辺で第 1 項（慣性の項）と第 3 項（ばねの力の項）を表すベクトルが打ち消し合い，粘性抵抗力を表す第 2 項のベクトルだけが残っ

ている．このように強制振動では，外力と速度の位相差 δ が φ より直接的な意味をもつ．ここで

$$\tan\delta = -\frac{1}{\tan\varphi} = \frac{\omega^2 - \omega_0^2}{2\gamma\omega} = Q\left(\frac{\omega}{\omega_0} - \frac{\omega_0}{\omega}\right) \quad (2.83)$$

である．

以上でみたように，外力の角振動数 ω が系の性質である一定の角振動数 ω_0 あるいは $\omega_{\max}$ に一致するときに振動が大きくなり，速度と外力の位相が一致する現象を**共振**あるいは**共鳴**という．特に，エネルギーの損失の係数 γ が小さく，$Q \gg 1$ のときには，変位が大きくなるのは共振の角振動数のごく近くだけである．一方，$Q \leqq \sqrt{1/2}$ の場合には，$X(\omega)$ は ω とともに単調に減少する．

外力 $f(t)$ が単振動型でなく，より一般の時間変化をしていても，次章で示すようにさまざまな角振動数 ω_i の単振動に分解することができる．系はこの中から固有振動数に一致する成分を選び出して共振を起こす．こうして減衰のある調和振動子で表される系に一般の時間変化をする外力がはたらくと，角振動数 ω_0 の振動を始める．共振は多くの物理現象，多くの工学的問題で現れ，重要な役割を果たす．次節で，エネルギーの移動の面からもう一度共振をとり上げることにする．

[**例題 2.5**] 床の振動が実験台の上に伝わらないようにするために，台を

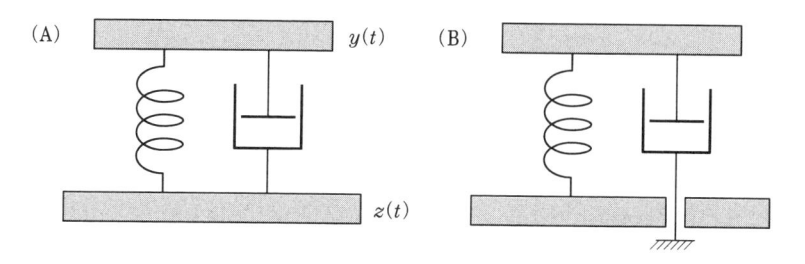

(A) $y(t)$　$z(t)$　(B)

図 2.16

ばねで支え，さらに，ダッシュポット型のダンパーを付けて振動を減衰させたい．このとき，

(A) ダンパーの一端を床に固定する

(B) より安定した基礎に固定する（例えば，床に穴をあけて，地面に直接つなぐ）

の2つの方法を考える（図2.16）．台の質量を m，ばねとダンパーの定数をそれぞれ k, b とするとき，床の振動がなるべく台に伝わらないようにするにはどのような条件があればよいか．また，(A)，(B) どちらの方法がより台の振動が少ないか．

[解] 床の振動が $z(t) = Z_0 \cos \omega t$ で表されるときに，台の変位 $y(t)$ を求める．ばねの伸びは $y(t) - z(t) = y(t) - Z_0 \cos \omega t$ であり，ダンパーのピストンの速さは $y'(t) - z'(t) = y'(t) + \omega Z_0 \sin \omega t$ （(A) の場合），あるいは $y'(t)$（(B) の場合）である．それぞれの場合に台の運動方程式をつくると

(A) $$m\frac{d^2 y}{dt^2} = -b\left(\frac{dy}{dt} + \omega Z_0 \sin \omega t\right) - k\{y(t) - Z_0 \cos \omega t\}$$

となって，

$$m\frac{d^2 y}{dt^2} + b\frac{dy}{dt} + ky = Z_0(k\cos \omega t - \omega b \sin \omega t) \tag{a}$$

(B) $$m\frac{d^2 y}{dt^2} = -b\frac{dy}{dt} - k\{y(t) - Z_0 \cos \omega t\}$$

すなわち

$$m\frac{d^2 y}{dt^2} + b\frac{dy}{dt} + ky = Z_0 k \cos \omega t \tag{b}$$

となる．したがって，台の運動は外力が $F_A(t) = Z_0(k\cos \omega t - \omega b \sin \omega t)$，あるいは $F_B(t) = k Z_0 \cos \omega t$ の強制振動と考えることができる．複素表示を使うことにして，$z_c(t) = Z_0 e^{i\omega t}$, $y_c(t) = Y_0 e^{i\omega t}$ と表すと，$-\omega Z_0 \sin \omega t = d(Z_0 \cos \omega t)/dt$ に相当するのは，$d(Z_0 e^{i\omega t})/dt$ である．よって，(a)，(b) は

$$(-m\omega^2 + ib\omega + k)Y_0 e^{i\omega t} = Z_0(k + ib\omega)e^{i\omega t}$$

あるいは

$$(-m\omega^2 + ib\omega + k)Y_0 e^{i\omega t} = Z_0 k e^{i\omega t}$$

となり，台と床の複素振幅の比は

$$\frac{Y_0}{Z_0} = \begin{cases} \dfrac{k + ib\omega}{(k - m\omega^2) + ib\omega} & ((\text{A}) \text{の場合}) \\ \dfrac{k}{(k - m\omega^2) + ib\omega} & ((\text{B}) \text{の場合}) \end{cases} \quad (c)$$

である．台の振幅を調べるために，これらの絶対値の2乗をつくると，(c) から

$$\frac{|Y_0|^2}{|Z_0|^2} = \begin{cases} \dfrac{1 + \left(\dfrac{b\omega}{k}\right)^2}{\left(1 - \dfrac{m\omega^2}{k}\right)^2 + \left(\dfrac{b\omega}{k}\right)^2} \\ \dfrac{1}{\left(1 - \dfrac{m\omega^2}{k}\right)^2 + \left(\dfrac{b\omega}{k}\right)^2} \end{cases} \quad (d)$$

である．これらを小さくするには，共振 $1 - m\omega^2/k = 0$ を避けることが第一だが，その条件の下で m/k が大きい，すなわち台の固有角振動数を低くする方がよい．また (A) より (B) が有効であり，そのときには b を大きく，すなわち粘性抵抗によるエネルギーの散逸を大きくすることが望ましい．

§2.7 エネルギーの流れと共振*

本章の最後に，エネルギーの観点から共振をとり上げる．まず，おもりとばねとダッシュポットの模型の強制振動で外力がする仕事（収入）と抵抗力がする仕事（支出）とを求める．系が定常的な状態にあるのだから，ある程度より長い時間で平均すれば，収入と支出はつり合っているはずである．

時刻 t に続く短い時間間隔 Δt の間の変位は $v(t)\Delta t$ だから，この間に外力および抵抗力のする仕事は (2.77) からそれぞれ，

$$\Delta W_{\mathrm{f}} = f(t)\,v(t)\,\Delta t = \frac{\omega F_0^2 \Delta t}{2m\sqrt{\left(\dfrac{k}{m} - \omega^2\right)^2 + \left(\dfrac{b\omega}{m}\right)^2}} [\sin\varphi - \sin(2\omega t - \varphi)]$$

$$(2.84)$$

$$\Delta W_\mathrm{r} = -b\, v^2(t)\, \Delta t = \frac{-b\left(\dfrac{\omega F_0}{m}\right)^2 \Delta t}{2\left[\left(\dfrac{k}{m}-\omega^2\right)^2 + \left(\dfrac{b\omega}{m}\right)^2\right]}\left[1-\cos 2(\omega t - \varphi)\right]$$
(2.85)

であり，また時刻 t に系のもっている力学的エネルギー $E(t)$ は

$$E(t) = \frac{m}{2}v^2(t) + \frac{k}{2}x^2(t)$$

$$= \frac{F_0^2}{4m}\frac{\omega^2 + \dfrac{k}{m} + \left(\dfrac{k}{m}-\omega^2\right)\cos 2(\omega t - \varphi)}{\left(\dfrac{k}{m}-\omega^2\right)^2 + \left(\dfrac{b\omega}{m}\right)^2}$$
(2.86)

となる．ここで正弦，余弦関数の積を和に直す公式を使った．

これらの仕事率 $P_\mathrm{f}(t) = \Delta W_\mathrm{f}/\Delta t$, $P_\mathrm{r}(t) = \Delta W_\mathrm{r}/\Delta t$ および $E(t)$ の時間変化は図 2.17 のようになる．ここでは $T_0 = 2\pi/\omega_0$ で横軸を目盛った．この図の場合にはあまり明瞭ではないが，$P_\mathrm{f}(t)$ は時刻によって符号を変え，外力の動力源から系にエネルギーが流れ込んでいる $(P_\mathrm{f}(t) > 0)$ ときと，逆に系が動力源に仕事の形でエネルギーを返している $(P_\mathrm{f}(t) < 0)$ ときとがあることを示す．この図は共振の状態 $(\omega = \omega_0)$ と共振から少し離れた状態 $(\omega = 0.85\omega_0)$ の 2 つの場合を示している．共振の状態では大量のエネルギーが系を素通りし，系のもっているエネルギーも大きい．

系の定常的な性質を表すには，これらの量の時間平均値を用いればよい．それには時間とともに振動する項をゼロとすればよい．こうして単位時間に

外力のする平均仕事 ＝ 系が受けとる平均エネルギー

$$\overline{P_\mathrm{f}(\omega)} = \frac{\omega F_0^2}{2m\sqrt{\left(\dfrac{k}{m}-\omega^2\right)^2 + \left(\dfrac{b\omega}{m}\right)^2}}\sin\varphi$$
(2.87)

粘性抵抗力のする平均仕事 ＝ 系が失う平均エネルギー

$$\overline{P_\mathrm{r}(\omega)} = \frac{-b(\omega F_0)^2}{2m^2\left[\left(\dfrac{k}{m}-\omega^2\right)^2 + \left(\dfrac{b\omega}{m}\right)^2\right]}$$
(2.88)

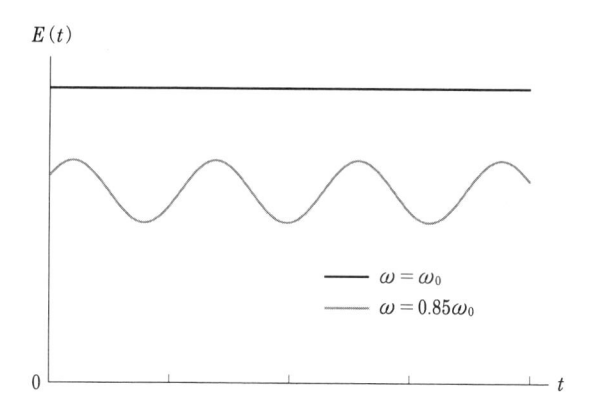

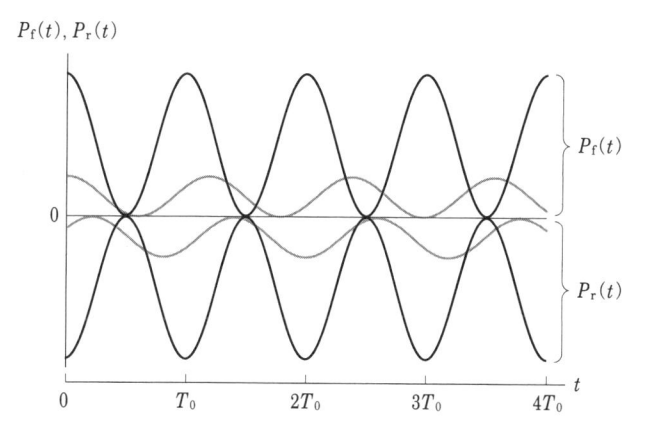

§2.7 エネルギーの流れと共振　57

図 2.17

力学的エネルギーの平均値

$$\overline{E(\omega)} = \frac{F_0{}^2\left(\dfrac{k}{m}+\omega^2\right)}{4m\left[\left(\dfrac{k}{m}-\omega^2\right)^2+\left(\dfrac{b\omega}{m}\right)^2\right]} \tag{2.89}$$

を得る．$\overline{P_{\mathrm{f}}(\omega)}$, $\overline{P_{\mathrm{r}}(\omega)}$ はそれぞれ，エネルギー吸収率，エネルギー損失率である．

(2.73) によって $\sin\varphi = b\omega/m\sqrt{(\omega^2 - k/m)^2 + (b\omega/m)^2}$ だから，エネルギー収支のバランス

$$\overline{P_\text{f}(\omega)} = -\overline{P_\text{r}(\omega)} = \frac{b\omega^2 F_0^2}{2m^2\left[\left(\dfrac{k}{m}-\omega^2\right)^2+\left(\dfrac{b\omega}{m}\right)^2\right]} \quad (2.90)$$

が確かめられる．(2.87) からわかるように，この量は $\sin\varphi$ あるいは $\cos\delta$ に比例する．(2.87)〜(2.89) をパラメータ ω_0 と γ，あるいは ω_0 と Q で表すと，

$$\begin{aligned}\overline{P_\text{f}(\omega)} = -\overline{P_\text{r}(\omega)} &= \frac{F_0^2}{2m}\left\{\frac{2\gamma\omega^2}{(\omega_0^2-\omega^2)^2+(2\gamma\omega)^2}\right\} \\ &= \frac{F_0^2}{2m}\left\{\frac{1}{\omega_0 Q\left[\left(\dfrac{\omega_0}{\omega}-\dfrac{\omega}{\omega_0}\right)^2+\dfrac{1}{Q^2}\right]}\right\}\end{aligned} \quad (2.91)$$

$$\overline{E(\omega)} = \frac{F_0^2}{4m}\left\{\frac{\omega_0^2+\omega^2}{(\omega_0^2-\omega^2)^2+(2\gamma\omega)^2}\right\} = \frac{F_0^2}{4m}\left\{\frac{\dfrac{\omega_0}{\omega}+\dfrac{\omega}{\omega_0}}{\omega\omega_0\left[\left(\dfrac{\omega_0}{\omega}-\dfrac{\omega}{\omega_0}\right)^2+\dfrac{1}{Q^2}\right]}\right\}$$

$$(2.92)$$

となる．ここで { } の中の部分は，いままで述べてきたおもりとばねとダッシュポットの模型を離れて，減衰のある調和振動子の一般的な性質を表している．特に，外力の角振動数 ω が系の固有角振動数 ω_0 に近い共振付近の様子をみるために，$\omega\approx\omega_0$，$\omega^2-\omega_0^2=(\omega-\omega_0)(\omega+\omega_0)\approx 2\omega_0(\omega-\omega_0)$ と近似すると，(2.91) を

$$\frac{\overline{P_\text{f}(\omega)}}{\dfrac{F_0^2}{4m}} \approx \frac{\gamma}{(\omega-\omega_0)^2+\gamma^2} \quad (2.93)$$

と表せる．(2.91) あるいはその ω_0 付近の近似式 (2.93) は系のエネルギー吸収率と外力の角振動数 ω の関係，すなわちエネルギー吸収曲線の形を与える．例えば電磁波の吸収は電場による電子の強制振動によって起こるから，光の吸収スペクトルの形もこの式で表される．特に，(2.93) は電磁波

§2.7 エネルギーの流れと共振

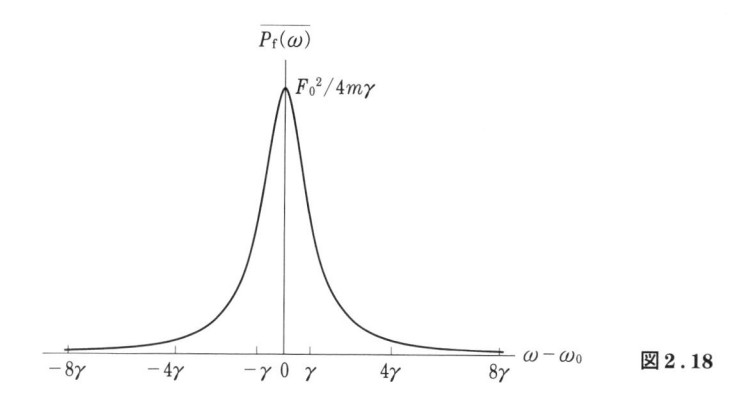

図 2.18

の吸収で広く現れる曲線の式である (図 2.18). これを中心 ω_0, 半値全幅 (FWHM) 2γ の**ローレンツ曲線**とよぶ．

外力が共振の条件を満たして $\omega = \omega_0$ のとき

$$(2.91), (2.93) \text{の最大値} = \frac{F_0^2}{4m\gamma} = \frac{F_0^2}{2m}\frac{Q}{\omega_0} \quad (2.94)$$

をとり，そのピークの幅 (半値全幅) は

$$(2.93) \text{が最大値の} \frac{1}{2} \text{となる} \omega \text{の間隔} = 2\gamma = \frac{\omega_0}{Q} \quad (2.95)$$

である．したがって，吸収曲線のピークは Q が大きいほど鋭い．おもりとばねとダッシュポットの模型でいえば，このときには外力と速度の位相が等しく ($\varphi = \pi/2$)，どの瞬間にも力と変位が変化する方向は同じである．よって，常に $P_f > 0$，すなわちエネルギーの流れはエネルギー源から系への一方向だけで，逆向きになることがない．こうして，系に大量のエネルギーが流れ込んで，それが全部消費されていることが，共振という現象の本質である．このように考えると，共振では振幅最大の $\omega_{\max}$ よりも，エネルギー流入 (= エネルギー消費) が最大になる系の固有振動数 ω_0 の方がより基本的である．

2. 減衰振動と強制振動

共振の状態で系がもっているエネルギーの平均値 $\overline{E(\omega_0)}$ と単位時間当りの平均エネルギー損失 $\overline{P_\mathrm{f}(\omega_0)} = (F_0{}^2/2m)(Q/\omega_0)$ の比をつくると，

$$\frac{\overline{P_\mathrm{f}(\omega_0)}}{\overline{E(\omega_0)}} = 2\gamma = \frac{\omega_0}{Q} \tag{2.96}$$

となる．これが減衰振動での (2.54) に対応する関係である．減衰のある調和振動子の振舞をエネルギー収支の面からみると，強制振動は散逸するそばからエネルギーを補給して定常的な状態を維持する過程，減衰振動はあらかじめ蓄えてあったエネルギーを次第に失っていく過程である．2つの振動は系のエネルギー消費の特性を2つの異なる方法で調べることに相当する．それぞれの場合について，エネルギーの消費を特徴づける量が Q あるいは γ であり，それぞれ共振の鋭さ ((2.94), (2.95))，あるいは減衰の速さ ((2.47)) という実験だけでわかる量と結び付いている．

[例題 2.6] 原子の調和振動子模型 ([例題 2.3]) によると，光の電磁波が原子に入射するとき，電子がそれに応じて振動する．可視光の波長 (おおよそ $0.4 \sim 0.7\,\mu\mathrm{m}$) は原子の大きさ ($\sim 0.1\,\mathrm{nm}$) よりずっと大きいから，原子と電磁波との相互作用を取扱うときには，電場の位置による変化を無視し，空間的に一様な電場が単振動をしていると考えることができる．このとき電子が定常的な振動を続けると仮定して，この原子のエネルギー吸収曲線の式を求めよ．

[解] 単振動をする電場を複素表示で $E_\mathrm{c} = E_0 e^{\mathrm{i}\omega t}$ と表すと，電子のつり合いの状態からの変位 $x_\mathrm{c}(t)$ は

$$m\frac{d^2 x_\mathrm{c}}{dt^2} + b\frac{dx_\mathrm{c}}{dt} + kx_\mathrm{c} = (-e)E_0 e^{\mathrm{i}\omega t} \tag{a}$$

を満たす．したがって，

$$\overline{P(\omega)} = \frac{be^2\omega^2 E_0{}^2}{2m^2\left[\left(\dfrac{k}{m} - \omega^2\right)^2 + \left(\dfrac{b\omega}{m}\right)^2\right]} \tag{b}$$

となり，(2.91) あるいは (2.93) で $F_0 = eE_0$, $\omega_0 = \sqrt{k/m}$, $\gamma = b/m$ とおいた式が吸収曲線を表す．

演習問題

[1] 長さ 1m の糸に 10g のおもりを付けて振り子をつくり，振れ角 5° の位置から静かに放したところ，15 周期で振幅が 2.5° に減少した．この振り子を単振り子として扱い，また減衰が速度に比例する粘性抵抗力によると仮定して，次の値を求めよ．
   (1) 抵抗力がないときの角振動数 ω_0
   (2) Q 値
   (3) 角振動数 ω の ω_0 からのずれの割合 $(\omega_0 - \omega)/\omega_0$

[2] おもりとダッシュポットとばねの模型で，臨界制動の場合の運動を表す式 (2.37) が (2.21) の一般解になっていることを示せ．

[3] おもりとダッシュポットとばねの模型 (図 2.5) で，始め静止していたおもりに，図のような時間変化をする外力が加わるときの運動を求めよ．また，力の大きさ F_0 と力がはたらいている時間 τ の積 $I_0 = F_0\tau$ を一定に保って，$\tau \to 0$ とした極限での運動を表す式はどうなるか．

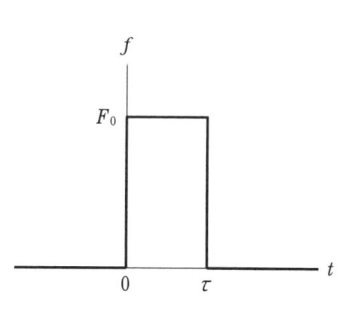

[4] §2.4 で扱ったステップ状の外力 (図 2.11(a)) の下での運動を求める問題を，質点の変位 x の代わりに，$x' = x - F_0/k$ を未知関数として解け．これは物理的には何を考えていることに相当するか？

[5] [1] の単振り子で，糸の上端に水平方向に振幅 1mm，角振動数 ω の単振動をさせる．振り子の振幅が小さく，振れ角について $\sin\theta \approx \theta$ が成り立つとして，

以下を求めよ．

(1) 定常状態での質点の水平方向の変位 $y(t)$ を表す式をつくれ．

(2) 共振状態での速度の振幅を求めよ．

(3) 速度の振幅が共振のときの 1/2 になる角振動数を $\omega_{1/2}$ とするとき，$|(\omega_0 - \omega_{1/2})/\omega_0|$ はいくらか．

[6] 図のように円筒型の中空容器の中に，ばね定数 k のばねで質量 m のおもりを吊らし，縦方向に滑らかに振動できるようにした装置がある．この装置を載せた台が上下方向に角振動数 ω の単振動をするとき，おもりと容器との相対変位が台の振幅の 1％以下になるようにするには，k/m をどう選べばよいか．

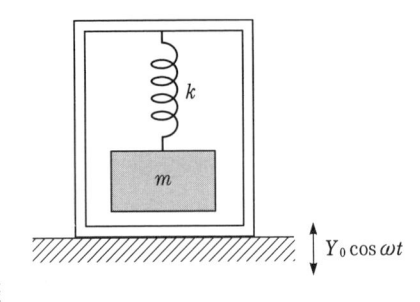

[7] おもりとダッシュポットとばねの模型の強制振動で運動エネルギーの時間平均値 $\overline{K}$，ばねのエネルギーの平均値 $\overline{V}$ を求め，$\overline{K}/\overline{V}$ と外力の角振動数 ω の関係を求めよ．

[8] おもりとダッシュポットとばねの模型で，時刻 $t=0$ からおもりに単振動をする外力がはたらく．振動の振幅が定常状態のときの 1％以内になるまでの時間は，およそ $1.5\,Q$ 周期であることを示せ．

[9]* おもりとダッシュポットとばねを図のように接続し，ばねの一端を単振動させるとき，定常状態でのおもりの運動を求めよ．

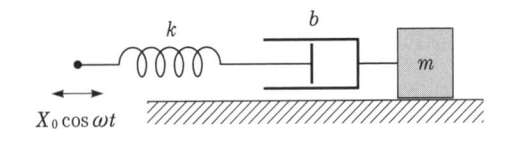

# 3 単振動の重ね合わせ

単振動の重ね合わせ，すなわち単振動をする量の和は，振動・波動の多くの問題に現れる．実は，異なる角振動数の単振動の和によって，任意の時間変化を表せることが数学で保証されている．本章では簡単な場合から始めて，一般の時間変化を単振動に分解する方法への入門をする．その結果は次の章以下で利用する．

§3.1 単振動の重ね合わせ

図 3.1(a) は，トランペットで 522 Hz の音を出して，空気の圧力の時間変化 δp を記録した結果である．これはいままでにみた単振動に比べてずっと複雑な形をしている．しかし，角振動数 $\omega_0 = 522$ Hz とその整数倍 $m\omega_0$ ($n = 2, 3, 4, \cdots, 6$) の単振動を表す式を加えた

$$\delta p = \text{const} \times \left[10\cos\omega_0 t + 19\cos\left(2\omega_0 t - \frac{\pi}{6}\right) + 7.5\sin 3\omega_0 t \right.$$
$$\left. - 5.5\cos 4\omega_0 t - 2.5\cos\left(5\omega_0 t - \frac{\pi}{3}\right) + 1.5\sin\left(6\omega_0 t + \frac{3\pi}{8}\right) \right]$$

をつくると，(b) のように実際の圧力変化の波形をある程度再現できる．音の高さは ω_0 で決まるが，異なる角振動数をもった単振動の振幅の比と位相差が，いわゆる音色を与える．後者は，同じ高さの音でも楽器ごと，演奏する人ごとに異なる．

このように単振動をする量

3. 単振動の重ね合わせ

(a)

(b)

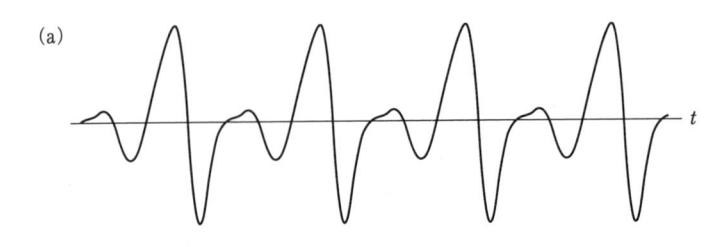

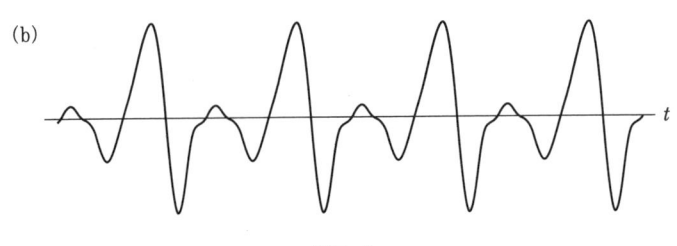

図 3.1

$$u_1(t) = U_1 \cos(\omega_1 t + \alpha_1), \qquad u_2(t) = U_2 \cos(\omega_2 t + \alpha_2) \quad (3.1)$$

の和

$$u(t) = u_1(t) + u_2(t) \quad (3.2)$$

をつくることを**単振動の重ね合わせ**あるいは**単振動の合成**という．より多くの単振動の重ね合わせも同様に考えることができる．本書では，重ね合わせによって得られる振動を**重ね合わせ振動**あるいは**合成振動**，また (3.2) などの右辺にある個々の単振動を**成分振動**とよぶことにする．

多くの系では，$u_1(t)$ と $u_2(t)$ の表す変化が実際に起こりうる現象ならば，それらの重ね合わせである (3.2) が表す変化も可能な現象である．このことを**重ね合わせの原理**が成り立つという．数式の上では，これは，例えば (2.21) のような線形の微分方程式で表される系に特有の性質であり，そのような系を**線形系**という．

重ね合わせの原理は当り前のことではない．例えば，おもりとばねとダッシュポットの模型 (図 2.5) の代わりに，速度の 2 乗に比例する抵抗力

$-b'v^2 (b' > 0)$ がはたらく系を考えてみよう．実際の流体中の運動ではこの方が現実に近い．このときの運動方程式は $m(d^2x/dt^2) = -kx - b'(dx/dt)^2$ となり，$x_1(t)$ と $x_2(t)$ が解であっても，それらの和は解にならない．なぜなら，抵抗力の項から導関数の積 $dx_1/dt \cdot dx_2/dt$ が現れるからである．また単振り子の議論 §1.5 で，振れ角の 3 乗以上の項を考慮するときも同様である．

§3.2　角振動数の等しい単振動の重ね合わせ

始めに，(3.1) で 2 つの角振動数 ω_1, ω_2 が等しく，$\omega_1 = \omega_2 = \omega_0$ の場合をとり上げる．このときに，重ね合わせ振動も同じ角振動数の単振動になる．図 3.2 のベクトル図によって $u(t)$ を求めると，

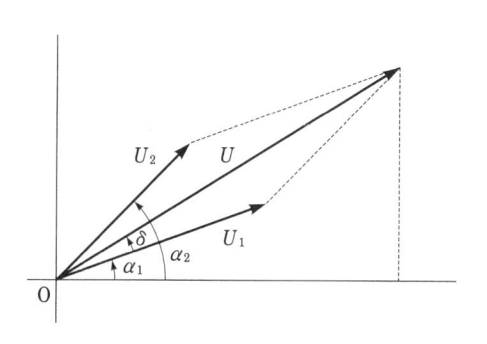

$$u(t) = U\cos(\omega_0 t + \alpha) \tag{3.3}$$

図 3.2

で，振幅 U，初期位相 α はそれぞれ

$$U = \sqrt{U_1^2 + U_2^2 + 2U_1 U_2 \cos(\alpha_2 - \alpha_1)} \tag{3.4}$$

$$\alpha = \alpha_1 + \delta \tag{3.5}$$

で与えられる．ただし，δ は図に示したように，

$$\sin\delta = \frac{U_2 \sin(\alpha_2 - \alpha_1)}{U} \tag{3.6}$$

を満たす角である．特に 2 つの単振動の振幅が等しく，$U_1 = U_2 = U_0$ のときの振幅は

$$U = U_0\sqrt{2\left[1 + \cos(\alpha_2 - \alpha_1)\right]} = 2U_0\left|\cos\frac{\alpha_2 - \alpha_1}{2}\right| \quad (3.7)$$

で，位相差 $\alpha_2 - \alpha_1$ により，0 から $2U_0$ までの値をとり得る．このことの意味はベクトル図で明らかである．

[**例題 3.1**] おもりとばねの模型（図 1.1）が同じ角振動数 ω_0 ($= \sqrt{k/m}$)，振幅 X_0 の単振動 $x_1(t) = X_0 \cos\omega_0 t$，あるいは $x_2(t) = X_0 \cos(\omega_0 t + \alpha)$ を単独にしているときと，それらの重ね合わせの単振動 $x(t) = x_1(t) + x_2(t)$ をしているときとで，力学的エネルギーを比較せよ．

[**解**] エネルギーの式 (1.36) ～ (1.38) は変位，速度の 2 乗を含むから，単振動を重ね合わせたとき，エネルギーは単純な和にはならない．単独の単振動の力学的エネルギーは $E_1 = mX_0^2\omega_0^2/2$ である．一方，重ね合わせ振動 $x(t)$ の振幅は (3.7) によって $2X_0\cos(\alpha/2)$ だから，そのエネルギーは

$$E = \frac{m\omega_0^2 X_0^2}{2} = 2m(X_0\omega_0)^2\cos^2\frac{\alpha}{2} = 4E_1\cos^2\frac{\alpha}{2} \quad (3.8)$$

となり，α によって 0 と $4E_1$ の間の値をとる．特に $\alpha = 0$ のとき，合成した振動の振幅は $2X_0$ で，$E = 4E_1$，また $\alpha = \pi$ のとき，合成によって振動は消える．

§3.3 角振動数の異なる単振動の重ね合わせ —うなり—

成分振動の角振動数が異なる場合には，重ね合わせの振動 $u(t)$ は非常に複雑な時間変化をする．そのことは図 3.2 で 2 つのベクトルの回転周期が異なることから推測できる．特に角振動数 ω_1 と ω_2，したがって周期 T_1，T_2 の比が簡単な有理数のときには，重ね合わせ振動も周期的になる．例えば，図 3.3 に示したように振幅が等しく，振動数がそれぞれ 50 Hz，75 Hz（周期 $= 0.02$ s，0.0133 s）の単振動を重ね合わせた場合は周期 0.04 s の周期的な変化である．このような場合も，重ね合わせ振動は成分振動の位相の差によって大きく異なる．一方，ω_1 と ω_2 の比が無理数になる場合には $u(t)$ の変化はもはや周期的ではなく，同じ状態が 2 度現れることはない．

ここでは特に成分振動の振幅 U_0 が等しく，角振動数が接近していて

§3.3 角振動数の異なる単振動の重ね合わせ —うなり— 67

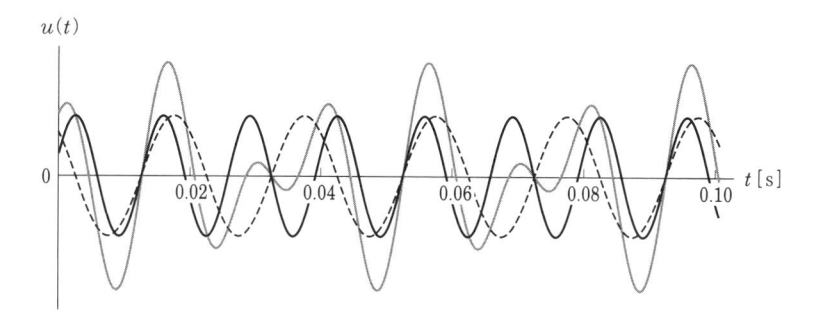

図 3.3

$\omega_1 \approx \omega_2$ の場合に注目しよう.簡単のために,初期位相 $\alpha_1 = 0$, $\alpha_2 = \alpha$ (2つの単振動の位相差)とする.ここで,$\omega_1 = \omega_0 - \Delta\omega/2$, $\omega_2 = \omega_0 + \Delta\omega/2$ ($\Delta\omega \ll \omega_0$) として,(3.1) の複素表示

$$u_{1c}(t) = U_0 e^{i\omega_1 t} = U_0 e^{i(\omega_0 t + \alpha/2)} e^{-i(\Delta\omega t/2 + \alpha/2)}$$

$$u_{2c}(t) = U_0 e^{i(\omega_2 t + \alpha)} = U_0 e^{i(\omega_0 t + \alpha/2)} e^{i(\Delta\omega t/2 + \alpha/2)}$$

を使うと,重ね合わせ振動の式は

$$u_c(t) = u_{1c}(t) + u_{2c}(t) = 2U_0 \cos\left(\frac{\Delta\omega\, t}{2} + \frac{\alpha}{2}\right) e^{i(\omega_0 t + \alpha/2)} \quad (3.9)$$

となる.したがって,実際の振動は

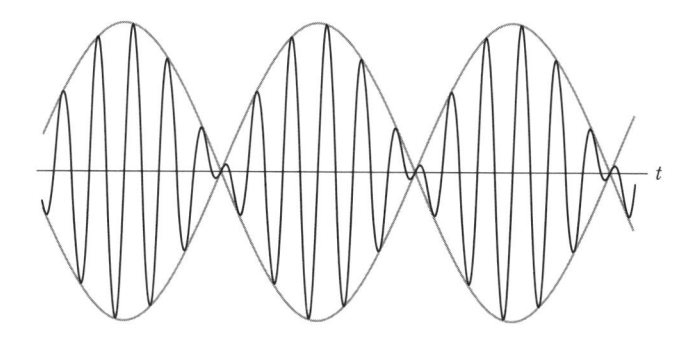

図 3.4

3. 単振動の重ね合わせ

$$u(t) = 2U_0 \cos\left(\frac{\Delta\omega\, t}{2} + \frac{\alpha}{2}\right) \cos\left(\omega_0 t + \frac{\alpha}{2}\right) \quad (3.10)$$

で表され，図 3.4 のように変化する．

　これを角振動数 $\omega_0 = (\omega_1 + \omega_2)/2$ の単振動の振幅が厳密には一定でなくて，角振動数 $\Delta\omega/2 = (\omega_2 - \omega_1)/2$ でゆっくり変化しているとみることにする．一例として，440.2 Hz と 440.0 Hz の単振動を重ね合わせるとしよう．わずかにずれた楽器の音と正確な音叉の音を一緒に聞く場合がこれに当る．このとき，$(\omega_2 - \omega_1)/2 = 0.1\pi$，$(\omega_1 + \omega_2)/2 \approx 440\pi$ で，(3.10) の 2 つの因子の周期を比べると，前者の方が 8800 倍ほど長い．結局，約 440 Hz の音の強さが周期 20 s で強くなったり弱くなったりすることになる．このことを一般化して，角振動数のわずかに違う 2 つの単振動の重ね合わせで得られる (3.10) の形の振動を**うなり**（ビート）という．

　一般に，ある量の時間変化が

$$u(t) = U(t) \cos(\omega t + \alpha) \quad (3.11)$$

で表され，振幅に当る量 $U(t)$ が $\cos(\omega t + \alpha)$ に比べてゆっくり変化するとき，角振動数 ω の単振動が $U(t)$ によって**変調**されているという．(3.10) で表されるうなりはその一つの例で，$U(t) = 2U_0 \cos[(\Delta\omega/2)t + \alpha/2]$ である．

　[**例題 3.2**]　角振動数 ω の単振動が，一定値 + 角振動数 $\Omega\,(<\omega)$ の単振動で表される $U(t) = A + B\cos\Omega t$ によって変調されている．この振動を単振動の重ね合わせによって表せ．

　[**解**]　この振動は $u(t) = (A + B\cos\Omega t)\cos(\omega t + \alpha)$ によって表せる．三角関数の計算によって，

$$u(t) = A\cos(\omega t + \alpha) + \frac{B}{2}\cos[(\omega + \Omega)t + \alpha] + \frac{B}{2}\cos[(\Omega - \omega)t + \alpha]$$

であり，$u(t)$ にはもとの単振動のほかに，その両側の角振動数 $\omega + \Omega$，$\omega - \Omega$ をもつ単振動が現れている．後者の 2 つの単振動を**サイドバンド**ということがある．

§3.4 繰り返しパルス

前節を一般化して，振幅 U_0，初期位相 $\alpha(=0)$ が等しく，角振動数 ω_0, $\omega_0+\delta\omega$, $\omega_0+2\delta\omega$, $\cdots$, $\omega_0+\Delta\omega$ が $\delta\omega = \Delta\omega/(N-1)$ で等間隔に分布した N 個の単振動を合成する場合を考えよう．ここで，$\Delta\omega$ は角振動数が分布している範囲の幅で，微小な量とは限らない．複素表示を使うと，重ね合わせ振動は

$$\begin{aligned}u_c(t) &= U_0\left[e^{\mathrm{i}\omega_0 t} + e^{\mathrm{i}(\omega_0+\delta\omega)t} + e^{\mathrm{i}(\omega_0+2\delta\omega)t} + \cdots + e^{\mathrm{i}\{\omega_0+(N-1)\delta\omega\}t}\right]\\ &= U_0\left[e^{\mathrm{i}\{-(N-1)/2\}\delta\omega\,t} + e^{\mathrm{i}\{-(N-1)/2+1\}\delta\omega\,t} + \cdots + e^{\mathrm{i}\{(N-1)/2-1\}\delta\omega\,t}\right.\\ &\quad \left.+ e^{\mathrm{i}\{(N-1)/2\}\delta\omega\,t}\right]e^{\mathrm{i}\{\omega_0+(N-1)\delta\omega/2\}t}\end{aligned}$$

(3.12)

と表せるから，重ね合わせ振動は $N=2$ の場合と同じように，平均の角振動数 $\omega_\mathrm{m} = \omega_0 + (N-1)\delta\omega/2$ の単振動が変調された形になる．変調を表す関数の主な部分

$$S_N(t) = e^{\mathrm{i}\{-(N-1)/2\}\delta\omega\,t} + e^{\mathrm{i}\{-(N-1)/2+1\}\delta\omega\,t} + \cdots + e^{\mathrm{i}\{(N-1)/2-1\}\delta\omega\,t} + e^{\mathrm{i}\{(N-1)/2\}\delta\omega\,t}$$

(3.13)

は，公比 $e^{\mathrm{i}\delta\omega\,t}$ の等比級数だから簡単に計算でき，後で示す (3.14) となる．

しかし，ここではまず変化の様子を定性的に調べてみよう．(3.13) の各項は絶対値 1 の複素数だから，それぞれ複素数平面の原点 O を中心とする半径 1 の円周上を運動する点 P_1, P_2, $\cdots$, P_N，あるいはそれぞれ角速度，$\{-(N-1)/2\}\delta\omega$, $\{-(N-1)/2+1\}\delta\omega$, $\cdots$, $\{(N-1)/2\}\delta\omega$ で回転する単位ベクトル，$\overrightarrow{\mathrm{OP}_1}$, $\overrightarrow{\mathrm{OP}_2}$, $\cdots$, $\overrightarrow{\mathrm{OP}_N}$ に対応する．§1.6 で説明したように，これらは各項が表す単振動の位相ベクトルであり，それらの和が重ね合わせ振動に対応する．ここでは，平均の角振動数 ω_m で回転するベクトルを基準として他のベクトルの位置を表している．

そこで，図 3.5 に示した $N=5$ の場合を参考にして，重ね合わせ振動を求めよう．

70   3. 単振動の重ね合わせ

(a) $\delta\omega t = 0$

(b)

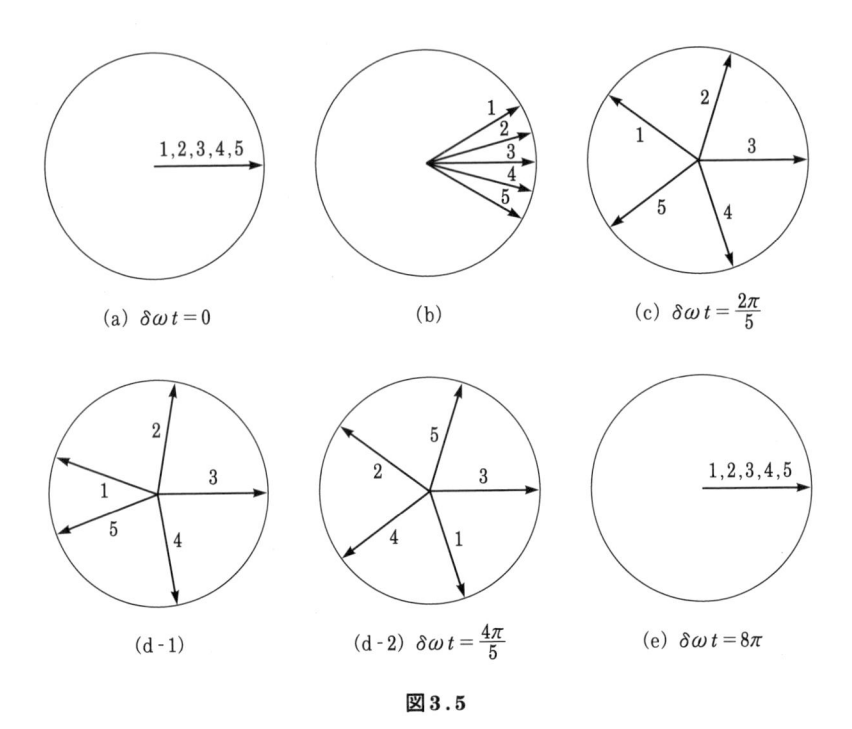

(c) $\delta\omega t = \dfrac{2\pi}{5}$

(d-1)

(d-2) $\delta\omega t = \dfrac{4\pi}{5}$

(e) $\delta\omega t = 8\pi$

図3.5

(a) 時刻 $t=0$ ではすべての項を表すベクトルは同じ方向（$+x$方向）を向いていて，（ベクトルの総和の大きさに相当する）$S_n(t)$ は N となる．これは (3.12) の成分振動の位相がすべてゼロで一致して，重ね合わせが NU_0 になることに対応している．

(b) t がゼロから増加すると，回転速度が異なるために，各位相ベクトルは平行でなくなり，全体の図形が扇形に開く．いっせいにスタートしたランナーがトラック上に広がるのと同じことである．この様子は図の (b) のようになって，$S_N(t)$ は急速に N より小さくなる．このことは，角振動数の違いのために，時間の経過とともに成分振動の位相がずれることを意味している．

§3.4 繰り返しパルス　71

(c) 時刻 $t_1 = 2\pi/(N\,\delta\omega) = 2\pi(N-1)/(N\,\Delta\omega)$ で，隣り合うベクトルの間の角は $2\pi/N$ となるから，それらのベクトルの終点は円周上に等間隔に分布する．したがって，$S_N(t)$ はゼロになる．

(d) (c) の状態を超えると $S_N(t)$ はマイナスとなるが，$t_2 = 4\pi(N-1)/(N\,\Delta\omega) = 2t_1$ で再びゼロをとり，プラスになる．こうして $S_N(t)$ は絶対値が小さく，プラスとマイナスの間で振動を繰り返す．

(e) $t_N = 2\pi N/(N\,\delta\omega) = 2\pi(N-1)/\Delta\omega$ になると，各項のベクトルが $+x$ あるいは $-x$ 方向に向き，N が奇数か偶数かに応じて，$S_N(t)$ は N か $-N$ になる．トラックとランナーのたとえでいうと，各ランナーの間の差がちょうど1周になるときに相当する．

(f) その後は，周期 $2\pi/\delta\omega = 2\pi(N-1)/\Delta\omega$ で同じ変化を繰り返す．

こうして，$S_N(t)$ の絶対値は $t_n = 2\pi(N-1)/\Delta\omega \times n\,(n = \cdots, -1, 0, 1, 2, \cdots)$ 付近の $t_n \pm 2\pi/\Delta\omega$ 程度の間だけで大きい値をとることがわかる．

一般に，ある物理量が短い時間 Δt の間だけ大きい値をとるとき，これを**パルス**という．Δt がその時間幅の目安になる．例えば，§2.3で考えた衝撃力は力のパルスである．後の図3.6でもわかるように，成分振動の数 N がある程度より大きいと，$U_0 S_N(t)$ は，ピークの高さ U_0，幅 $2\pi/\Delta\omega$ のパルスが周期 $2\pi(N-1)/\Delta\omega$ で繰り返し現れる変化を表している．こうして重ね合わせ振動は，繰り返しパルスで変調された単振動になる．

実際，等比級数 (3.13) の和を計算すると，

$$S_N(t) = \frac{e^{\frac{1}{2}(-(N-1)/2)\delta\omega\,t} - e^{\frac{1}{2}((N+1)/2)\delta\omega\,t}}{1 - e^{i\delta\omega\,t}} = \frac{e^{i\delta\omega\,t/2}\left(e^{-iN\delta\omega\,t/2} - e^{iN\delta\omega\,t/2}\right)}{e^{i\delta\omega\,t/2}\left(e^{-i\delta\omega\,t/2} - e^{i\delta\omega\,t/2}\right)}$$

$$= \frac{\sin\dfrac{N\,\Delta\omega\,t}{2}}{\sin\dfrac{\Delta\omega\,t}{2}} \tag{3.14}$$

となり，重ね合わせ振動の式 (3.12) は

3. 単振動の重ね合わせ

$$u(t) = U_0 \frac{\sin \dfrac{N\,\delta\omega\,t}{2}}{\sin \dfrac{\delta\omega\,t}{2}} \cos\left[\left(\omega_0 + \frac{\Delta\omega}{2}\right)t\right] \qquad (3.15)$$

になる．ここで，繰り返しパルスを表すのに使われる関数

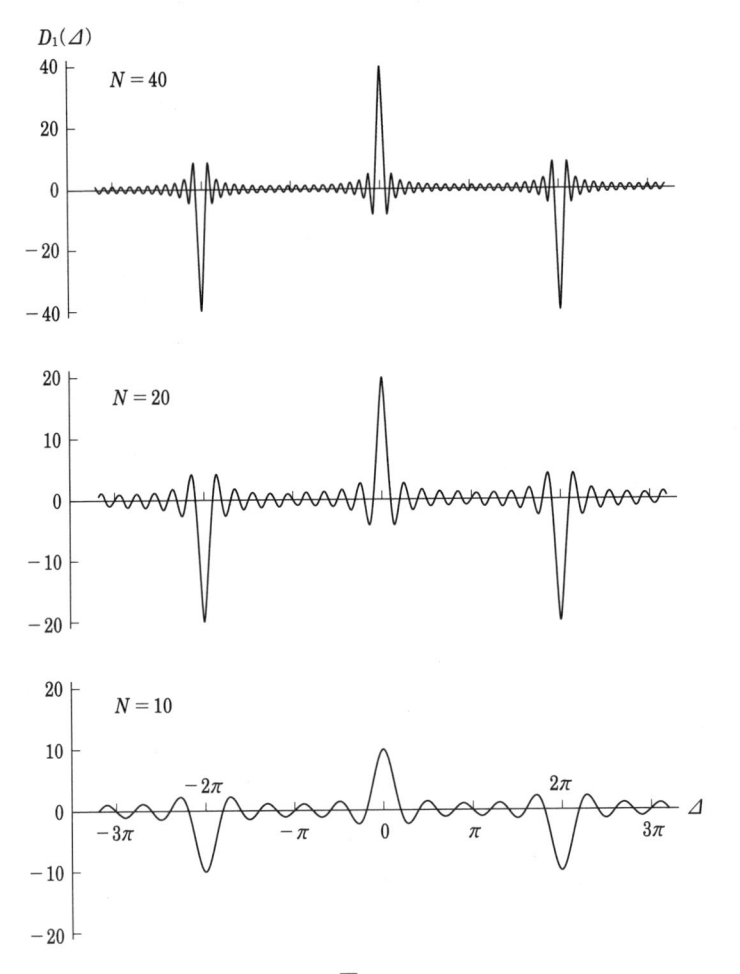

図3.6

$$D_1(\varDelta, N) = \frac{\sin \dfrac{N\varDelta}{2}}{\sin \dfrac{\varDelta}{2}} \tag{3.16}$$

のグラフは図 3.6 のようになる．これは，一定の位相差 $\varDelta$ の振動や波の重ね合わせで，これからしばしば登場する．

§3.5 単発パルス

前節の結果によると，角振動数の分布幅 $\varDelta\omega$ を一定に保って，成分振動の数 N を大きくすると，パルスの繰り返しの周期 $2\pi(N-1)/\varDelta\omega$ はどんどん大きくなる．したがって $N \to \infty$ の極限では，変調は $t=0$ にある 1 個の鋭いピークだけ，すなわち単発パルスになりそうである．

このことを確かめるために，図 3.5 で位相ベクトルの角振動数が幅 $\varDelta\omega$ の範囲で連続的な分布をするときに何が起こるかを調べよう．各ベクトルは $t=0$ で一斉にスタートして，$t=2\pi/\varDelta\omega$ 程度の時間が経つと円周全体に一様に広がり，図 3.5 でいえば，全面が塗りつぶされることになる．ベクトルの数が非常に多いのだから，N が有限のときのように一度ばらばらになったベクトルが再びどこかに集まることはない．こうして，予想通り (3.12) は時刻 $t=0$ の付近だけで起こっている振動を表す．このことを数式で示すために，(3.13) を変形して

$$S_N(t) = \frac{N-1}{\varDelta\omega}[e^{\mathrm{i}(-\varDelta\omega/2)t}\delta\omega + e^{\mathrm{i}(-\varDelta\omega/2+\delta\omega)t}\delta\omega + \cdots$$
$$+ e^{\mathrm{i}(\varDelta\omega/2+j\delta\omega)t}\delta\omega + \cdots + e^{\mathrm{i}(\varDelta\omega/2-\delta\omega)t}\delta\omega + e^{\mathrm{i}(\varDelta\omega/2)t}\delta\omega] \tag{3.17}$$

とする．ここで $\delta\omega = \varDelta\omega/(N-1)$ とした．$C = (N-1)/\varDelta\omega$ は，角振動数の幅 1 の中にある成分振動の個数，すなわち成分振動の分布密度である．ここで $N \to \infty$ とすると和 (3.17) は積分に移行して

3. 単振動の重ね合わせ

$$S_N(t) \to C \int_{-\Delta\omega/2}^{\Delta\omega/2} e^{i\omega' t}\, d\omega' = C \frac{2\sin\dfrac{\Delta\omega\, t}{2}}{t} \tag{3.18}$$

となるから，重ね合わせ振動の式は

$$u(t) = CU_0\, \Delta\omega \frac{\sin\dfrac{\Delta\omega\, t}{2}}{\dfrac{\Delta\omega\, t}{2}} \cos\left[\left(\omega_0 + \frac{\Delta\omega}{2}\right)t\right] \tag{3.19}$$

で，変調を表すのは

$$U(t) = U_0 C\, \Delta\omega \frac{\sin\dfrac{\Delta\omega\, t}{2}}{\dfrac{\Delta\omega\, t}{2}} \tag{3.20}$$

である．(3.16) に相当して，位相差が幅 Δ の連続分布をするときの重ね合わせを表す関数

$$D_2(\Delta) = \frac{\sin\dfrac{\Delta}{2}}{\dfrac{\Delta}{2}} \tag{3.21}$$

は，$u = 0$ にある高さ 1 のピークを中心として，幅 2π 程度の範囲でだけ大

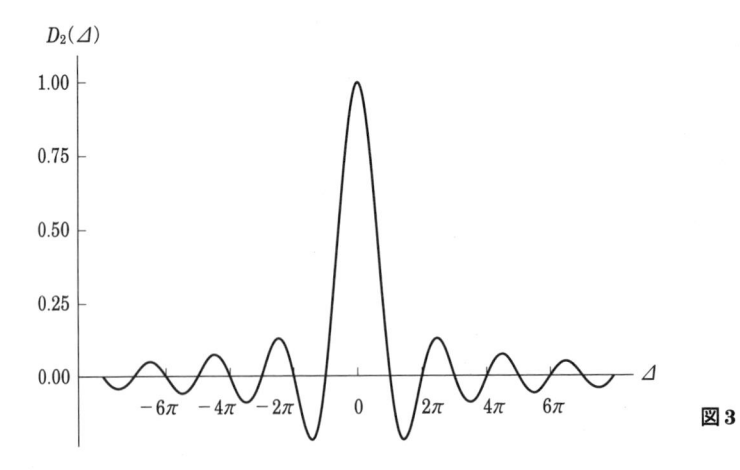

図 3.7

きい値をとる（図 3.7）．これも振動・波動の問題でしばしば登場する．ただし，$D_1(\Delta)$, $D_2(\Delta)$ が一般的に広く使われている記号ではないので注意してほしい．

ここで (3.20) の係数 $U_0 C$ の意味を考えよう．角振動数が連続的に分布するとき，$\omega_j = -\Delta\omega/2 + j\,\delta\omega$ と $\omega_{j+1} = -\Delta\omega/2 + (j+1)\delta\omega = \omega_j + \delta\omega$ の間にある成分振動をまとめて 1 つの単振動と見なし，$(U_0 C \delta\omega) \exp[i(-\Delta\omega/2 + j\,\delta\omega)t]$ で表すのが (3.18) で積分に移るときの考え方である．したがって，$U_0 C \,\delta\omega$ は各単振動をまとめたときの振幅であり（図 3.8），$U_0 C$ は有限の幅の中に連続的に分布する角振動数に対する，その分布密度に当る量である．この考え方は§3.9 で示すように，角振動数 ω の分布が一様でないとき，さらに角振動数によって振幅が異なるときにも一般化できる．その場合には角振動数が ω と $\omega + \delta\omega$ の間にある成分をまとめて，振幅 $U(\omega)\,\delta\omega$ の単振動と考える．$U(\omega)$ は ω の関数で**振幅密度**とよばれる．

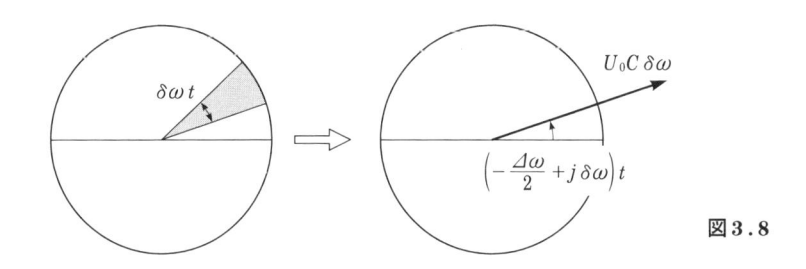

図 3.8

§3.6　2 次元の単振動

ここで一度話題を変えて，異なる方向の単振動にふれておこう．図 3.9 のように直交する 2 つの方向に，ばね定数 $k/2$, $k'/2$ の異なる 4 つのばね A, B, C, D で壁につながれている質量 m の質点を考えよう．つり合いの位置を原点として，そのときのばねの方向に x, y 軸をとる．この平面内で質点が少し変位したとき，その座標を x, y とすると，x/L, y/L の 2 次以上を省略する近似で

3. 単振動の重ね合わせ

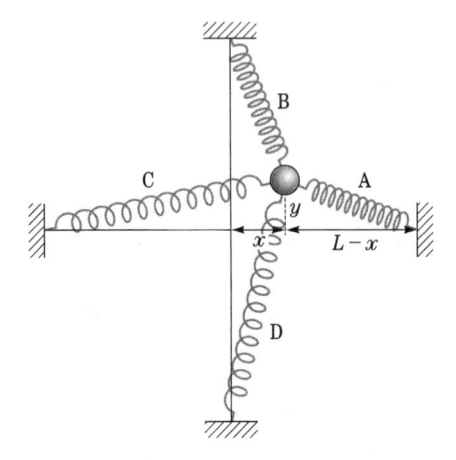

図3.9

$$\text{ばねAの伸び} = \sqrt{(L-x)^2 + y^2} - L \approx L\left(1 - \frac{x}{L}\right) - L = -x$$

$$\text{ばねAが質点に及ぼす力の}x\text{成分} \approx -\frac{kx}{2}\frac{L-x}{\sqrt{(L-x)^2+y^2}}$$

$$\approx -\frac{kx}{2}\frac{L-x}{L}\left(1+\frac{x}{L}\right)$$

$$\approx -\frac{kx}{2}$$

$$\text{ばねAが質点に及ぼす力の}y\text{成分} \approx -\frac{kx}{2}\frac{y}{\sqrt{(L-x)^2+y^2}} \approx 0$$

である.

他のばねによる力を同様に求めると,上の近似の範囲で質点にはたらく正味の力の x 成分, y 成分はそれぞれ,

$$f_x(x,y) = -kx, \quad f_y(x,y) = -k'y \tag{3.22}$$

である.質点の運動方程式は

$$m\frac{d^2x}{dt^2} = -kx, \quad m\frac{d^2y}{dt^2} = -k'y \tag{3.23}$$

となり,一般的な運動は任意定数 $X_0, Y_0, \alpha_1, \alpha_2$ を使って,

$$x = X_0 \cos(\omega_0 t + \alpha_1), \quad y = Y_0 \cos(\omega_0' t + \alpha_2) \tag{3.24}$$

§3.6　2次元の単振動　77

で表される．ここで $\omega_0 = \sqrt{k/m}$, $\omega_0' = \sqrt{k'/m}$ である．

　このように質点の運動は互いに直交する方向の単振動の合成で表される．質点は一定の軌道上を運動するが，その軌道が描く曲線を**リサージュ図形**という．(3.24) は t をパラメータとして，この曲線を表している．$k = k'$, したがって $\omega_0 = \omega_0'$ のときには，この曲線は一般に楕円になり，位相差 $\delta = \alpha_2 - \alpha_1$ の値によって図 3.10 のように変化する．$\omega_0/\omega_0' \neq 1$ のときの運動は一般に複雑である．特に，比 ω_0/ω_0' が無理数のときには，全体の運動は周期的でなくなり，リサージュ図形は閉曲線ではない．

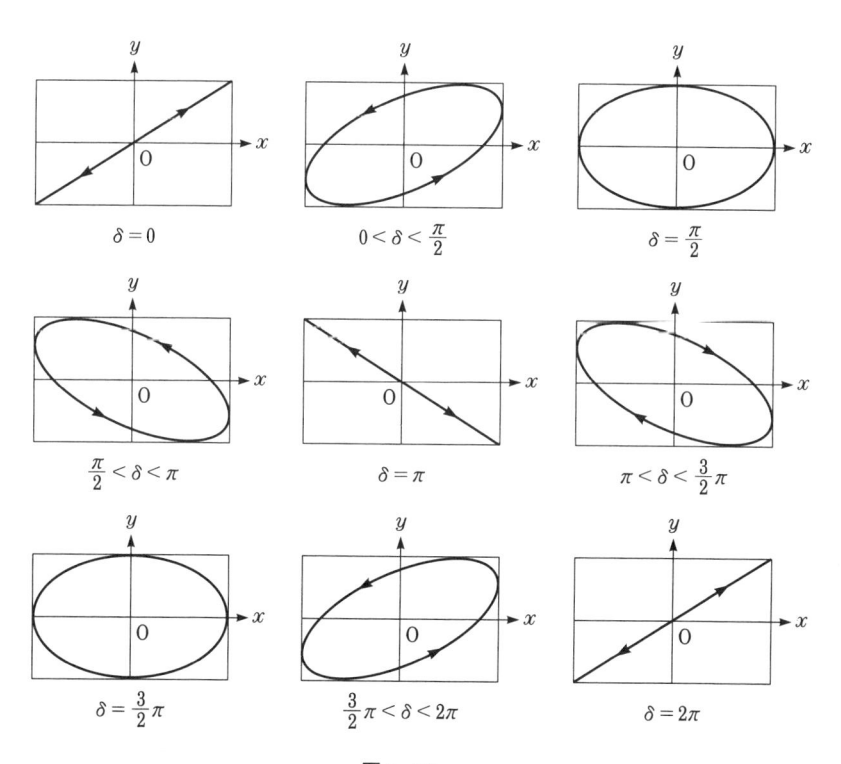

図 3.10

図 3.9 で座標軸を角度 θ だけ回転して，x, y 軸から x', y' 軸に移し，その方向の成分で表すことにすると，力の式 (3.22) はそれぞれ

$$\left.\begin{array}{l} f_{x'} = f_x \cos\theta + f_y \sin\theta = -K_1 x' - K_3 y' \\ f_{y'} = -f_x \sin\theta + f_y \cos\theta = -K_3 x' - K_2 y' \end{array}\right\} \quad (3.25)$$

となる．ここで，

$$\left.\begin{array}{l} K_1 = k\cos^2\theta + k'\sin^2\theta = \dfrac{k+k'}{2} - \dfrac{k'-k}{2}\cos 2\theta \\[4pt] K_2 = k'\cos^2\theta + k\sin^2\theta = \dfrac{k+k'}{2} + \dfrac{k'-k}{2}\cos 2\theta \\[4pt] K_3 = (-k+k')\cos\theta\sin\theta = \dfrac{k'-k}{2}\sin 2\theta \end{array}\right\}$$
$$(3.26)$$

とした．これらの式から

$$K_1, K_2 > 0, \qquad K_1 K_2 - K_3^2 = kk' > 0 \quad (3.27)$$

でなければならない．x', y' に対する運動方程式は

$$m\frac{d^2 x'}{dt^2} = -K_1 x' - K_3 y', \qquad m\frac{d^2 y'}{dt^2} = -K_3 x' - K_2 y'$$
$$(3.28)$$

となって，(3.23) のように変数が分かれた形にならない．

この例では，図 3.9 あるいは大げさに言えば系の構造からわかるように，x, y が自然な軸のとり方である．x', y' 軸を選んで，問題をわざわざ難しくする人はいない．しかし，力の式が (3.25) で与えられる場合には，逆の順序でうまい座標の回転をみつけて，簡単な運動方程式 (3.23) を導く手続きが必要になる．それには位置エネルギーを表す式 $V(x', y')$ を考えるのがわかりやすい．$f_{x'} = -\partial V/\partial x', f_{y'} = -\partial V/\partial y'$ だから，定数を除いて，

$$V = V(x', y')$$
$$= \frac{1}{2}K_1 x'^2 + K_3 x' y' + \frac{1}{2}K_2 y'^2 \quad (3.29)$$

である．条件 (3.27) があるから，V は質点のつり合いの位置 $x' = y' = 0$

§3.6 2次元の単振動   79

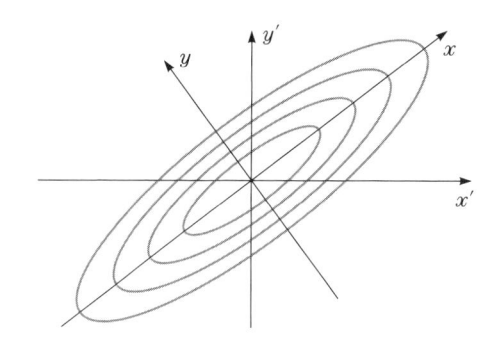

図3.11

で最小となり，その等高線は主軸の方向を共通にする楕円の集まり（図3.11）になる．この主軸方向を座標軸の方向（x, y と名付けることにする）に選び直せば，(3.29) の $K_3 x'y'$ の項はなくなって，V は 2 乗の項だけの和

$$V = V(x, y)$$
$$= \frac{1}{2} A x^2 + \frac{1}{2} B y^2 \tag{3.30}$$

となる．こうすれば，力は $f_x = -\partial V/\partial x = -Ax$, $f_y = -\partial V/\partial y = -By$，すなわち (3.22) の形になって，$x, y$ 方向の運動方程式が互いに無関係になり，運動をこれらの方向の独立な単振動の合成と考えることができる．

結局，力が座標の 1 次式 (3.25) で表せる場合には，必ず座標変換によって単純なばねの力で表すことができて，運動は直交 2 方向の単振動の合成になる．多くの読者が気づくように，これは，力と変位の 1 次の関係式 (3.25) の係数がつくる行列

$$\begin{pmatrix} K_1 & K_3 \\ K_3 & K_2 \end{pmatrix}$$

の固有ベクトルを求める数学の問題に帰着する．

§3.7 フーリエ級数

§3.1 では，楽器の音の波形のような複雑な時間変化が単振動の重ね合わせで表せること，また§3.5 では単発パルス型の変化も単振動に分解できることを示した．一般に任意の変化は，図 3.12 のように，ピークの高さの異なるパルスが順に現れていると考えることができる．このように考えると，単振動の合成によって任意の時間変化を表せそうであるが，実は数学によって，このことが保証されている．

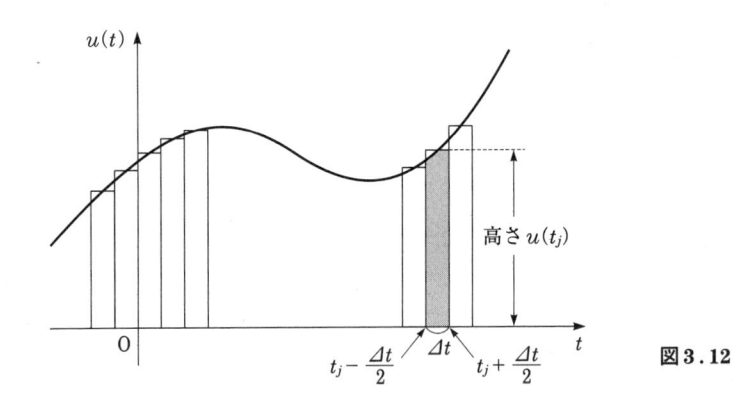

図 3.12

まず，周期 2π の一般の周期関数 $f(z)$ は特別な周期関数 $\cos nz$ と $\sin nz$ ($n = 0, 1, 2, 3, \cdots$) あるいは $\exp(\mathrm{i}nz)$ ($n = 0, \pm 1, \pm 2, \pm 3, \cdots$) の級数で表される．このように関数を三角関数の級数で表すことを**フーリエ展開**という．以下では，本書で必要な範囲のフーリエ展開の基本的な性質について例を通して説明する（フーリエ級数と次節でとり上げるフーリエ変換についての，より系統的な解説は，例えば本シリーズの「物理数学（I）」（中山恒義 著，§6.3）を参照）．

$f(t)$ が周期 T の周期関数で，

$$f(t + T) = f(t) \tag{3.31}$$

であるとしよう（図 3.13）．このとき ω_0 を周期 T の単振動の角振動数 $\omega_0 =$

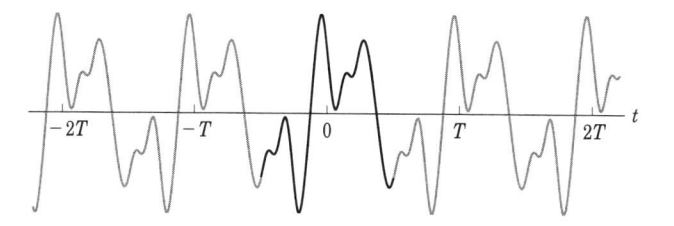

§3.7 フーリエ級数 81

図3.13

$2\pi/T$ とし，また

$$a_n = \frac{2}{T}\int_{-T/2}^{T/2} f(t') \cos n\omega_0 t' \, dt \quad (n = 0, 1, 2, 3, \cdots)$$

$$b_n = \frac{2}{T}\int_{-T/2}^{T/2} f(t') \sin n\omega_0 t' \, dt' \quad (n = 1, 2, 3, \cdots)$$

(3.32)

とすると，

$$f(t) = \frac{a_0}{2} + \sum_{n=1}^{\infty}(a_n \cos n\omega_0 t + b_n \sin n\omega_0 t) \quad (3.33)$$

が成り立つ．すなわち，右辺の級数の和が（ある条件の下で収束して）左辺と一致する．この級数を**フーリエ級数**，その係数 a_n, b_n を**フーリエ係数**という．なお，左辺の関数が不連続にジャンプする点では，右辺の和はジャンプの両側での値の平均値になる．その例を［例題3.3］で示す．

これらの式や図3.13からわかるように，$f(t)$ は $-T/2 \leqq t \leqq T/2$ で定義された関数であれば十分である．しかし，いったん(3.33)の右辺によって $f(t)$ を表すと，それは始めの定義域 $-T/2 \leqq t \leqq T/2$ の外まで広がり，周期 T の関数となる．また $0 \leqq t \leqq T$ で $f(t)$ が定義されていても，(3.32)で積分の範囲を 0 から T までに変えれば，同様に級数をつくることができる．

(3.33)はいくつかの異なる形にすることができる．まず，$f(t)$ が特に偶関数で $f(-t) = f(t)$ のとき，級数は正弦関数の cos の項だけになって，

3. 単振動の重ね合わせ

$$f(t) = \frac{a_0}{2} + \sum_{n=1}^{\infty} a_n \cos n\omega_0 t \tag{3.34}$$

$$a_n = \frac{4}{T} \int_0^{T/2} f(t') \cos n\omega_0 t' dt' \tag{3.35}$$

であり，同様に奇関数 $(f(-t) = -f(t))$ に対しては

$$f(t) = \sum_{n=1}^{\infty} b_n \sin n\omega_0 t \tag{3.36}$$

$$b_n = \frac{4}{T} \int_0^{T/2} f(t') \sin n\omega_0 t' dt' \tag{3.37}$$

である．これらをそれぞれ**フーリエ余弦級数**，**フーリエ正弦級数**とよぶ．

例として，三角波を表す関数（図3.14(a)）

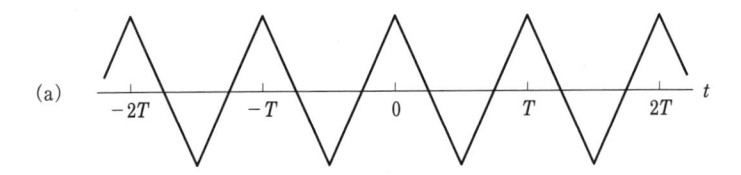

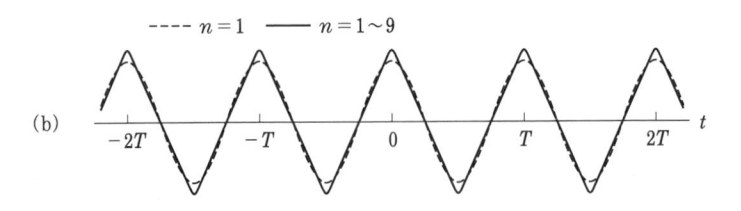

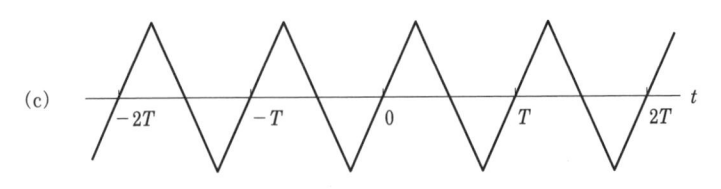

図 3.14

§3.7 フーリエ級数

$$f(t) = \begin{cases} F_0\left(1 - \dfrac{4t}{T}\right) & \left(0 \leqq t < \dfrac{T}{2}\right) \\ F_0\left(1 + \dfrac{4t}{T}\right) & \left(\dfrac{T}{2} < t < 0\right) \end{cases} \quad (3.38)$$

をフーリエ展開してみよう．$f(t)$ は偶関数だからフーリエ余弦級数で表せる．その係数は

$$a_n = \dfrac{4}{T}\int_0^{T/2} F_0\left(1 - \dfrac{4t'}{T}\right)\cos n\omega_0 t'\, dt'$$

$$= \begin{cases} \dfrac{16F_0}{(n\omega_0 T)^2}\left(1 - \cos\dfrac{n\omega_0 T}{2}\right) = \dfrac{8F_0}{(n\pi)^2} & (n = 1,\ 3,\ 5,\ \cdots) \\ 0 & (n = 0,\ 2,\ 4,\ \cdots) \end{cases}$$

であり，求めるフーリエ余弦級数は

$$f(t) = \dfrac{8F_0}{\pi^2}\left(\cos\dfrac{2\pi t}{T} + \dfrac{1}{9}\cos\dfrac{6\pi t}{T} + \dfrac{1}{25}\cos\dfrac{10\pi t}{T} + \dfrac{1}{49}\cos\dfrac{14\pi t}{T} + \cdots\right)$$
(3.39)

となる．図 3.14(b) では，(3.39) の右辺の第 1 項，および第 1 項から第 5 項 ($n = 9$) までの和をそれぞれ破線と実線で示した．

一方，上で調べた関数を $T/4$ ずらして得られる

$$g(t) = \begin{cases} 2F_0\left(1 - \dfrac{2t}{T}\right) & \left(\dfrac{T}{4} \leqq t \leqq \dfrac{T}{2}\right) \\ \dfrac{4F_0 t}{T} & \left(-\dfrac{T}{4} \leqq t \leqq \dfrac{T}{4}\right) \\ -2F_0\left(1 + \dfrac{2t}{T}\right) & \left(-\dfrac{T}{2} \leqq t \leqq -\dfrac{T}{4}\right) \end{cases}$$

の繰り返しでつくった関数（図 3.14(c)）は奇関数だから，これはフーリエ正弦級数で表せる．計算は読者の演習問題に残して，その結果を示すと

$$g(t) = \dfrac{8F_0}{\pi^2}\left(\sin\dfrac{2\pi t}{T} - \dfrac{1}{9}\sin\dfrac{6\pi t}{T} + \dfrac{1}{25}\sin\dfrac{10\pi t}{T} - \dfrac{1}{49}\sin\dfrac{14\pi t}{T} + \cdots\right)$$
(3.40)

である．時間の原点をずらして $t \to t + T/4$ とすると，この右辺は (3.39)

図3.15

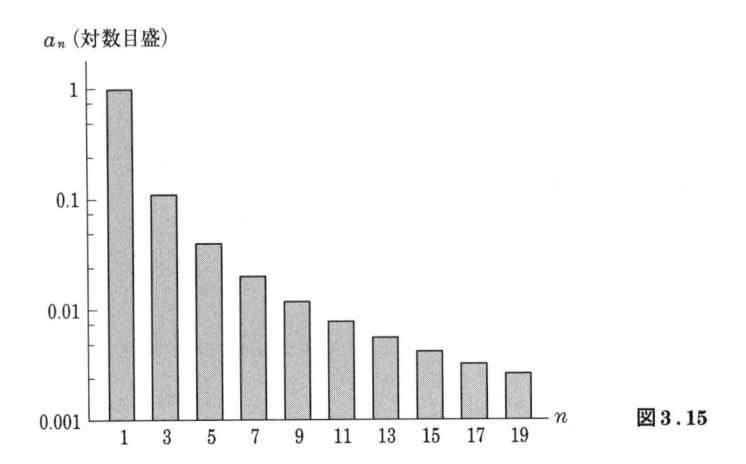

と同じ形になる．(3.39) あるいは (3.40) の各項の係数の絶対値を棒グラフで表すと図 3.15 のようになる．このような図を**振幅スペクトル**という．なお，この図では縦軸を対数目盛にしている．

上と同様にして，座標 x の周期関数をフーリエ展開することができる．このときの翻訳規則は

$$t \to x, \quad T\,(周期) \to \lambda\,(波長),$$
$$\omega_0 = \frac{2\pi}{T}\,(角振動数) \to q_0 = \frac{2\pi}{\lambda}$$

である．q_0 は**波数**とよばれ，第 6 章以後で重要な役割を果たす量である．

例えば，両端 OP が固定された長さ L のゴムひもの真ん中の点 Q を垂直な方向に引っ張って U_0 だけ変位させたときの形は，左端 O を原点とし，OP 方向を x 軸とすると (図 3.16(a))，各点の変位は

$$u(x) = \begin{cases} \dfrac{2U_0}{L}x & \left(0 \leqq x \leqq \dfrac{L}{2}\right) \\ -\dfrac{2U_0}{L}x + 2U_0 & \left(\dfrac{L}{2} \leqq x \leqq L\right) \end{cases} \quad (3.41)$$

で表される．ここで図の (b) のように定義域を広げて，$-L \leqq x \leqq L$ で定

§3.7 フーリエ級数   85

(a)

(b)

(c)

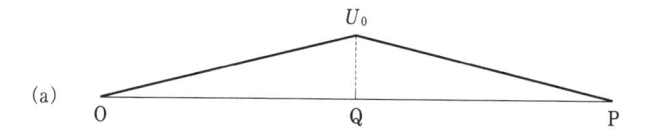

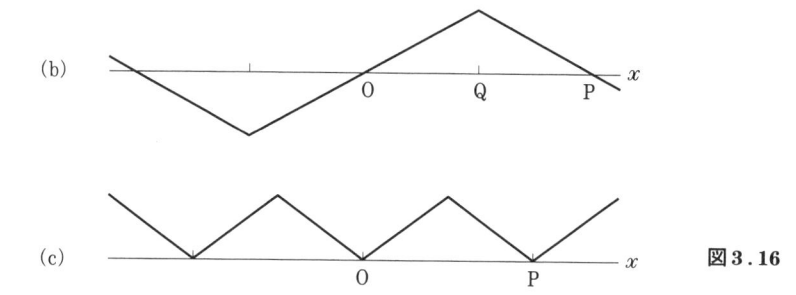

図 3.16

義された周期 $2L$ の奇関数と考えると，(3.40) と同じ係数をもったフーリエ正弦級数

$$u(x) = \frac{8U_0}{\pi^2}\left(\sin\frac{\pi x}{L} - \frac{1}{9}\sin\frac{3\pi x}{L} + \frac{1}{25}\sin\frac{5\pi x}{L} - \frac{1}{49}\sin\frac{7\pi x}{L} + \cdots\right) \quad (3.42)$$

に展開できる．

この場合，関数の定義域の広げ方は 1 通りではない．例えば $-L \leqq x \leqq L$ での偶関数（図 3.16(c)）と考えると，

$$u(x) = \frac{U_0}{2} - \frac{4U_0}{\pi^2}\left(\cos\frac{2\pi x}{L} + \frac{1}{9}\cos\frac{6\pi x}{L} + \frac{1}{25}\cos\frac{10\pi x}{L} + \cdots\right)$$

と表すこともできる．それらの中で，(3.42) はひもが固定されている両端の点 $x = 0, L$ で各項がゼロになるという特徴をもっている．

[例題 3.3]

$$f(t) = \begin{cases} F_0 & \left(0 \leqq t \leqq \dfrac{T}{2}\right) \\ 0 & \left(\dfrac{T}{2} \leqq t \leqq T\right) \end{cases} \quad (3.43)$$

(a)

図中: $f(t)$, F_0, $-2T$, $-T$, 0, T, $2T$, t

(b)

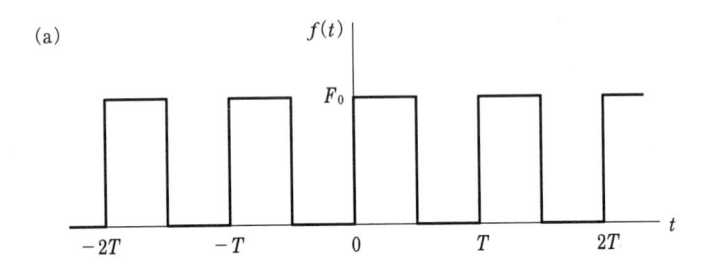

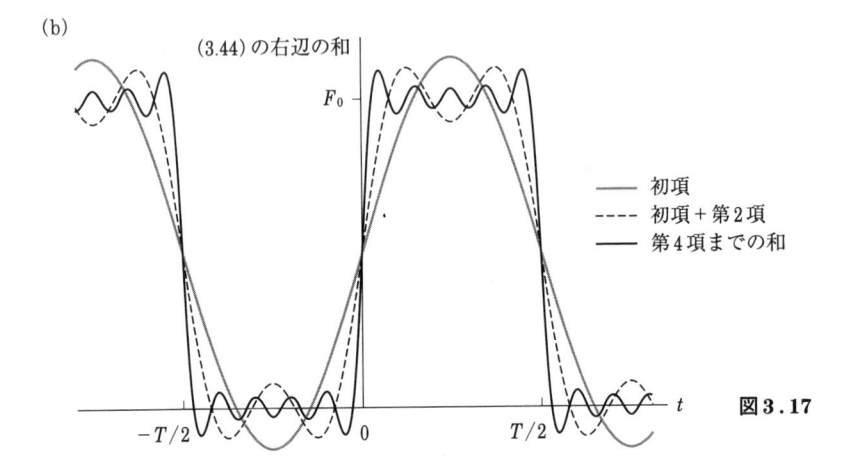

図中: (3.44)の右辺の和, F_0, $-T/2$, 0, $T/2$, t
— 初項
---- 初項＋第2項
— 第4項までの和

図 3.17

を繰り返してつくった関数（図 3.17(a)）をフーリエ展開せよ．なお，$f(t)$ が電圧の変化を表すとすると，(3.43) は直流分 $F_0/2$ の重なった振幅 F_0，周期 $T\,(=2\pi/\omega_0)$ の方形波である．

[解]
$$a_0 = \frac{2}{T}\int_0^T f(t')\,dt' = F_0$$

$$a_n = \frac{2}{T}F_0\int_0^{T/2}\cos n\omega_0 t'\,dt' = \frac{2F_0}{n\omega_0 T}\sin\frac{n\omega_0 T}{2} = 0$$

$$b_n = \frac{2}{T}F_0\int_0^{T/2}\sin n\omega_0 t'\,dt' = \frac{2F_0}{n\omega_0 T}\left(1-\cos\frac{n\omega_0 T}{2}\right)$$

$$= \begin{cases} 0 & (n = 0, 2, 4, \cdots) \\ \dfrac{2F_0}{n\pi} & (n = 1, 3, 5, \cdots) \end{cases}$$

だから，

$$f(t) = \frac{F_0}{2} + \frac{2F_0}{\pi}\left(\sin\frac{2\pi t}{T} + \frac{1}{3}\sin\frac{6\pi t}{T} + \frac{1}{5}\sin\frac{10\pi t}{T} + \frac{1}{7}\sin\frac{14\pi t}{T} + \cdots\right) \quad (3.44)$$

である．直流分に当る平均値 $a_0 = F_0/2$ を除いた $f(t) - F_0/2$ は t の奇関数だから，それを正弦関数だけで展開したのが2項目以下である．始めの数項の和を図3.17(b) に示した．これと図3.14の例からわかるように，フーリエ展開にとって苦手なのは，関数の急な変化，特に不連続な変化である．

(3.44) の右辺で $t=0$ とすると，値は $F_0/2$ になる．これは正の側から不連続点 $t=0$ に近づくときの $f(t)$ の極限値 F_0 と，負の側から近づくときの極限値 0 の相加平均になっている．

§3.8　複素数を使って表したフーリエ級数

虚数のべきの指数関数 $e^{in\omega_0 t}$ を使って実数値の関数 $f(t)$ のフーリエ展開の式 (3.33) を書きかえると，オイラーの公式によって，

$$\begin{aligned}f(t) &= \frac{a_0}{2} + \frac{1}{2}\sum_{n=1}^{\infty}[a_n(e^{in\omega_0 t} + e^{-in\omega_0 t}) - \mathrm{i}b_n(e^{in\omega_0 t} - e^{-in\omega_0 t})] \\ &= c_0 + \sum_{n=1}^{\infty}(c_n e^{in\omega_0 t} + c_n{}^* e^{-in\omega_0 t})\end{aligned} \quad (3.45)$$

となる．その係数は，

$$\begin{aligned}c_n = \frac{a_n - \mathrm{i}b_n}{2} &= \frac{1}{T}\int_0^T f(t')(\cos n\omega_0 t' - \mathrm{i}\sin n\omega_0 t')\,dt' \\ &= \frac{1}{T}\int_0^T f(t')e^{-in\omega_0 t'}\,dt'\end{aligned} \quad (3.46)$$

$$\begin{aligned}c_n{}^* = \frac{a_n + \mathrm{i}b_n}{2} &= \frac{1}{T}\int_0^T f(t')(\cos n\omega_0 t' + \mathrm{i}\sin n\omega_0 t')\,dt' \\ &= \frac{1}{T}\int_0^T f(t')e^{in\omega_0 t'}\,dt'\end{aligned} \quad (3.47)$$

$$c_0 = \frac{1}{T}\int_0^T f(t')\,dt' = \frac{a_0}{2} \quad (3.48)$$

である．$c_n{}^*$ は c_n の共役複素数を表す．ここで

$$c_{-n} = \frac{1}{T}\int_0^T f(t')\, e^{\{-\mathrm{i}(-n)\omega_0 t'\}}\, dt' = c_n{}^* \tag{3.49}$$

を新たにマイナスの添字 $-n$ のフーリエ係数 c_{-n} ($n=1, 2, 3, \cdots$) と定義すると，(3.45)～(3.48) を

$$f(t) = \sum_{n=-\infty}^{\infty} c_n e^{\mathrm{i}n\omega_0 t} \tag{3.50}$$

$$c_n = \frac{1}{T}\int_0^T f(t')\, e^{-\mathrm{i}\omega_n t'}\, dt'$$

$$\omega_n = n\omega_0 \quad (n = 0,\, \pm 1,\, \pm 2,\, \pm 3,\, \cdots) \tag{3.51}$$

と表すことができる．(3.50) の右辺では n の項と $-n$ の項が共役複素数で，和は実数になる．いいかえれば，$e^{\mathrm{i}n\omega_0 t}$ と $e^{-\mathrm{i}n\omega_0 t}$ が対になっていて，それらから角振動数 $n\omega_0$ の単振動を表す $\cos n\omega_0 t$, $\sin n\omega_0 t$ の項が得られる．

複素数値の指数関数を使うフーリエ展開の応用として，エネルギーとそれに関係する量の計算でしばしば出てくる積分 $\int_0^T f^2(t')\, dt'$ ($T = 2\pi/\omega$) をフーリエ係数 c_n, c_{-n} で表してみよう．実際に (3.50) を代入すると，

$$f^2(t) = \sum_{\substack{n=-\infty \\ n \neq 0}}^{\infty} c_n e^{\mathrm{i}n\omega t} \sum_{n'=-\infty}^{\infty} c_{n'} e^{\mathrm{i}n'\omega t}$$

$$= c_0{}^2 + \sum_{n=-\infty}^{\infty} c_n c_{-n} + \sum_{n=-\infty}^{\infty} \sum_{n'(\neq n)=-\infty}^{\infty} c_n c_{n'} e^{\mathrm{i}(n+n')\omega t}$$

となる．第 2 の形で項ごとの積をつくるとき，$n = n' = 0$ の組，あるいは $n = -n' = \cdots, -2, -1, 1, 2, \cdots$ の組から，それぞれ最後の形の第 1 項と第 2 項とが出てくる．ここで

$$\int_0^T e^{\mathrm{i}n\omega t'}\, dt' = \int_0^T \cos n\omega t'\, dt' + \mathrm{i}\int_0^T \sin n\omega t'\, dt'$$

$$= \begin{cases} T & (n = 0) \\ 0 & (n \neq 0) \end{cases} \tag{3.52}$$

を使うと，

$$\frac{1}{T}\int_0^T f^2(t')\,dt' = \sum_{n=-\infty}^{\infty}|c_n|^2 = \frac{a_0{}^2}{4}+\sum_{n=-\infty}^{\infty}\frac{a_n{}^2+b_n{}^2}{4} \quad (3.53)$$

である．最後の形ではフーリエ係数を a_n, b_n に戻した．

$f(t)$ が周期 T の一般の時間変化をする電流波形ならば，その2乗の積分は電力に比例し，(3.53) の右辺の各項は各フーリエ成分の電力に対応する．すなわち，フーリエ分解が電力の分析の点でも完全で，ぬけがないことを表している．フーリエ級数 (3.50) を直観的に表すには，係数 $c_n = |c_n|e^{i\alpha}$ の絶対値 $|c_n|$ あるいは $|c_n|^2$ と，位相角 α の棒グラフが使われる．特に，$|c_n|^2$ の棒グラフを**パワースペクトル**とよぶ．パワースペクトルは，エネルギーなどの"強さ"を表す量の各成分の単振動への配分量を表す．

§3.9　フーリエ積分*

フーリエ級数で表されるのは，幅 T の有限な区間で定義された関数，あるいはそれが周期的に繰り返す関数である．これを拡張すると，任意の関数を指数関数 $e^{i\omega t}$, $e^{-i\omega t}$（あるいは正弦と余弦関数）の重ね合わせで表すことができる．詳しいことは数学の本に譲って結果だけを示すと，フーリエ級数 (3.45) に当るのが

$$f(t) = \frac{1}{2\pi}\int_{-\infty}^{\infty} F(\omega')\,e^{i\omega' t}\,d\omega' \quad (3.54)$$

フーリエ係数の式 (3.46) に当るのが

$$F(\omega) = \int_{-\infty}^{\infty} f(t')\,e^{-i\omega t'}\,dt' \quad (3.55)$$

である．

(3.54) を $f(t)$ の**フーリエ積分表示**あるいは $F(\omega)$ の**フーリエ逆変換**，また振幅密度の分布を表す (3.55) の $F(\omega)$ を $f(t)$ の**フーリエ変換**とよぶ．

(なお，(3.54), (3.55) をそれぞれ，$f(t) = \dfrac{1}{\sqrt{2\pi}} \displaystyle\int_{-\infty}^{\infty} F(\omega')\, e^{\mathrm{i}\omega' t}\, d\omega'$, $F(\omega) = \dfrac{1}{\sqrt{2\pi}} \displaystyle\int_{-\infty}^{\infty} f(t')\, e^{-\mathrm{i}\omega t'}\, dt'$ と定義する流儀もある．)

ここでは，$f(t)$ が実数の値をとる関数と考えているから，(3.49) に対応して，

$$F(-\omega) = F^*(\omega) \qquad (F(\omega) \text{ の共役複素数}) \tag{3.56}$$

で，$F(\omega)$ と $F(-\omega)$ の対が角振動数 ω 付近の振幅密度を表す．(3.53) に対応するのは，

$$\int_{-\infty}^{\infty} f^2(t')\, dt' = \frac{1}{2\pi} \int_{-\infty}^{\infty} |F(\omega')|^2\, d\omega' \tag{3.57}$$

である．左辺の積分をさまざまな角振動数の単振動の寄与に分けたとき，ω と $\omega + \delta\omega$ の間の角振動数に当るのが $(1/2\pi)|F(\omega)|^2\, \delta\omega$ である．こうしてフーリエ級数の場合の振幅スペクトル，パワースペクトルに当るのは，それぞれ $|F(\omega)|$, $|F(\omega)|^2$ のグラフである．

例として，図 3.18(a) の

$$f(t) = \begin{cases} F_0 \cos \omega_0 t & \left(-\dfrac{\tau}{2} \leqq t \leqq \dfrac{\tau}{2}\right) \\ 0 & \left(t < -\dfrac{\tau}{2},\ t > \dfrac{\tau}{2}\right) \end{cases} \tag{3.58}$$

をとり上げる．現実の単振動は ある有限の時間 τ の間だけ起こるので，無限に長く続くのではない．そのことを表すのが (3.58) である．フーリエ変換を計算すると，(3.21) の $D_2(\varDelta)$ を使って

$$F(\omega) = \int_{-\infty}^{\infty} F_0 \cos \omega_0 t'\, e^{-\mathrm{i}\omega t'}\, dt' = \frac{F_0}{2} \int_{-\infty}^{\infty} (e^{\mathrm{i}\omega_0 t'} + e^{-\mathrm{i}\omega_0 t'}) e^{-\mathrm{i}\omega t'}\, dt'$$

$$= \frac{F_0 \tau}{2} [D_2((\omega - \omega_0)\tau) + D_2((\omega_0 + \omega)\tau)] \tag{3.59}$$

となる．2 つの項はそれぞれ $\pm \omega_0$ を中心として，両側およそ $\pm \pi/\tau$ の範囲に広がっている（図 3.18(b)）．すなわち，(3.58) で表される振動を単振動の重ね合わせで表すと，角振動数はぴったり ω_0 ではなくて，それを中心に

§3.9 フーリエ積分　91

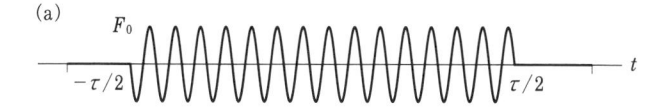

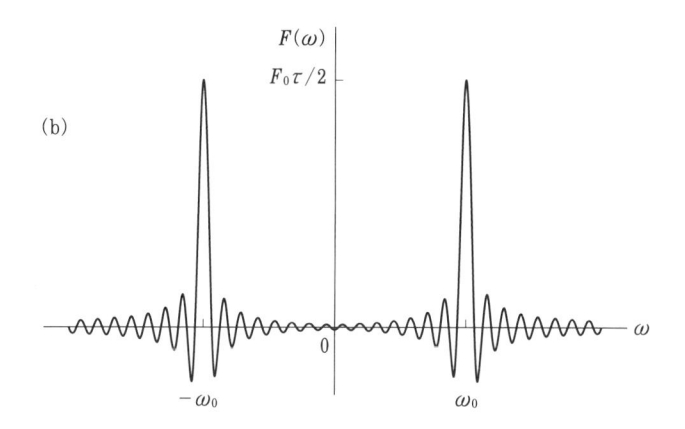

(a) のグラフ: F_0, $-\tau/2$ から $\tau/2$ までの振動, t 軸

(b) のグラフ: $F(\omega)$, ピーク値 $F_0\tau/2$, $-\omega_0$ と ω_0 にピーク

図 3.18

して幅 $2\pi/\tau$ の範囲に分布する．

　無限に長く続き，したがって角振動数が1つに決まる純粋の単振動は，質点や剛体，あるいは変位と力が比例するばねなどと同じように，物理でしばしば現れる理想化された概念である．実際の振動には必ず始めと終わりがあるから，その角振動数にはある程度の分布幅がある．角振動数の分布範囲が狭い振動（これが現実に存在する単振動である）を近似的に単振動である，あるいは近似的に単色であるということにする．単色という名前は，光の振動では単一の振動数が1つの色に対応することによる．

　一例として，長く続く近似的な単振動をある時間間隔の間だけ観測する場合を考えよう．交流電圧の角振動数を精度 1% で決めるためには $\Delta\omega_0/\omega_0 \approx (\pi/\tau)/(2\pi/T) = T/2\tau < 0.01$ でなければならないから，$\tau > 50T$ となっておおよそ 50 周期以上の時間をかけた測定が必要であることがわかる．

[**例題 3.4**] 有限幅 τ の方形波パルス（図 3.19）

$$f(t) = \begin{cases} F_0 & \left(-\dfrac{\tau}{2} \leqq t \leqq \dfrac{\tau}{2}\right) \\ 0 & \left(t < -\dfrac{\tau}{2},\ t > \dfrac{\tau}{2}\right) \end{cases} \quad (3.60)$$

のフーリエ変換を求めよ．

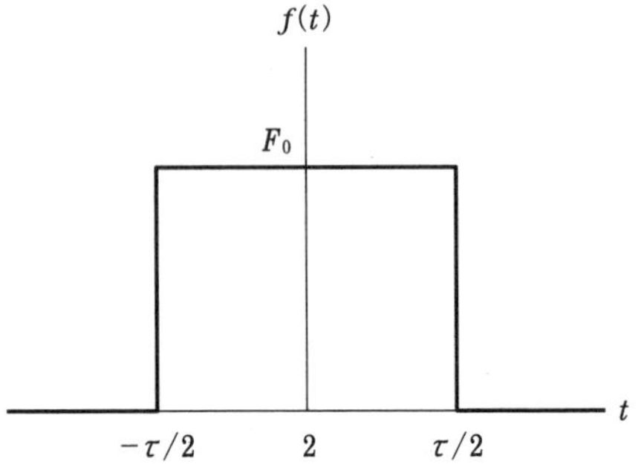

図 3.19

[**解**] $$F(\omega) = \int_{-\infty}^{\infty} F_0\, e^{-i\omega t'}\, dt' = F_0 \tau\, \frac{\sin\dfrac{\omega\tau}{2}}{\dfrac{\omega\tau}{2}} = F_0 \tau\, D_2(\omega\tau) \quad (3.61)$$

である．この計算は (3.18) で行なったものと同じである．

フーリエ変換の応用例として，おもりとばねとダッシュポットの模型を減衰のある振動子の代表例に選び，衝撃力で動き出した質点が再び静止するまでに抵抗力のする仕事のフーリエ変換を求めてみよう．この結果は，電磁波の吸収スペクトルに応用できる．時刻 $t = 0$ まで静止していたおもりがつり合いの位置から速度 V_0 で動き始めるときの運動は (2.41) で表され，

$$x(t) = \begin{cases} 0 & (t < 0) \\ \dfrac{V_0}{\sqrt{\omega_0^2 - \gamma^2}} e^{-\gamma t} \sin\sqrt{\omega_0^2 - \gamma^2}\, t & (t \geqq 0) \end{cases} \quad (3.62)$$

であった．そのフーリエ変換は

$$\begin{aligned} X(\omega) &= \frac{V_0}{\sqrt{\omega_0^2 - \gamma^2}} \int_{-\infty}^{\infty} e^{-\gamma t'} \sin\sqrt{\omega_0^2 - \gamma^2}\, t'\, e^{-i\omega t'}\, dt' \\ &= \frac{V_0}{\omega_0^2 - \omega^2 + 2i\gamma\omega} \end{aligned} \quad (3.63)$$

となる．この計算は読者の演習問題としよう．

速度のフーリエ変換 $V(\omega)$ も $v(t)$ の式 (2.42) から求められるが，次のよ

うに考えることもできる．フーリエ変換を使って $v(t) = dx/dt$ の関係を表すと，

$$\begin{aligned}v(t) &= \frac{1}{2\pi}\int_{-\infty}^{\infty}V(\omega')\,e^{\mathrm{i}\omega' t}\,d\omega'\\&= \frac{d}{dt}\left[\frac{1}{2\pi}\int_{-\infty}^{\infty}X(\omega')\,e^{\mathrm{i}\omega' t}\,d\omega'\right]\\&= \frac{1}{2\pi}\int_{-\infty}^{\infty}\mathrm{i}\omega'\,X(\omega')\,e^{\mathrm{i}\omega' t}\,d\omega'\end{aligned} \quad (3.64)$$

である．これから

$$V(\omega) = \mathrm{i}\omega\,X(\omega) = \frac{\mathrm{i}\omega V_0}{\omega_0^2 - \omega^2 + 2\mathrm{i}\gamma\omega} \quad (3.65)$$

となる．一般式 (3.57) を使い，$t<0$ では $v=0$ であることを考慮するとおもりが停止するまでに抵抗力がする仕事は

$$W_\mathrm{r} = -\int_0^\infty bv^2\,dt' = -\frac{1}{2\pi}\frac{\gamma}{2m}\int_{-\infty}^\infty |V(\omega')|^2\,d\omega' \quad (3.66)$$

と表せる．

エネルギー損失のうちで角振動数 ω と $\omega + \delta\omega$ の分の大きさを $p(\omega)\,\delta\omega$ とすると，$p(\omega)$ は，定数倍を除いて速度のパワースペクトルに比例し，

$$\begin{aligned}p(\omega) &\propto 2\gamma\left|\frac{V(\omega)}{V_0}\right|^2 = \frac{2\gamma\omega^2}{(\omega_0^2-\omega^2)^2+(2\gamma\omega)^2}\\&= \frac{1}{\omega_0 Q\left[\left(\dfrac{\omega_0}{\omega}-\dfrac{\omega}{\omega_0}\right)^2+\left(\dfrac{1}{Q}\right)^2\right]}\end{aligned} \quad (3.67)$$

となり，強制振動について求めたエネルギーの吸収曲線 (2.91) と同じ形になる．すなわち，強制振動と減衰振動という異なった方法で測定しても，系の特性であるエネルギー吸収曲線は同じ形になる．

演習問題

[1] 振幅が同じで,角振動数の比が2:3である,2つの単振動 $u_1(t) = A\cos 2\omega_0 t$, $u_2(t) = A\cos(3\omega_0 t + \alpha)$ がある.位相差 $\alpha = 0, \pi/3, \pi/2, 2\pi/3, \pi$ のそれぞれの場合について,合成振動の時間変化のグラフを描け.

[2] x, y 方向の振動がそれぞれ単振動であるとき,リサージュ図形が直線になるための条件は何か.

[3] 実際にフーリエ係数を計算して,(3.40)を導け.

[4] 関数 $f(t) = 0 \, (t < 0)$, $Ae^{-\gamma t} \, (t \geq 0)$ のフーリエ変換は $F(\omega) = A/(i\omega + \gamma)$ であることを示せ.なお,$\gamma > 0$ とする.

(ヒント: p が複素数のときも $\int e^{pt'} dt' = e^{pt}/p + \text{const}$ が成り立つ.)

4. 電気回路で起こる振動
外力と応答

　単振動や減衰振動は物体の力学的な運動にだけ現れるものではない．力学以外の法則で支配される系でも，しばしば同じ形の振動が起こる．その中で特に重要なものは電気回路で起こる振動である．まず本章では，単純な回路で起こる振動をとり上げ，第 1, 2 章の復習と合わせて，交流での電圧と電流の関係を扱う方法を説明する．

　多くの系では，外から加えた作用とその結果として起こる変化とが，一般的な法則で結び付けられている．本章の後半では力学的な振動と電気回路での振動を手掛りとして，このような法則への糸口を示す．

§4.1　コイルとコンデンサーと抵抗でできた回路

　図 4.1(a) のように自己インダクタンス L のコイル，抵抗 (抵抗の大きさ R) と電気容量 C のコンデンサー (キャパシター) を直列につないだ回路をとり上げよう．これを **LCR (直列) 回路** とよぶことにする．時刻 t に回路を流れる電流を $i(t)$，コンデンサーの極板にある電荷を $\pm q(t)$ とすると，コイル，抵抗，コンデンサーの両端間の電圧は，それぞれ

$$v_L = -L\frac{di}{dt} \tag{4.1}$$

$$v_R = Ri \tag{4.2}$$

$$v_C = \frac{q}{C} \tag{4.3}$$

である．また時刻 t と $t+\Delta t$ の間にコンデンサーに流れ込む電荷は $i(t)\Delta t$ だから

$$i = \frac{dq}{dt} \quad (4.4)$$

が成り立つ．電圧の記号 $v(t)$ はこれまで使ってきた質点の速度の記号と同じだが，混同することはないであろう．また，電流は図の矢印の向きに流れるときをプラス（正），また電圧はこの電流を流そうとする向きをプラス（正）と決めた．図の AB 間の電圧 v_{AB} は v_L, $v_R + v_C$ の両方に等しいから，

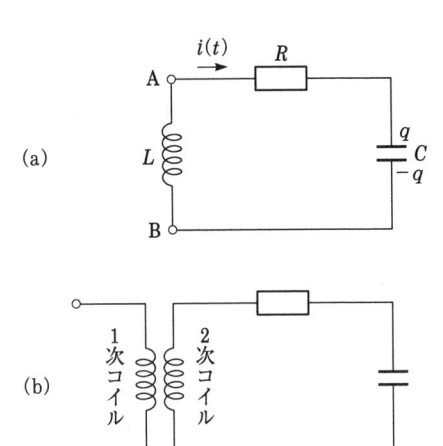

$$L\frac{d^2q}{dt^2} = -R\frac{dq}{dt} - \frac{q}{C} \quad \text{あるいは} \quad L\frac{d^2q}{dt^2} + R\frac{dq}{dt} + \frac{q}{C} = 0 \tag{4.5}$$

である．これを，おもりとばねとダッシュポットの模型の運動方程式 (2.19) と比較すると，

$$\left.\begin{aligned} q &\leftrightarrow x\,(\text{おもりの変位}) \\ i = \frac{dq}{dt} &\leftrightarrow v = \frac{dx}{dt}\,(\text{おもりの速度}) \\ L &\leftrightarrow m\,(\text{おもりの質量}) \\ R \leftrightarrow b\,(\text{粘性抵抗力の係数}), \quad &\frac{1}{C} \leftrightarrow k\,(\text{ばね定数}) \end{aligned}\right\} \tag{4.6}$$

というおきかえによって，互いに対応する．したがって，

§4.1 コイルとコンデンサーと抵抗でできた回路

$$\omega_0 = \sqrt{\frac{1}{LC}}, \quad \gamma = \frac{R}{2L}, \quad Q = \frac{1}{R}\sqrt{\frac{L}{C}} \qquad (4.7)$$

とすれば，第2章でおもりとばねとダッシュポットの模型に対して導いた結果をそのまま使うことができる．

　LCR 回路は，おもりとばねとダッシュポットの系と並んで，減衰のある調和振動子の代表例であり，しかも力学的な模型に比べて，簡単に実験ができるという利点がある．特に抵抗が比較的小さく，$\gamma < \omega_0$ すなわち

$$R < 2\sqrt{\frac{L}{C}} \qquad (4.8)$$

が成り立つときには，電荷 $q(t)$ は減衰振動

$$q(t) = Q_0 e^{-(R/2L)t} \cos(\omega_0' t + \alpha) \qquad (4.9)$$

$$\omega_0' = \sqrt{\frac{1}{LC} - \left(\frac{R}{2L}\right)^2} \qquad (4.10)$$

をする．電流の変化は次の式で与えられる．

$$i(t) = \frac{dq}{dt} = -Q_0 e^{-(R/2L)t} \left[\frac{R}{2L} \cos(\omega_0' t + \alpha) + \omega_0' \sin(\omega_0' t + \alpha) \right]$$
$$(4.11)$$

　例えば，おもりに衝撃的な力を加えたときの運動に対応するのは，パルス電圧を瞬間的に加えて，電流 I_0 を流した後の変化である．（この状況を実現するには，例えば図 4.1(b) のようにコイルをトランス（変圧器）の 2 次コイルにしておいて，1 次コイルにパルス電圧を加え，2 次コイルに誘導電圧を発生させればよい）．電流の変化は，速度の変化の式 (2.42) から，

$$i(t) = I_0 e^{-(R/2L)t} \bigg[\cos\sqrt{\frac{1}{LC} - \left(\frac{R}{2L}\right)^2}\, t$$
$$+ \frac{R}{\sqrt{\frac{4L}{C} - R^2}} \sin\sqrt{\frac{1}{LC} - \left(\frac{R}{2L}\right)^2}\, t \bigg]$$
$$(4.12)$$

98　4. 電気回路で起こる振動

となる．力積 mV_0 に相当するのは LI_0 で，これはパルス電圧 $v(t)$ を時間で積分したものに等しい．

このように力学の問題を形式的に同等な電気回路の問題におきかえたり，あるいはその逆を考えたりすることを，一般に**機械 – 電気アナロジー**という．こうして，問題をより考えやすい形や，実験で確かめやすい形に変えることができる．

[**例題 4.1**]　図 4.2 の回路で，スイッチ S をある時刻から時間 T の間だけオンにし，この後，再びオフにする．その後，コイルの両端間の電圧はどのような時間変化をするか．なお，直流電源の電圧を V_0 とし，また $\sqrt{L/C} > R/2$ （したがって $\omega_0 > \gamma$）が成り立つとする．

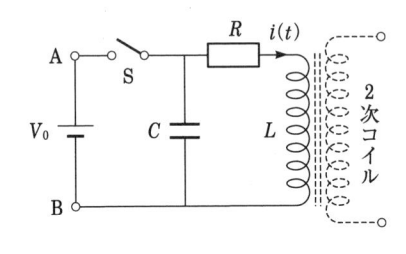

図 4.2

[**解**]　スイッチ S を閉じているときには，R, L を流れる電流 $i_1(t)$ は $V_0 - L(di_1/dt) = Ri_1$，すなわち

$$L\frac{di_1}{dt} + Ri_1 = V_0 \tag{a}$$

を満たす．

S を閉じた瞬間 $(t=0)$ に $i_1 = 0$ であれば，(a) の解は

$$i_1(t) = \frac{V_0}{R}(1 - e^{-Rt/L}) \tag{b}$$

である．S をオフにする瞬間の電流の値は $i_1(T)$ で与えられる．

その後は，この回路は (4.5) あるいはその両辺を微分した

$$L\frac{d^2i}{dt^2} = -R\frac{di}{dt} - \frac{i}{C} \tag{c}$$

に支配され，これを満たす電流 $i_2(t)$ は減衰振動をする．時間の原点 $t' = t - T = 0$ を S をオフにした瞬間にとり直すと，

$$i_2(t') = i_1(T)\, e^{-Rt'/2L} \cos\sqrt{\frac{1}{LC} - \left(\frac{R}{2L}\right)^2}\, t' \tag{d}$$

となる．したがって，コイルの電圧は

$$V_L = -L\frac{di_2}{dt'}$$

$$= i_1(T)\, e^{-Rt'/2L} \left[\frac{R}{2}\cos\sqrt{\frac{1}{LC} - \left(\frac{R}{2L}\right)^2}\, t' \right.$$

$$\left. + \sqrt{\frac{L}{C} - \left(\frac{R}{2}\right)^2} \sin\sqrt{\frac{1}{LC} - \left(\frac{R}{2L}\right)^2}\, t' \right]$$

$$= \frac{V_0}{R}\sqrt{\frac{L}{C}}\,(1 - e^{-RT/L})\, e^{-Rt'/2L} \cos\left[\sqrt{\frac{1}{LC} - \left(\frac{R}{2L}\right)^2}\, t' - \theta\right] \tag{e}$$

$$\tan\theta = \sqrt{\frac{4L}{CR^2} - 1} \tag{f}$$

である．

この電圧は最大値 $(V_0/R)\sqrt{L/C}\,(1 - e^{-RT/L})$ の減衰振動をするが，L を大きくとれば，その振幅は V_0 よりずっと大きくなる．S を周期的にオンオフし，左側のコイルを 1 次コイル，図中の点線で描いた部分を 2 次コイルとする昇圧トランスをつくれば，電池などの直流電源から高い交流電圧を得ることができる．

§4.2 インピーダンス

次に図 2.12 の模型に対応して，LCR 回路に交流電源をつないで電圧 $v(t) = V_0\cos\omega t$ を加える場合 (図 4.3) をとり上げよう．このときには，(4.6) に加えて電圧を §2.5 の外力 $F_0\cos\omega t$ ((2.64)) に対応させれば，$q(t)$, $i(t)$ などを求めることができる．特に定常状態での変化は強制振動となり，(2.73), (2.77) から電流の時間変化を表す式

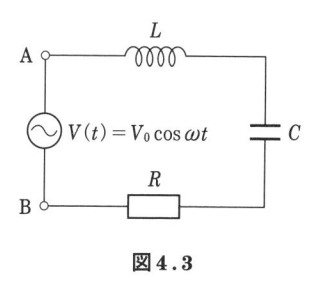

図 4.3

$$i_{\mathrm{f}}(t) = \frac{V_0 \omega}{L\sqrt{\left(\dfrac{1}{LC} - \omega^2\right)^2 + \left(\dfrac{R\omega}{L}\right)^2}} \cos\left(\omega t - \varphi + \frac{\pi}{2}\right)$$

$$\tan \varphi = \frac{R\omega}{L\left(\dfrac{1}{LC} - \omega^2\right)}$$

(4.13)

が機械的に得られる．しかし，ここでは複素表示を使って この問題をもう一度調べてみる．それは，単振動をする外力による強制振動を扱う，一般的な方法と結び付いている．

複素表示によると，電源の電圧，強制振動での電流およびコンデンサーの電荷をそれぞれ

$$v_{\mathrm{c}}(t) = V_0 e^{\mathrm{i}\omega t} = V(\omega)\, e^{\mathrm{i}\omega t} \qquad (4.14)$$

$$i_{\mathrm{c}}(t) = I(\omega)\, e^{\mathrm{i}\omega t} \qquad (4.15)$$

$$q_{\mathrm{c}}(t) = Q(\omega)\, e^{\mathrm{i}\omega t} \qquad (4.16)$$

と表すことができる．以下ではオームの法則の一般化をねらいにして，(4.5) よりも，電流と電圧の関係

$$L \frac{di_{\mathrm{c}}}{dt} + R i_{\mathrm{c}} + \frac{1}{C}\int_{t_0}^{t} i_{\mathrm{c}}(t')\, dt' = V(\omega) e^{\mathrm{i}\omega t} \qquad (4.17)$$

を使う．ここで積分の下限 t_0 は，スイッチがオンになって $i(t_0) = q(t_0) = 0$ の状態から変化が始まった，過去のある時刻である．

(4.17) に (4.14)，(4.15) を代入すると，

$$\mathrm{i}\omega L\, I(\omega)\, e^{\mathrm{i}\omega t} + R\, I(\omega)\, e^{\mathrm{i}\omega t} + \frac{1}{\mathrm{i}\omega C}\, I(\omega)\, e^{\mathrm{i}\omega t} = V(\omega)\, e^{\mathrm{i}\omega t}$$

(4.18)

となる．この各項はそれぞれ，コイル，抵抗，コンデンサーの両端の電圧を表す複素量である．各素子について，電圧と電流の複素振幅の比 $Z(\omega) = V(\omega)/I(\omega)$ をとると，

$$Z_L(\omega) = i\omega L = \omega L\, e^{i\pi/2} \qquad (4.19)$$

$$Z_R(\omega) = R \qquad (4.20)$$

$$Z_C(\omega) = \frac{1}{i\omega C} = -\frac{i}{\omega C} = \frac{1}{\omega C}\, e^{-i\pi/2} \qquad (4.21)$$

となる．

これらをそれぞれの素子の**インピーダンス**とよぶ．(4.20)からわかるように，インピーダンスは抵抗 R の一般化に当る．後でインピーダンスを角振動数の関数と考えるから，独立変数 ω を書いた．

図4.4に電圧，電流のベクトル図を合わせて示すように，インピーダンスの絶対値は電圧/電流の振幅の比，また偏角が電圧と電流の位相差を表す．

いくつかの素子を接続したとき，全体を1つの素子のように考えると，そのインピーダンスは直流回路での合成抵抗と同じようにして求めることができる．これは，1つの閉じた経路について，各素子の両端の間の電圧の総和が，その経路の中にある電源の起電力に等しいこと（キルヒホッフの第2法則）から理解できる．

例えば，図4.1の LCR 回路は $Z_L(\omega)$, $Z_R(\omega)$, $Z_C(\omega)$ の直列結合だから，合成インピーダンスは

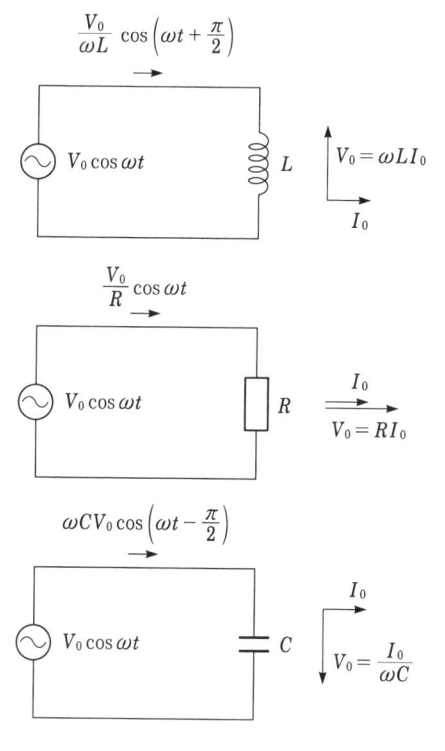

図4.4

4. 電気回路で起こる振動

$$Z(\omega) = Z_L(\omega) + Z_R(\omega) + Z_C(\omega)$$
$$= i\omega L + R + \frac{1}{i\omega C} = R + i\left(\omega L - \frac{1}{\omega C}\right) \quad (4.22)$$

で，これが AB 間の電圧の複素振幅と電流の複素振幅の比になる．こうして単振動をする電圧，電流に対しては，変化を支配する関係式 (4.17) と等価な式

$$\left(i\omega L + R + \frac{1}{i\omega C}\right) I(\omega) = V(\omega) \quad (4.23)$$

がすぐに得られる．極座標表示で表すと，(4.22) は

$$Z(\omega) = \sqrt{R^2 + \left(\omega L - \frac{1}{\omega C}\right)^2} \, e^{i\delta}$$
$$= \frac{L}{\omega}\sqrt{\left(\omega^2 - \frac{1}{LC}\right)^2 + \left(\frac{R\omega}{L}\right)^2} \, e^{i\delta} \quad (4.24)$$

$$\tan\delta = \frac{L\left(\omega^2 - \frac{1}{LC}\right)}{\omega R} \quad (4.25)$$

となり，

$$i(t) = \frac{V_0 \omega}{L\sqrt{\left(\omega^2 - \frac{1}{LC}\right)^2 + \left(\frac{R\omega}{L}\right)^2}} \cos(\omega t - \delta) \quad (4.26)$$

を得るが，$\tan\varphi = \tan(\delta - \pi/2) = R\omega/L(1/LC - \omega^2)$ を考慮すれば，この結果は (4.13) と一致する．同じようにして，図 2.12 の模型では，$im\omega$, b, $k/i\omega = -ik/\omega$ をそれぞれ，おもり，ばね，ダッシュポットの（力学的）インピーダンスと考えることができる．

電源の角振動数 ω をゼロ（直流）から増加させると，ある範囲で共振が起こり，$\omega = \omega_0$ で電流および抵抗で消費されるエネルギー（＝電源が供給するエネルギー）が最大になる．コンデンサーの電荷，電流，位相のずれ，および消費電力と ω の関係は図 2.15 あるいは図 2.17 と同じようになる．この共振を**直列共振**とよぶ．

§4.2 インピーダンス　103

[例題 4.2] 図 4.5 のようにコイル，抵抗，コンデンサーを並列に接続して，これに角振動数 ω で振幅一定の交流電流 $i(t) = I_0 \cos \omega t$ を流すとき，AB 間の電圧 $v(t)$ を表す式をつくれ．

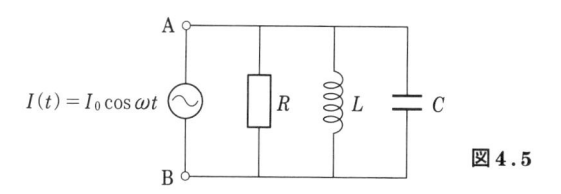

図 4.5

[解] 並列接続だから，AB 間の合成インピーダンスを $Z(\omega)$ とすると，$1/Z(\omega) = 1/\mathrm{i}\omega L + 1/R + \mathrm{i}\omega C = 1/R + \mathrm{i}(\omega C - 1/\omega L)$ である．これを極座標表示すると

$$\frac{1}{Z(\omega)} = \sqrt{\left(\frac{1}{R}\right)^2 + \left(\omega C - \frac{1}{\omega L}\right)^2}\, e^{\mathrm{i}\theta}, \quad \tan\theta = R\left(\omega C - \frac{1}{\omega L}\right) \tag{4.27}$$

であり，

$$V(\omega) = I(\omega)Z(\omega) = \frac{I_0}{\sqrt{\left(\frac{1}{R}\right)^2 + \left(\omega C - \frac{1}{\omega L}\right)^2}}\, e^{-\mathrm{i}\theta}$$

となる．したがって，AB 間の電圧は $\omega_0 = 1/\sqrt{LC}$ と (4.27) の θ を使って

$$\begin{aligned} v(t) &= \frac{I_0}{\sqrt{\left(\frac{1}{R}\right)^2 + \left(\omega C - \frac{1}{\omega L}\right)^2}} \cos(\omega t - \theta) \\ &= \frac{RI_0}{\sqrt{1 + \frac{CR^2}{L}\left(\frac{\omega}{\omega_0} - \frac{\omega_0}{\omega}\right)^2}} \cos(\omega t - \theta) \end{aligned} \tag{4.28}$$

である．$I_0 = $ 一定 として角振動数を変えると，$\omega = \omega_0$ のときに電圧の振幅 V_0 が最大値 RI_0 をとる．このとき，電流と電圧は同位相であり，見かけ上，コイルとコンデンサーの影響は現れない (演習問題 [3] 参照)．

上の例題でみた現象を **並列共振** という．LCR の直列回路 (矢印の左側) と

並列回路（右側）とで

$$\text{電圧} \to \text{電流}, \quad \text{電流} \to \text{電圧}, \quad Z(\omega) \to \frac{1}{Z(\omega)}, \quad L \to C, \quad C \to L \tag{4.29}$$

というおきかえをすると，直列共振についての式から自動的に並列共振の式が得られる．例えば，(4.7) の 3 番目の式から，並列共振の Q 値は

$$Q = RC\omega_0 = R\sqrt{\frac{C}{L}} \tag{4.30}$$

である．また，共振の付近で V_0 が大きい値をとる角振動数の範囲は

$$\omega_0 - \frac{1}{2RC} \leq \omega \leq \omega_0 + \frac{1}{2RC} \tag{4.31}$$

で与えられる．

LCR 直列回路に戻って，おもりとばねとダッシュポットの模型での，変位と外力の複素振幅の比 (2.74) に対応するのは，コンデンサーの電荷と電源電圧の複素振幅の比である．(4.6) を使うとこの比はすぐに求まって

$$\chi(\omega) = \frac{Q(\omega)}{V(\omega)}$$
$$= \frac{1}{\left(\dfrac{1}{C} - L\omega^2\right) + iR\omega} = \frac{1}{L}\frac{1}{(\omega_0{}^2 - \omega^2) + 2i\gamma\omega} \tag{4.32}$$

である．ここで，(4.4) から得られる関係 $I(\omega) = i\omega\, Q(\omega)$ を使えば，

$$\chi(\omega) = \frac{1}{i\omega\, Z(\omega)} \tag{4.33}$$

である．これは外力と変位（あるいはそれに対応する量），およびその変化率の複素振幅の比について，一般的に成り立つ関係である．

§4.3　外力と応答の関係

おもりとばねとダッシュポットの模型および LCR 回路では，単振動型の変化をする力や交流電圧を外部から加えた結果，強制振動が現れたと考える

§4.3 外力と応答の関係　105

ことができる．一般に，力，電圧，…などの作用が外部から系のある部分に加わると，それに従って系の他の部分に変位，電流あるいは電圧，…などが現れる．このような入力と出力の関係があるとき，前者を（広い意味での）**外力**，後者をそれに対する**応答**という．以下，本章の後半では，外力と応答の関係を一般的に考える方法への入門をする．

これまで，おもりとばねとダッシュポットの模型と LCR 回路で調べてきたように，外力のないときの運動が (2.21) で支配される系，すなわち減衰のある調和振動子では，単振動型の変化をする外力とその応答の間には一般的な関係がある．それを定量的に表すのは，ばね定数の一般化に当る $\chi(\omega)$ やインピーダンス $Z(\omega)$ である．例えば (4.32) の2番目の表し方をみると，角振動数に対する変化を表す部分 $1/[(\omega_0^2 - \omega^2) + 2\mathrm{i}\gamma\omega]$ に含まれるパラメータは，固有角振動数 ω_0 および一度に与えられたエネルギーの大部分が散逸してしまうまでの時間の逆数 $2\gamma = 2/\tau$ だけである．これらの量は系の構造がわからなくても，実験だけから得られることを注意しておこう．

減衰のある調和振動子で表せる系では，単振動型の変化をする外力と応答の複素振幅の比例定数が一般的に

$$\chi(\omega) = \frac{a}{\omega_0^2 - \omega^2 + 2\mathrm{i}\gamma\omega} \qquad (4.34)$$

となる．系の具体的な構造は定数 a，例えば LCR 回路では $1/L$ で表される．本書では外力と変位に相当する応答との比 $\chi(\omega)$ を，系の**感受率**とよぶことにする．これは誘電体に交流電場が加わるときに，誘電分極と電場の複素振幅の比 $P(\omega)/E(\omega)$ を**電気感受率**ということに基づいている．

感受率を実部と虚部に分けて，

$$\chi(\omega) = \chi'(\omega) - \mathrm{i}\,\chi''(\omega) \qquad (4.35)$$

とすると，

4．電気回路で起こる振動

$$\chi'(\omega) = \frac{a(\omega_0{}^2 - \omega^2)}{(\omega_0{}^2 - \omega^2)^2 + (2\gamma\omega)^2} \tag{4.36}$$

$$\chi''(\omega) = \frac{2\gamma\omega a}{(\omega_0{}^2 - \omega^2)^2 + (2\gamma\omega)^2} \tag{4.37}$$

である．これらの量が ω の関数として変化する様子を図 4.6 に示した．

外力 $f_c(t) = F_0 e^{i\omega t} = F_0 \cos\omega t + i F_0 \sin\omega t$ に対する応答の複素表示

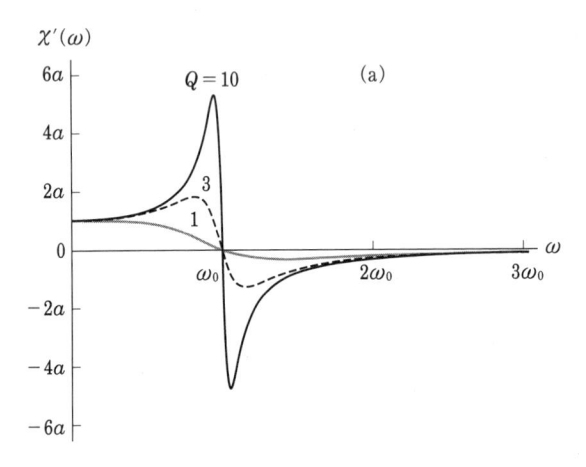

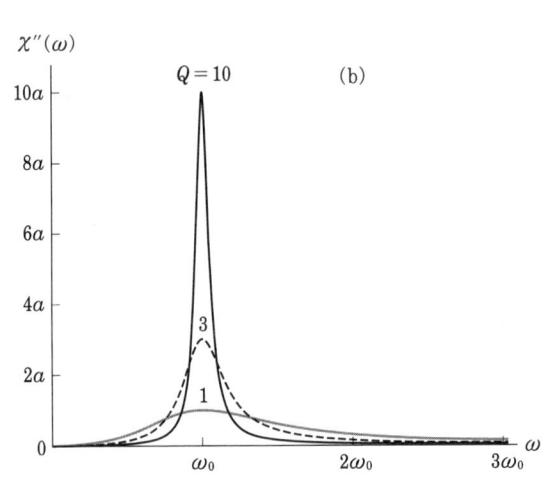

図 4.6

$\chi(\omega) F_0 e^{i\omega t} = [\chi'(\omega) F_0 \cos \omega t + \chi''(\omega) F_0 \sin \omega t] + i[\chi'(\omega) F_0 \sin \omega t - \chi''(\omega) F_0 \cos \omega t]$ で実数部分をとれば，実際の応答（例えば変位）$u(t)$ は

$$u(t) = \chi'(\omega) F_0 \cos \omega t + \chi''(\omega) F_0 \sin \omega t \tag{4.38}$$

となって，第1項は外力と同位相，また第2項はそれよりも $\pi/2$ 位相の遅れた振動を表している．後者では速度に相当する物理量の変化と外力が同位相である．

[例題 4.3] おもりとばねとダッシュポットの模型に外力 $F_0 \cos \omega t$ がはたらくときの強制振動で，系で散逸するエネルギーの単位時間当りの大きさの平均値 $\overline{P_\mathrm{f}(\omega)} = -\overline{P_\mathrm{r}(\omega)}$ を感受率で表し，その意味を考えよ．

[解] (2.91) によって

$$\overline{P_\mathrm{f}(\omega)} = -\overline{P_\mathrm{r}(\omega)} = \frac{F_0^2}{2m} \frac{2\gamma\omega^2}{(\omega_0^2 - \omega^2)^2 + (2\gamma\omega)^2} \tag{a}$$

である．これと (4.37) を比較し，$a = 1/m$ を使うと，

$$\overline{P_\mathrm{f}(\omega)} = -\overline{P_\mathrm{r}(\omega)} = \frac{\omega \chi''(\omega) F_0^2}{2} \tag{b}$$

で，感受率の虚数部分 $\chi''(\omega)$ だけに関係する．$\chi''(\omega)$ と $\chi'(\omega)$ はそれぞれ外力と速度の位相が一致，あるいは $\pi/2$ ずれる振動を表すから，外力が正味の仕事をするのは前者で表される成分だけである．共振の起こる角振動数 $\omega = \omega_0$ では $\chi'(\omega) = 0$ となって，振動がこの成分だけになる．

§4.4 衝撃力に対する応答*

次に，減衰振動を外力と応答の視点からもう一度考えてみよう．減衰振動を与える微分方程式 (2.19) あるいは (2.21) には外力の項があらわには含まれていない．しかし，減衰振動を外力が常にゼロのときの応答と考えることはできない．外部からの作用がなければ，静止していたおもりが動き出すことはないからである．

例えば (2.41), (2.42) の表す運動では，$t < 0$ には静止していた質点が時刻 $t = 0$ から速度 V_0 で動き出したのだから，時刻 $t = 0$ の周辺では，質

4. 電気回路で起こる振動

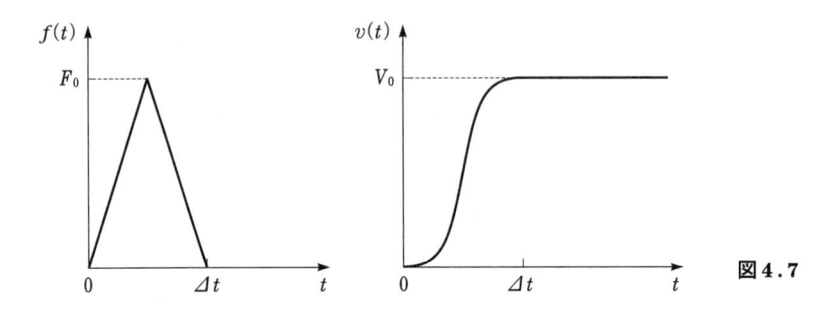

図4.7

点に力のパルスがはたらいている．(2.40) では，$t=0$ で速度がゼロから V_0 に不連続的に変化しているが，おもりの質量もそれにはたらく力の大きさもゼロ，あるいは無限大ではなくて，ともに有限である．したがって現実には，時刻 $t=0$ から $t=\Delta t$ までの短い時間に力 $f(t)$ がはたらき，その結果，速度が 0 から V_0 まで連続的に変化した（図4.7）はずで，$t=\Delta t$ での運動を決めるのは，(2.19) の代わりに

$$m\frac{dv}{dt} = -kx - bv + f(t)$$

あるいは，その両辺を時間 t で積分した

$$mV_0 = m\int_0^t \frac{dv}{dt'}\,dt'$$
$$= -\int_0^{\Delta t} k\,x(t')\,dt' - \int_0^{\Delta t} b\,v(t')\,dt' + \int_0^{\Delta t} f(t')\,dt'$$

である．ここで，右辺の初めの2項は第3項に比べてより小さい．なぜなら，運動の始めの $t=0$ と Δt の間では速度 v も変位 x も小さく，したがって kx, bv は $f(t)$ に比べて小さくて無視できるからである．こうして，Δt が非常に短い極限では，

$$mV_0 = \int_0^{\Delta t} F(t')\,dt' = I_0 \tag{4.39}$$

である．これは力学で学習した「運動量の変化」=「力積」の関係の一例に他ならない．

実際の問題で時間 Δt の間の外力の時間変化 $f(t)$ の形を知ること，この間

§4.4 衝撃力に対する応答

の $v(t)$, $x(t)$ を求めることは実験的にも困難である．しかし，この過程には立ち入らないで，その前後での速度あるいは運動量の変化に注目して，(4.39) の右辺 I_0 だけを問題にするのが，力学で学んだ衝突の考え方である．この考え方では，初期条件 (2.40) は時刻 $t=0$ とその周辺の時間に力がはたらいて，質点に力積 $I_0 = mV_0$ を与えたことを意味する．このような力を理想化して，$t=0$ の瞬間に強さが無限大の力がはたらき，その力積が有限の値 mV_0 であったと考え，これを**衝撃力**とよぶ．電気回路の場合は，同様に，パルス型の衝撃電圧を考える．

衝撃力を数式で表すために，

$$\delta(t) = 0 \qquad (t \neq 0) \tag{4.40}$$

$$\int_{-\infty}^{\infty} \delta(t') \, dt' = 1 \qquad (t = 0) \tag{4.41}$$

の性質をもつ記号 $\delta(t)$ を t の関数のように考え，これを**ディラックのデルタ関数**，あるいは単に**デルタ関数**という．

一般に連続的な時間変化をする外力 $f(t)$ は図 4.8 のように，力積 $f(t_j) \Delta t_j$ ($j = \cdots, -2, -1, 0, 1, 2, 3, \cdots$) の衝撃力が次々にはたらいていると考えることができる．ここで 1 つの力積，例えば時刻 $t = t_0$ 付近の $f(t_0) \Delta t_0$ に注目し，その高さを一定に保って，幅 Δt_0 をゼロに近づければ，この部分は $f(t_0) \times$ 面積 1 の細長い柱で表される．したがって，

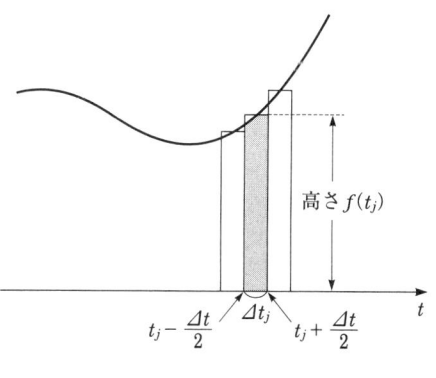

図 4.8

$$\int_{-\infty}^{\infty} \delta(t - t_0) f(t) \, dt = f(t_0) \tag{4.42}$$

が得られる．このようにデルタ関数は，連続な関数から ある変数値に対する値だけを切りとるはたらきをする．

$\delta(t)$ はゼロの近くの狭い範囲でのみゼロでない値をとり，かつその範囲での積分が1になるような関数（1つには決まらず，いくらでも多くある）で，関数値を大きく，同時に範囲の幅を小さくした極限である．1つの表し方は[例題3.4]でとり上げた有限幅 τ の方形波パルス (3.60)（図3.19）で，面積 $F_0\tau$ を1に保って，幅 τ をゼロに近づけた極限である（第2章の演習問題 [3] 参照）．このとり方からわかるように，デルタ関数は偶関数である．

(3.60) のフーリエ変換の式 (3.61) で $\tau \to 0$ の極限をとると，$D_2(\omega\tau)$ は1に近づくから

$$1 = \int_{-\infty}^{\infty} \delta(t')\, e^{-\mathrm{i}\omega t'}\, dt' \tag{4.43}$$

となる．このフーリエ逆変換をつくると

$$\delta(t) = \frac{1}{2\pi} \int_{-\infty}^{\infty} e^{\mathrm{i}\omega' t}\, d\omega' \tag{4.44}$$

である．これもしばしば使われるデルタ関数の表式である（デルタ関数については，例えば本シリーズの「物理数学 (I)」（中山恒義 著，§1.4）を参照）．

デルタ関数を使うと，力積 I_0 の衝撃力を

$$f(t) = I_0\, \delta(t) \tag{4.45}$$

と表すことができる．この外力に対する，減衰のある調和振動子の応答を

$$x(t) = I_0\, g(t) \tag{4.46}$$

とすると，$g(t)$ は単位の大きさの力積（$I_0 = 1$）に対する応答を表す関数である．図2.5の模型では，これは§2.3の (2.41) に他ならない．すなわち，

$$g(t) = \begin{cases} 0 & (t < 0) \\ \dfrac{1}{m\sqrt{\omega_0^2 - \gamma^2}}\, e^{-\gamma t} \sin\sqrt{\omega_0^2 - \gamma^2}\, t & (t \geq 0) \end{cases} \tag{4.47}$$

である．以上は単なる言いかえにみえるが，次の節で示すように，多くの問

題の解決に威力を発揮する．

§4.5　一般の外力と衝撃力に対する応答*

外力と応答の見方をすると，減衰振動と強制振動を，それぞれ単振動型の変化をする外力あるいは単発パルス型の衝撃力に対する，減衰のある調和振動子の応答と考えることができる．おもりとばねとダッシュポットの模型の変位を例として，いままでの結果をまとめると次のようになる．

I．　外力 $f(t) = I_0\,\delta(t)$　→　応答 $x(t) = I_0\,g(t)$　　　　(4.48)

$$g(t) = \frac{1}{m\sqrt{\omega_0^2 - \gamma^2}}\,e^{-\gamma t} \sin(\sqrt{\omega_0^2 - \gamma^2}\,t) \tag{4.49}$$

II．　(複素表示で) 外力 $f_c(t) = F_0\,e^{\mathrm{i}\omega t}$　→　応答 $x_c(t) = F_0\,\chi(\omega)\,e^{\mathrm{i}\omega t}$

(4.50)

$$\chi(\omega) = \frac{1}{m(-\omega^2 + \omega_0^2 + 2\mathrm{i}\gamma\omega)} \tag{4.51}$$

である．

これらを使うと，静止の状態にあった系に，ある時刻 $t=0$ から一般の時間変化をする外力 $f(t)$ がはたらく場合の定常的な運動を求めることができる．すなわち，

III．　外力 $f_0(t) = \begin{cases} 0 & (t < 0) \\ f(t) & (t \geq 0) \end{cases}$　→　応答 $x_f(t) = ?$　(4.52)

という問題を解くことができる．数式でいうと，これは微分方程式

$$\frac{d^2x}{dt^2} + 2\gamma\frac{dx}{dt} + \omega_0^2 x = \frac{f(t)}{m} \tag{4.53}$$

の $t \geq 0$ での解で，初期条件

$$x(0) = 0, \qquad v(0) = \left.\frac{dx}{dt}\right|_{t=0} = 0 \tag{4.54}$$

を満たすものを求めることに相当する．

ここで手掛りになるのは，§2.2 で述べたように線形微分方程式 (4.53) で

は，解の重ね合わせが成り立つことである．$f(t)$ の代わりに別の時間変化をする外力 $h(t)$ がはたらくときの応答，すなわち (4.53) で $f(t)$ を $h(t)$ におきかえた $d^2x/dt^2 + 2\gamma(dx/dt) + \omega_0^2 x = h(t)/m$ の解で，初期条件 (4.54) を満たすものを $x_h(t)$ とすると，2 つの外力が同時に作用するときの応答は，(4.53) の解 $x_f(t)$ と $x_h(t)$ の和で表され，

IV. 外力 $f(t) + h(t)$ → 応答 $x_f(t) + x_h(t)$ (4.55)

である．これは (4.52) だけでなく，線形で同次でない微分方程式で一般に成り立つことである．このような微分方程式で支配される系は線形系とよばれる．線形系では，いくつかの外力が同時にはたらくときの応答は，それらが個々にはたらくときの応答の重ね合わせになる．このことを**外力と応答の関係についての重ね合わせの原理**という．

こうして上で挙げたIIIの $x_f(t)$ を求める問題は，一般の時間変化をする外力 $f(t)$ を，応答のわかっている単純な外力に分解することにおきかえられる．単純な外力として我々が手持ちのものは，Iの衝撃力とIIの単振動をする力である．まず，前者による解を求めよう．ここでは，図 4.8 に示した一般の時間変化が衝撃力の列に分解できることを利用する．

外力 $f(t)$ のうちで，時刻 t' と $t' + \Delta t'$ の間の短い時間間隔 $\Delta t'$ にはたらいた部分だけをとり出すと，その後の運動への効果は力積 $f(t')\,\Delta t'$ の衝撃力で表すことができる．仮にこの衝撃力だけがはたらいたとすると，(4.46)，(4.47) によって，その後の運動は，

$$x(t\,;\,t') = f(t')\,\Delta t'\,g(t - t')$$
$$= \frac{f(t')\,\Delta t'}{m\sqrt{\omega_0^2 - \gamma^2}} e^{-\gamma(t-t')} \sin\left[\sqrt{\omega_0^2 - \gamma^2}\,(t - t')\right]$$

(4.56)

で表される．$t - t'$ は衝撃力がはたらいた過去の時刻 t' から，運動を問題

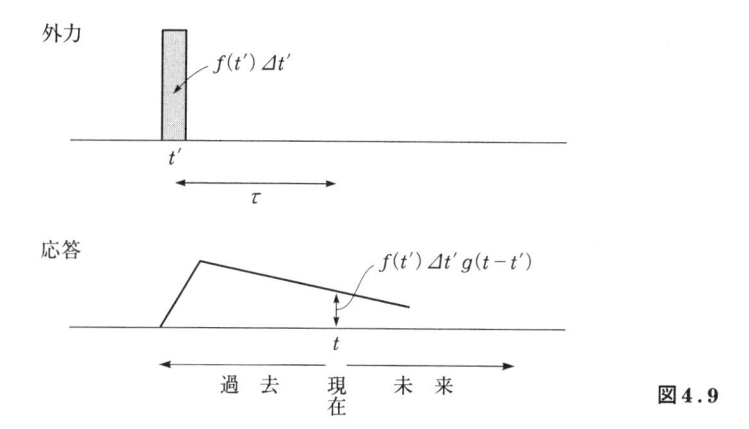

§4.5 一般の外力と衝撃力に対する応答　113

図4.9

にしている現在の時刻 t までに経過した時間である．衝撃力が原因となって運動が起こったのだから，

$$t \geq t' \tag{4.57}$$

でなければならない．結果が原因より先に起こることはないからである．このことを図4.9に示した．なお，図を簡単にするために $g(t - t')$ を(4.49)より単純な形にした．

実際の運動を表すIIIの解は，過去の各時刻 t' に衝撃力がはたらいていたとして，個々の応答(4.56)の総和をつくればよい．結果は

$$\begin{aligned}x_f(t) = \sum x(t\,;\,t') &\to \int_0^t f(t')\, g(t - t') dt' \\ &= \int_0^t \frac{f(t')}{m\sqrt{\omega_0^2 - \gamma^2}}\, e^{-\gamma(t-t')} \sin[\sqrt{\omega_0^2 - \gamma^2}(t - t')]\, dt'\end{aligned} \tag{4.58}$$

である．和 $\sum$ は衝撃力のはたらいた過去の時刻 t' についてとり，さらに時間間隔 $\Delta t' \to 0$ として積分に移行した．積分の上限は(4.57)によって，現在を表す t である．

ここで，(4.58)を書き直して，原因と結果の関係をより見やすい形にし

よう.まず初期条件を (4.54) の代わりに,無限の過去 $t' = -\infty$ では系がつり合いの状態に静止していたとして,積分の下限を $-\infty$ に変える.実際には,過去のある時刻にスイッチを入れ,外力を加え始めたのだから,それ以前には外力 = 0 と考えれば,この初期条件は (4.54) よりも一般的である.さらに,積分変数を t' から $\tau = t - t'$ へ変換すると(図 4.9),

$$x_f(t) = \int_0^\infty f(t-\tau)\,g(\tau)\,d\tau$$
$$\left(= \int_0^\infty f(t-\tau) \frac{e^{-\gamma\tau}\sin\sqrt{\omega_0^2 - \gamma^2}\,\tau}{m\sqrt{\omega_0^2 - \gamma^2}}\,d\tau \right) \qquad (4.59)$$

となる.こうして力の時間変化 $f(t)$ がわかれば,それに対する応答 $x_f(t)$ を求めることができる.

この式は,現在から τ だけ過去に逆のぼった時刻 $t-\tau$ にはたらいた外力の力積 $f(t-\tau)\,d\tau$ が現在の変位に寄与する大きさが $g(\tau)f(t-\tau)\,d\tau$ であることを表している.積分の下限がゼロであるのは,$\tau < 0$ に当る「未来」が現在(時刻 t)に影響をおよぼすことがない,という因果関係の法則による.Ⅲ の一般解はこれに減衰振動を加えたものだが,それは時間の経過とともにどんどん小さくなるから,定常状態ではゼロとしてさしつかえない.

(4.58) あるいは (4.59) を導いた過程を見直すと,

 (1) 重ね合わせの原理が成り立つ

 (2) 単位の力積に対する応答が $g(\tau)$ である

 (3) 未来の外力は現在に影響しないので,$\tau < 0$ では $g(\tau) = 0$ である

ということだけを使っていて,系の具体的な性質,例えば $g(\tau)$ の具体的な形にはよらない.したがって,同様の考察が減衰のある調和振動子に限らず,(1) ～ (3) の性質をもつ系で一般に成り立つ.

§4.6 一般の外力と単振動型の変化をする外力に対する応答*

フーリエ分解 (3.54) によると，$f(t)$ を単振動をする外力の重ね合わせ

$$f(t) = \frac{1}{2\pi}\int_{-\infty}^{\infty} F(\omega')\, e^{\mathrm{i}\omega' t}\, d\omega' \tag{4.60}$$

で表すことができる．複素表示を使うと，単振動をする外力 $F(\omega')\, e^{\mathrm{i}\omega' t}$ に対する応答は，一般に $G(\omega)\, F(\omega)\, e^{\mathrm{i}\omega t}$ と表すことができる．例えば，おもりとばねとダッシュポットの模型で変位を応答と考えれば，$G(\omega)$ は (4.51) の $\chi(\omega)$ である．重ね合わせの法則によって，$f(t)$ に対する応答 $x_f(t)$ は

$$x_f(t) = \frac{1}{2\pi}\int_{-\infty}^{\infty} G(\omega')\, F(\omega')\, e^{\mathrm{i}\omega' t}\, d\omega' \tag{4.61}$$

で表される．$f(t)$ の具体的な形がわかっていれば，そのフーリエ変換 $F(\omega)$ を求めることができるから，(4.61) で $x_f(t)$ を表す式をつくることができる．

[**例題 4.4**] 次の問いに答えよ．

(1) 図 4.10 のように，コイル（インダクタンス L）と抵抗（電気抵抗 R）を直列に接続した系について，パルス電圧 $L_0 I \delta(t)$ を加えたときに系に流れる電流を求め，この場合の $g(t)$ を表す式をつくれ．

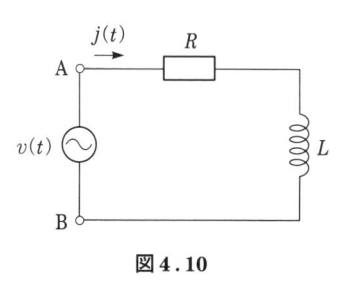

図 4.10

(2) $G(\omega)$ を表す式をつくれ．

(3) 任意の波形を発生できる電源をこの系につなぎ，AB 間に電圧 $v(t)$ を加えるとき，定常状態でこの回路に流れる電流 $i_v(t)$ を表す式を，（ⅰ） $g(t)$ を使う場合，（ⅱ） $G(\omega)$ を使う場合，の両方についてつくれ．

116　4. 電気回路で起こる振動

（4）（3）の（ⅰ）で特に $v(t) = V_0 \cos \omega t$ のとき，（ⅱ）で特に $v(t) = LI_0 \delta(t)$ のときの $i(t)$ を求めよ．なお (4.43) によって，$\delta(t)$ のフーリエ変換は $F(\omega) = 1$ である．

[**解**]　この系に加えられる電圧，またこの系に流れる電流をそれぞれ $v(t)$, $i(t)$ とすると，回路の方程式は

$$Ri = -L\frac{di}{dt} + v(t) \quad \text{あるいは} \quad L\frac{di}{dt} + Ri = v(t) \tag{a}$$

である．

（1）$t = 0$ でパルス電圧が加えられたとき，この回路に流れる電流を表す式は，初期条件 $i(0) = I_0$ を満たす $L(di/dt) + Ri = 0$ の解 $i(t) = I_0 e^{-(R/L)t}$ である．力積に相当する量 $P_0 = \int_0^{\Delta t} v(t')\,dt'$ は，(4.39) と同様に考えて，LI_0 である．ここで，実際にパルスのはたらいている短い時間を Δt とし，計算の最後に $\Delta t \to 0$ の極限をとるものとする（演習問題 [6] 参照）．

したがって，この系では次のようになる．

$$g(t) = \begin{cases} \dfrac{1}{L} e^{-(R/L)t} & (t \geqq 0) \\ 0 & (t < 0) \end{cases} \tag{b}$$

（2）この系では，コイルと抵抗の直列接続のインピーダンスは $Z(\omega) = R + i\omega L$ である．これから $G(\omega)$，すなわち電流と電圧の複素振幅の比は

$$G(\omega) = \frac{I(\omega)}{V(\omega)} = \frac{1}{Z(\omega)} = \frac{1}{R + i\omega L} \tag{c}$$

となる．

（3）(4.59) あるいは (4.61) と同様に考えると，それぞれ

$$i_v(t) = \begin{cases} \dfrac{1}{L}\displaystyle\int_0^\infty v(t-\tau)\, e^{-(R/L)\tau}\,d\tau & ((\text{ⅰ})\text{の場合}) \tag{d}\\ \dfrac{1}{2\pi}\displaystyle\int_{-\infty}^\infty \dfrac{v(\omega')e^{i\omega' t}}{R + iL\omega'}\,d\omega' & ((\text{ⅱ})\text{の場合}) \tag{e} \end{cases}$$

である．

§4.6 一般の外力と単振動型の変化をする外力に対する応答

（4） 特に $v(t) = V_0 \cos \omega t$ のときの電流は，

正弦波電圧に対する応答
$$i(t) = \frac{V_0}{L} e^{-(R/L)t} \int_0^t e^{(R/L)t'} \cos \omega t' \, dt'$$
$$= \frac{V_0}{\sqrt{(L\omega)^2 + R^2}} \cos(\omega t - \delta) \quad \left(\tan \delta = \frac{L\omega}{R}\right)$$
(f)

また，パルス電圧 $v(t) = LI_0 \, \delta(t)$ のフーリエ変換は $V(\omega') = LI_0$ だから，

パルス電圧に対する応答
$$i(t) = \frac{LI_0}{2\pi} \int_{-\infty}^{\infty} \frac{1}{R + iL\omega'} e^{i\omega' t} \, d\omega' \quad \text{(g)}$$

である．(g) は (1) によって，$LI_0 e^{-(R/L)t} \, (t \geq 0), \, 0 \, (t < 0)$ に一致する．これから

$$e^{-(R/L)t} = \frac{1}{2\pi} \int_{-\infty}^{\infty} \frac{1}{R + iL\omega'} e^{i\omega' t} \, d\omega' \quad (t \geq 0) \quad \text{(h)}$$

という関係を得る（第3章の演習問題［4］を参照）．

以上のようにして，衝撃力に対する応答，単振動をする外力への応答（上の例題では $1/Z(\omega)$）のどちらを通っても，§4.5のIIIの解に達することができる．Iの $g(t)$ とIIの $G(\omega)$ あるいは $\chi(\omega)$ は同じ系に異なる外力を加えたときの反応だから，一定の関係で結ばれている．上の例題で導いた(h)はその一例である．

一般に，§4.5で述べた重ね合わせの原理と未来の外力は現在に影響しない，という法則の成り立つ系では，2種類の外力に対する応答を表す関数 $g(t)$ と $G(\omega)$ の間に一定の関係がある．上の例題の (h) はその一例である．したがって，第2章の始めに述べたように，減衰振動型の変化と強制振動型の変化を未知の系の性質を知る方法と考えれば，2つは同じ情報を与えることになる．

演習問題

おもりは質点とし,糸の質量は無視する.

[1] (1) 図(a)および(b)でAB間のインピーダンスを求めよ.

(2) 交流電源をつないで,AB間に交流電圧 $V_0 \cos \omega t$ を加えるときの電流 $i(t)$ を求めよ.

(3) 電源の角振動数 ω と電流の振幅,位相との関係を略図で示せ.

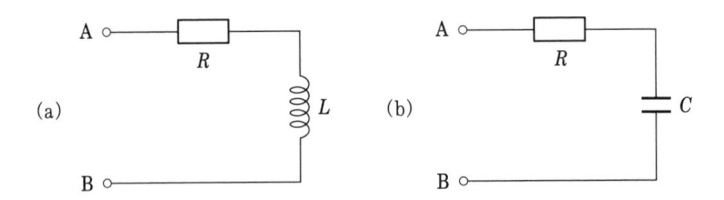

[2] 図4.1(a)の回路で交流電圧 $V_0 e^{i\omega t}$ を加えたとき,定常状態での電流の複素振幅を $I_0(\omega)$ とする.ω を変化させたとき,$I_0(\omega)$ の実部と虚部をそれぞれ x, y 座標とする点 ($\mathrm{Re}\,[I_0(\omega)]$, $\mathrm{Im}\,[I_0(\omega)]$) はどのような図形を描くか.

[3] 図4.4の回路でコイル,抵抗,コンデンサーを流れる電流をそれぞれ表す式をつくれ.並列共振の状態でこれらを通る電流はどのようになるか.

[4] 図2.4のおもりとばねとダッシュポットの模型でばねが弱く,復元力が省略できる場合を考える.始め静止していたおもりに衝撃的な外力がはたらいたとき,質点はある距離だけ移動して静止することを示せ.また,この距離はいくらか.

[5] (4.59)を実際に(4.53)に代入して,解になっていることを確かめよ.

[6] [例題4.4] で $P_0 = LI_0$ であることを,回路の方程式 (a) によって確かめよ.

5 連成振動

　2個の振り子を連結した系，ばねでつながれた多数の質点，さらに楽器の弦などのように，自由度が2以上の物体では，一見複雑な振動が現れる．しかしこれらの場合には，複数のばねと質点の系におき直し，それらの間にはエネルギーのやりとりがあると考えて，複雑な運動を理解することができる．このときには1個1個の質点の運動よりも，系全体の変化に注目する見方が大切になる．

　その糸口として，おもりとばねの模型が2個結合した系を手掛りに，このような問題の捉え方とその特徴を示す．次章で示すように，この考え方はより自由度の多い物体の振動に応用できるばかりではなく，物理や工学のさまざまな分野に現れる問題を扱うときの枠組みを与える．

§5.1　連成振動

　図5.1のように，2個の同じ振り子を棒や糸で結び付けた系を**連成振り子**という．実際につくって実験してみると，その振動は1個の振り子に比べてずっと複雑になる．2個の振り子の運動が紙面（つり合い状態での2本の糸の方向が決める平面）内で起こる場合に限ると，次のようなことがわかる．

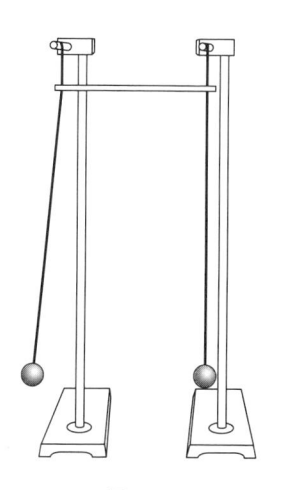

図5.1

120 　5．連成振動

(1) まず，一方の振り子 A のおもりをつり合いからずれた位置，もう一方の B のおもりをつり合いの位置に保ってから，これらを静かに放して運動を開始する（図5.2）．始めは主に A が振動しているが，次第に B の振幅が増大する．やがて B の方が A よりも大きく運動するようになり，つい

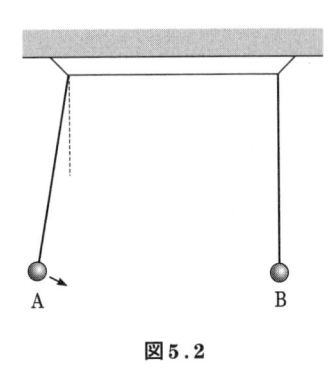

図5.2

に始めとは逆に，A が一旦停止して，B だけが振れている状態になる．その後は，これまでと逆に B，A の運動がそれぞれ減少あるいは増大し，やがて元の状態に戻る．系全体の様子を見ていると，全体に減衰が起こるのを別として，このような変化が繰り返される．2個の振り子の力学的エネルギーに注目すれば，以上は A と B とがエネルギーをやりとりする過程である．

　一方の振り子，例えば A の運動に着目すると，その様子は§3.3でとり上げたうなりに似ている．このことは，連成振り子をつくっている振り子1個の運動は，振動数が近い2つの単振動の重ね合わせになっていることを示している．

(2) 一方，A と B とをつり合いの位置から同じ角度だけ変位させてゆっくり放すときには，2つの異なる配置がある（図5.3）．すなわち，図の (a) のように A, B のおもりを同じ側から放す場合，あるいは (b) のように反対側から放す場合である．どちらの場合でも運動の様子は (1) とは異なり，2個の振り子は始めと同じ型の位置関係をとり続けながら，同じ角振動数で，同じ振幅の単振動をする．すなわち，任意の時刻 t での振り子の振れ角をそれぞれ $\theta_A(t)$, $\theta_B(t)$ とすると，振り始めの状態 $\theta_A(0) = \pm \theta_B(0)$ に応じて，ずっと $\theta_A(t) = \pm \theta_B(t)$

§5.1 連成振動　　121

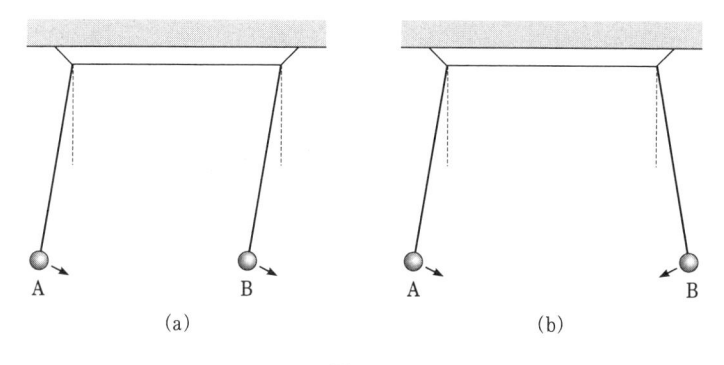

図 5.3

である．したがって，それぞれの振り子の全力学的エネルギーは時間によらず一定である．

　後でみるように，(2) の 2 種類の振動はこの系の運動の中で一番基本的な振動と考えることができて，任意の運動，例えば (1) の型の振動はこれらの重ね合わせで表せる．これらを連成振り子の**基準振動**，そのときの角振動数を**基準角振動数**という．

　図 5.2 の連成振り子は，系が 2 個の変数 $\theta_A(t)$, $\theta_B(t)$ で表される自由度 2 の例である．振り子の数を 3, 4, 5, … 個にし，さらに振り子を含む平面内の振動も許すことにして系の自由度を増やしても，同じようなことが成り立つ．このように複数個の調和振動子があって，互いに作用を及ぼし合っているとき，全体の系を**連成系**，またその振動を**連成振動**という．

　一般に，自由度 N の連成系がつり合いに近い状態で微小な振動をするときには N 個の異なる基準振動があり，任意の連成振動はそれらの重ね合わせになる．さらに，弦，棒，管の中の気体など連続的な物質の振動も，このような振動の $N \to \infty$ の極限の場合と考えることができる．本章では議論の出発点として，$N = 2$ すなわち 2 個の調和振動子の連成振動に注目して，その特徴と扱い方を学ぶ．

§5.2 2個の質点の系の連成振動

まず，図5.4のように同じおもりとばねの模型（質量 m，ばね定数 k）2個が，ばね定数 k' のばねで連結された系をとり上げて，連成振動に関わる概念や一般的な性質を示そう．簡単のために，振動の方向は図の左右の方向に限られるものとする．この簡単な模型は連成振動をする（自由度2の）系の代表的な例であり，その性質の多くは連成振動をする系に共通である．

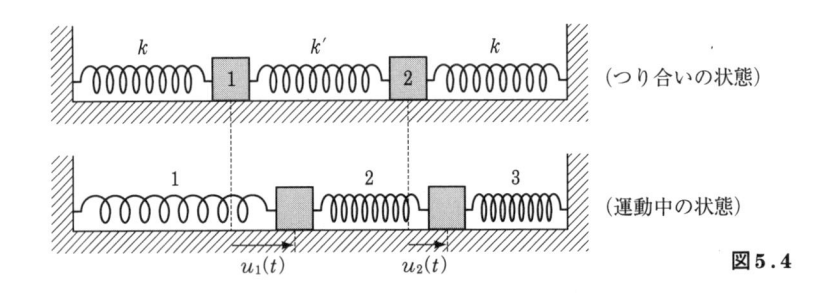

図5.4

2個のおもりを質点と考えて，左側から順に1, 2の番号を付ける．つり合いの位置からの変位をそれぞれ $u_1(t), u_2(t)$ とし，また左から1, 2, 3番目のばねの力をそれぞれ

1番目のばねが左側の壁に及ぼす力 $= -$（1番目のばねが質点1に及ぼす力）
$$= f_1(t) = k\, u_1(t)$$
2番目のばねが質点1に及ぼす力 $= -$（2番目のばねが質点2に及ぼす力）
$$= f_2(t) = k'\{u_2(t) - u_1(t)\}$$
3番目のばねが質点2に及ぼす力 $= -$（3番目のばねが右側の壁に及ぼす力）
$$= f_3(t) = -k\, u_2(t)$$

とする．これらの物理量は $+x$ 方向（図中右向き）をプラスとした．特に $f_j(t)$ の符号は，系のどの場所でも，右側の部分が左側の部分を右向きに（したがって，左側の部分が右側の部分を左向きに）引っ張る場合をプラスと決めたことになる．

§5.2 2個の質点の系の連成振動

質点1および2にはたらく正味の力は,

$$\left.\begin{aligned}
-f_1(t) + f_2(t) &= \underset{\text{調和振動子1のばねの力}}{-k\,u_1(t)} \underset{\text{調和振動子1と2を結ぶばねの力}}{-k'\,[u_1(t) - u_2(t)]} \\
&= -(k + k')\,u_1(t) + k'\,u_2(t) \\
-f_2(t) + f_3(t) &= \underset{\text{調和振動子2のばねの力}}{-k\,u_2(t)} \underset{\text{調和振動子1と2を結ぶばねの力}}{+k'\,[u_1(t) - u_2(t)]} \\
&= k'\,u_1(t) - (k + k')\,u_2(t)
\end{aligned}\right\} \quad (5.1)$$

であり,2個の質点の運動方程式は,

$$\begin{aligned}
m\frac{d^2 u_1(t)}{dt^2} &= -(k + k')\,u_1(t) + k'\,u_2(t) \\
m\frac{d^2 u_2(t)}{dt^2} &= k'\,u_1(t) - (k + k')\,u_2(t)
\end{aligned} \quad (5.2)$$

となる.これらは2個の未知関数 $u_1(t)$, $u_2(t)$ についての連立微分方程式である.適当な初期条件でこれらを解けば,系の運動が求まる.

質点1が角振動数 ω の単振動をしていると仮定しよう.このとき,2番目のばね(ばね定数 k')も同じ角振動数で伸び縮みをするから,質点2は単振動をする力を受けて角振動数 ω の強制振動をする([例題2.4]参照).この振動が逆に質点1に角振動数 ω で変化する力を加え,その結果,質点1が角振動数 ω の単振動をすることとなって,始めの仮定とつじつまが合う.こうして,定常状態では2個の質点が同じ角振動数 ω の単振動する.そこで,複素表示を使って,2個の質点の変位をそれぞれ

$$u_{1c}(t) = U_1(\omega)e^{i\omega t}, \qquad u_{2c}(t) = U_2(\omega)e^{i\omega t} \quad (5.3)$$

と表すことができる.なお,添字cは,§1.7で注意したように,複素表示の量であることを示す.したがって,ばねの力

$$f_{1c}(t) = k\,u_1(t) = k\,U_1(\omega)e^{i\omega t} \quad (5.4)$$

$$f_{2c}(t) = -k'\,[u_2(t) - u_1(t)] = k'\,[U_2(\omega) - U_1(\omega)]\,e^{i\omega t} \quad (5.5)$$

$$f_{3c}(t) = -k\,u_2(t) = -k\,U_2(\omega)\,e^{i\omega t} \tag{5.6}$$

も同じ角振動数 ω の単振動をする.

(5.2) に (5.3) 〜 (5.6) を代入して得られる

$$\left.\begin{array}{l} -m\omega^2 U_1(\omega) = -(k+k')\,U_1(\omega) + k'\,U_2(\omega) \\ -m\omega^2 U_2(\omega) = k'\,U_1(\omega) - (k+k')\,U_2(\omega) \end{array}\right\} \tag{5.7}$$

が, 変位の複素振幅を決める式である. 線形代数で学んだように, (5.7) に $U_1(\omega) = U_2(\omega) = 0$ 以外の解がある条件は,

$$\begin{vmatrix} m\omega^2 - (k+k') & k' \\ k' & m\omega^2 - (k+k') \end{vmatrix} = [m\omega^2 - (k+k')]^2 - k'^2 = 0 \tag{5.8}$$

であり, この式と (5.7) から角振動数 ω のとりうる値 ω_1, ω_2 と, 対応する複素振幅 $U_1(\omega)$ と $U_2(\omega)$ の比が求められる. 実際に解くと, 2 組の解

$$(\mathrm{I}) \begin{cases} \omega_1 = \sqrt{\dfrac{k}{m}} & (5.9) \\ U_1(\omega_1) = U_2(\omega_1) & (5.10) \end{cases}$$

$$(\mathrm{II}) \begin{cases} \omega_2 = \sqrt{\dfrac{k+2k'}{m}} & (5.11) \\ U_1(\omega_2) = -U_2(\omega_2) & (5.12) \end{cases}$$

があって, それぞれ 2 個のおもりが, (I) 同じ振幅で同じ位相 (図 5.5(a)), あるいは (II) 同じ振幅で逆位相 (図 5.5(b)), の単振動をすることを表している. 2 つの振動について, 系の瞬間の状態を図 5.6 に示した.

一般の振動は, これら 2 つの振動の重ね合わせで表される. 運動方程式 (5.2) の一般解は, 任意の (複素数の) 定数を $A_1 e^{i\alpha_1}$, $A_2 e^{i\alpha_2}$ として,

$$\left.\begin{array}{l} u_{1c}(t) = A_1 e^{i\alpha_1} e^{i\omega_1 t} - A_2 e^{i\alpha_2} e^{i\omega_2 t} \\ u_{2c}(t) = A_1 e^{i\alpha_1} e^{i\omega_1 t} + A_2 e^{i\alpha_2} e^{i\omega_2 t} \end{array}\right\} \tag{5.13}$$

であるから, 実際の変位と速度を表す式はそれぞれ

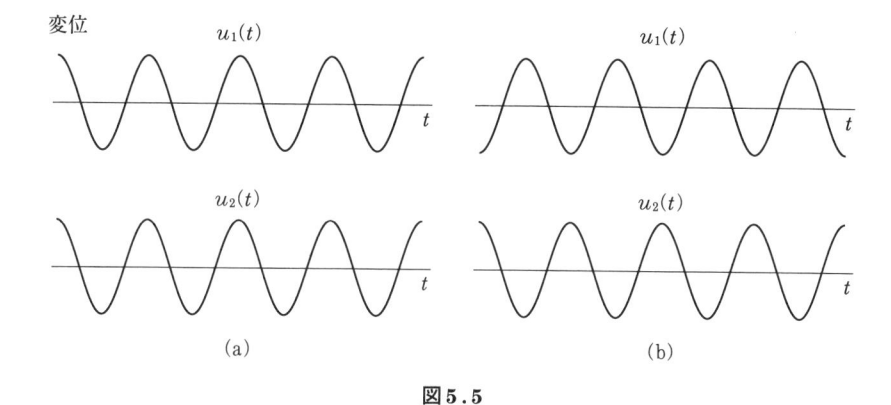

§5.2 2個の質点の系の連成振動　125

図 5.5

図 5.6

$$u_1(t) = A_1 \cos(\omega_1 t + \alpha_1) - A_2 \cos(\omega_2 t + \alpha_2) \atop u_2(t) = A_1 \cos(\omega_1 t + \alpha_1) + A_2 \cos(\omega_2 t + \alpha_2)} \quad (5.14)$$

$$v_1(t) = -\omega_1 A_1 \sin(\omega_1 t + \alpha_1) + \omega_2 A_2 \sin(\omega_2 t + \alpha_2) \atop v_2(t) = -\omega_1 A_1 \sin(\omega_1 t + \alpha_1) - \omega_2 A_2 \sin(\omega_2 t + \alpha_2)}$$
(5.15)

となる．

［例題 5.1］ 図 5.7 のように，固定した壁，質量 m の質点 A, B がこの順序でばね定数 k のばねによって結び付けられている．さらに B に同じばねを付けて，そのもう一方の端 P を左右に動かして，単振動 $x_P(t) = X_P \cos\omega t$

をさせる．このとき，定常状態で質点 A, B はそれぞれどのような振動をするか．また，質点 B が振動しないためには，どのような条件があればよいか．

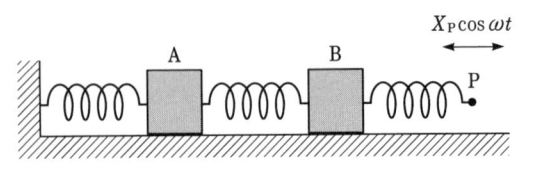

図 5.7

[解] 質点 A, B の変位をそれぞれ $u_A(t)$, $u_B(t)$ とすると，右端のばねの伸びは $x_P(t) - u_B(t)$ と表せる．A, B の運動方程式はそれぞれ

$$\left.\begin{array}{l} m\dfrac{d^2 u_A(t)}{dt^2} = -2k\, u_A(t) + k\, u_B(t) \\[2mm] m\dfrac{d^2 u_B(t)}{dt^2} = k\, u_A(t) - 2k\, u_B(t) + k\, x_P(t) \end{array}\right\} \quad \text{(a)}$$

となる．P の振動によって系は角振動数 ω の強制振動をするから，複素表示で $x_{Pc}(t) = X_P e^{i\omega t}$, $u_{Ac}(t) = U_A e^{i\omega t}$, $u_{Bc}(t) = U_B e^{i\omega t}$ とすると，(a) は

$$-\omega^2 U_A = -2\omega_0^2 U_A + \omega_0^2 U_B, \quad -\omega^2 U_B = \omega_0^2 U_A - 2\omega_0^2 U_B + \dfrac{\omega_0^2 X_P}{m} \tag{b}$$

となる．ここで $\omega_0 = \sqrt{k/m}$ とした．(b) を U_A, U_B について解くと，

$$\dfrac{U_A}{X_P} = \dfrac{\omega_0^4}{(\omega^2 - \omega_0^2)(\omega^2 - 3\omega_0^2)}$$

$$= \dfrac{1}{\left[\left(\dfrac{\omega}{\omega_0}\right)^2 - 1\right]\left[\left(\dfrac{\omega}{\omega_0}\right)^2 - 3\right]} \tag{c}$$

$$\dfrac{U_B}{X_P} = \dfrac{\omega_0^2(2\omega_0^2 - \omega^2)}{(\omega^2 - \omega_0^2)(\omega^2 - 3\omega_0^2)}$$

$$= -\dfrac{\left(\dfrac{\omega}{\omega_0}\right)^2 - 2}{\left[\left(\dfrac{\omega}{\omega_0}\right)^2 - 1\right]\left[\left(\dfrac{\omega}{\omega_0}\right)^2 - 3\right]} \tag{d}$$

を得る．

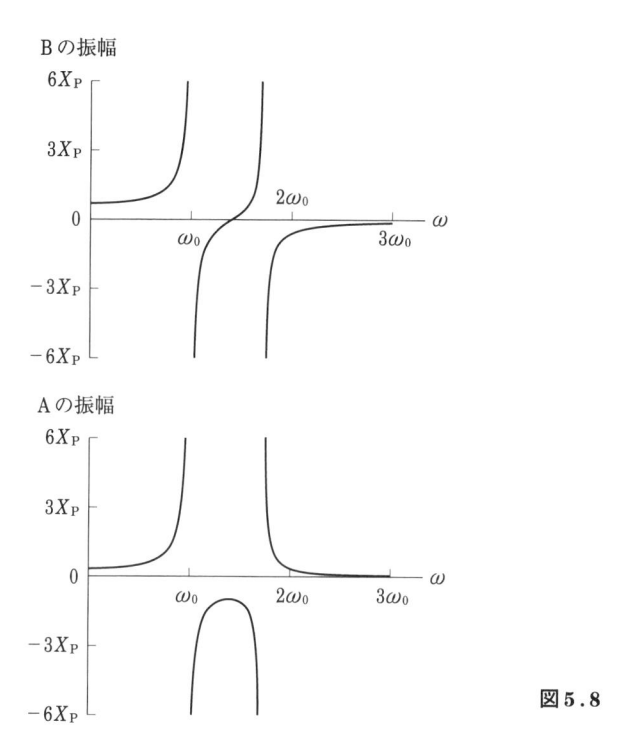

§5.2 2個の質点の系の連成振動   127

図 5.8

U_A/X_P, U_B/X_P を ω に対してプロットすると，図 5.8 のようになる．$\omega = \omega_0$ または $\sqrt{3}\,\omega_0$，すなわち ω が $\omega_1 = \sqrt{k/m}$, $\omega_2 = \sqrt{3k/m}$ のどちらかに一致すると，X_0 が有限であっても U_A, U_B は発散し，そのとき振幅の比は $U_B/U_A = 1$ あるいは -1 である．(5.9)〜(5.12) と比べてみると，これらの場合には右のばねの伸び縮み（による外力）が上で示した2つの基準振動のどちらかに共振して，振幅が大きくなっていることがわかる．ここでは，エネルギーを失う過程を考えていないから，外力の角振動数が系の固有角振動数に一致すれば，強制振動の振幅は式の上で無限大になる．

さらに，$\omega = \sqrt{2}\,\omega_0$，すなわち $\omega = \sqrt{2k/m}$ で，$U_A/X_P = -1$, $U_B/X_P = 0$ で A は P と逆に振動し，B は振動しない．このとき，両側にあるばねの力は互いに打ち消し合うので，B に正味の力ははたらかない．

§5.3 基準振動

図 5.4 の模型で一般の運動を表す式 (5.14), (5.15) に出てくる任意定数 A_1, A_2, α_1, α_2 は初期条件で決まる. 例えば, 時刻 $t = 0$ で質点 A, B をともにつり合いの状態から右に U_0 だけ変位させ, 2 個の質点を静かに放すときは,

$$u_1(0) = A_1 \cos \alpha_1 - A_2 \cos \alpha_2 = U_0$$
$$u_2(0) = A_1 \cos \alpha_1 + A_2 \cos \alpha_2 = U_0$$
$$v_1(0) = -\omega_1 A_1 \sin \alpha_1 + \omega_2 A_2 \sin \alpha_2 = 0$$
$$v_2(t) = -\omega_1 A_1 \sin \alpha_1 - \omega_2 A_2 \sin \alpha_2 = 0$$

である. したがって, $A_1 = U_0$, $A_2 = 0$, $\alpha_1 = \alpha_2 = 0$ で, (5.14) は

$$u_1(t) = u_2(t) = U_0 \cos \omega_1 t \tag{5.16}$$

となる. すなわち 2 個の質点はそろって同じ単振動をし, 減衰のない限り, いつまでもこの形の運動を続ける. ある瞬間における質点の位置は図 5.6(a) のようになる. これは図 5.3 の連成振り子の (a) の場合に対応する.

以上では「静かに放す」という初期条件を満たし, したがって, 初期位相が特に $\alpha_1 = \alpha_2 = 0$ の解をとり上げて説明してきた. しかし図 5.5, 5.6(a) の性質は, 質点を同じ向きに同じ速さで放したとき, すなわち, $\alpha_1 = \alpha_2 \neq 0$ の場合にも成り立つ. 初期位相の選び方は時間の原点 $t = 0$ のとり方で決まるから, これは当然のことである. こうして一般に

$$u_1(t) = u_2(t) = U_0 \cos(\omega_1 t + \alpha) \tag{5.17}$$

で表される振動も (5.16) と同じ特徴をもっている.

一方, A, B をつり合いの点からそれぞれ左, 右に U_0' だけ変位させ (したがって, AB 間の距離はつり合いの状態から $2U_0'$ だけ伸びる), 2 個の質点を静かに放すときの運動 (図 5.5, 5.6(b))

$$u_1(t) = -u_2(t) = U_0' \cos \omega_2 t \tag{5.18}$$

や, より一般の初期位相 α' をもつ運動

$$u_1(t) = -u_2(t) = U_0' \cos(\omega_2 t + \alpha') \tag{5.19}$$

では，2個の質点の変位は逆向きで同じ大きさであり，一旦この形の振動が起これば，いつまでも続く．

(5.17) あるいは (5.19) で表される2種類の振動がそれぞれ図5.4の模型の基準振動である．後で述べる理由で，前者を**反対称型**，また後者を**対称型の基準振動**，ω_1, ω_2 をそれぞれの**基準角振動数**という．ある瞬間に1つの基準振動だけが起こっていれば，その状態がその後もずっと続く．すなわち，1つの基準振動からもう1つの基準振動にエネルギーが移ることはない．この意味で，異なる基準振動は互いに独立な運動である．

いままではおもりとばねの模型のように，変位あるいはそれに相当する量が単振動をする系を調和振動子とよんできた．ここで視点を逆転して，物理量が単振動をすれば，そこに何らかの調和振動子があると考えることにする．おもりや伸びと復元力が比例するばね，などの仕組みを離れて，単振動というはたらきの担い手を調和振動子とみるのである．この見地に立つと，2種類の基準振動は独立な調和振動子の運動である．この節で扱った問題では，おもりとばねの系という調和振動子2個が，ばねの力を通じて関係し合っていた．しかし，基準振動を考えることによって，それを2個の独立な（より抽象的な）調和振動子でおきかえたことになる．

基準振動が系全体の性質であることを数式で表すために，個々の質点の変位に代わって，新しい変数

$$\begin{aligned} z_1(t) &= \frac{1}{\sqrt{2}}\, u_1(t) + \frac{1}{\sqrt{2}}\, u_2(t) \\ z_2(t) &= -\frac{1}{\sqrt{2}}\, u_1(t) + \frac{1}{\sqrt{2}}\, u_2(t) \end{aligned} \quad (5.20)$$

を導入する．定数の係数 $1/\sqrt{2}$ を除けば，z_1, z_2 はそれぞれ2つの質点A，Bの重心の位置，あるいはAB間の距離の変化であり，系全体の位置あるいは形に関わる量である．反対称型の振動 (5.17) では $z_2(t)$ が常にゼロで，$z_1(t)$ だけが有限の大きさをもって角振動数 ω_1 で単振動をし，ちょうど逆

に，対称型の振動 (5.19) では $z_2(t)$ だけが角振動数 ω_2 で単振動している．こうして z_1 と z_2 はそれぞれ反対称型，あるいは対称型の基準振動に対応する変数で，**基準座標**とよばれる．なお，係数 $1/\sqrt{2}$ を付けた理由は後で明らかになる．

この模型で起こる一般の運動は基準振動の重ね合わせとして，すなわち $z_1(t)$, $z_2(t)$ の線形結合で表すことができる．例えば，A だけをつり合いの状態から右に U_0 だけ変位させ，2 個の質点を静かに放した後の運動は，(5.14)，(5.15) で初期条件，

$$u_1(0) = A_1 \cos \alpha_1 - A_2 \cos \alpha_2 = U_0$$
$$u_2(0) = A_1 \cos \alpha_1 + A_2 \cos \alpha_2 = 0$$
$$v_1(0) = -\omega_1 A_1 \sin \alpha_1 + \omega_2 A_2 \sin \alpha_2 = 0$$
$$v_2(0) = -\omega_1 A_1 \sin \alpha_1 - \omega_2 A_2 \sin \alpha_2 = 0$$

を使えば，

$$u_1(t) = \underbrace{\frac{U_0}{2} \cos \omega_1 t}_{\omega_1 \text{の基準振動の項}} + \underbrace{\frac{U_0}{2} \cos \omega_2 t}_{\omega_2 \text{の基準振動の項}}$$

$$= U_0 \left[\cos\left(\frac{\omega_1 + \omega_2}{2}\right)t\right]\left[\cos\left(\frac{\omega_1 - \omega_2}{2}\right)t\right] \quad (5.21)$$

$$u_2(t) = \underbrace{\frac{U_0}{2} \cos \omega_1 t}_{\omega_1 \text{の基準振動の項}} - \underbrace{\frac{U_0}{2} \cos \omega_2 t}_{\omega_2 \text{の基準振動の項}}$$

$$= -U_0 \left[\sin\left(\frac{\omega_1 + \omega_2}{2}\right)t\right]\left[\sin\left(\frac{\omega_1 - \omega_2}{2}\right)t\right] \quad (5.22)$$

である．右辺の第 2 の表し方は (3.10) と同じ形で，角振動数 $(\omega_1 + \omega_2)/2$ の単振動が，角振動数 $(\omega_1 - \omega_2)/2$ の単振動で変調されている．ω_1 と ω_2 の比は有理数でなければ，系の変位と速度が以前のある時刻とまったく同じになることはない．すなわち，一般の運動は周期的にはならない．

例として $k' = k/2$ の場合に，$t = 0$ で一方のおもりだけをつり合いの状態から U_0 だけずらし，静かに放したときの運動の様子を図 5.9 に示した．

§5.3 基準振動　131

図 5.9

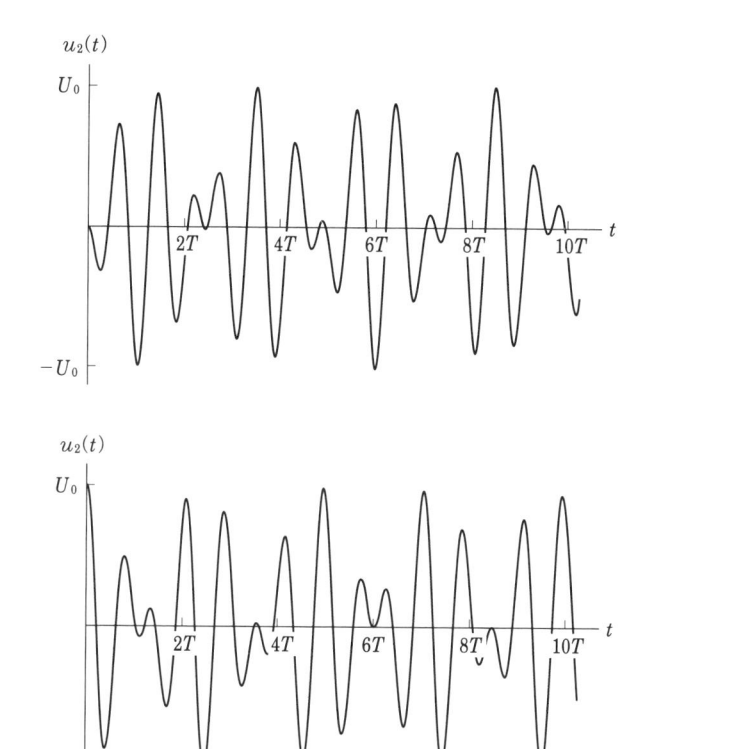

この図で横軸の単位は $T = 2\pi/\omega_2$ である．このように個々の質点の運動が複雑であっても，系全体に注目すると，基準振動という単振動に分解できる．これは§3.6でみた，複雑な 2 次元の運動が直交する 2 方向の単振動の合成で表せたことと同じである．

図 5.4 の模型でばねの力の位置エネルギーは，

$$V = \underbrace{\frac{k\,u_1{}^2(t)}{2}}_{1\text{のばね}} + \underbrace{\frac{k'\,[u_1(t) - u_2(t)]^2}{2}}_{2\text{のばね}} + \underbrace{\frac{k\,u_2{}^2(t)}{2}}_{3\text{のばね}}$$

$$= \frac{(k + k')\,u_1{}^2(t)}{2} - k'\,u_1(t)\,u_2(t) + \frac{(k + k')\,u_2{}^2(t)}{2}$$

(5.23)

であり，$k+k'>0$, $k'^2-(k+k')^2<0$ だから位置エネルギーの等高線は図 3.11 と同じように楕円の集まりになる．(5.20) によって，実際の変位を表す u_1, u_2 から基準座標 z_1, z_2 に変数を変換することは，位置エネルギーの等高線の楕円の主軸を座標軸にとって

$$V = \frac{m\omega_1^2 z_1^2(t)}{2} + \frac{m\omega_2^2 z_2^2(t)}{2} \tag{5.24}$$

と書き直すことを意味している．

[**例題 5.2**] 1 個の振り子のおもりにもう 1 個の振り子を付けた系を **2 重振り子** という．簡単な場合として，一端 P を固定した長さ l の軽い糸のもう一方の端に質量 m の質点 A を付け，さらに長さ l の軽い糸を結んでその先に質量 m の質点 B を付けて，一定の鉛直面内で振動させる (図 5.10)．2 つの振り子とも振れ角が小さいとき，この系の基準振動の角振動数を求めよ．また，それぞれどのような形の振動か，図 5.6 のように系の瞬間の位置を図で示せ．

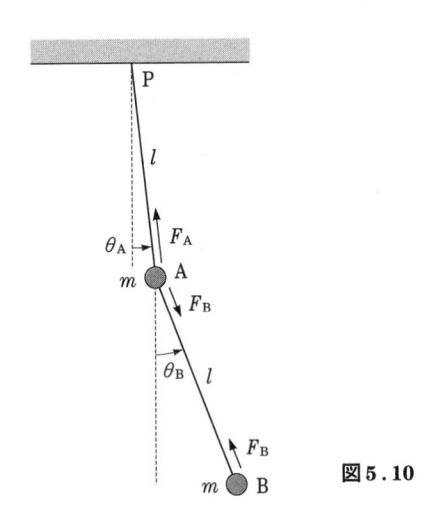

図 5.10

[**解**] P を原点として，下方に y 軸，振動面内でそれに垂直に x 軸をとる．糸の y 軸からの振れ角をそれぞれ θ_A, θ_B とすると，A, B の位置は

$$\left.\begin{aligned}&x_{\mathrm{A}}=l\sin\theta_{\mathrm{A}}\approx l\theta_{\mathrm{A}},\qquad y_{\mathrm{A}}=l\cos\theta_{\mathrm{A}}\approx l\\ &x_{\mathrm{B}}=l\sin\theta_{\mathrm{A}}+l\sin\theta_{\mathrm{B}}\approx l\left(\theta_{\mathrm{A}}+\theta_{\mathrm{B}}\right)\\ &y_{\mathrm{A}}=L\cos\theta_{\mathrm{A}}\approx l\\ &y_{\mathrm{B}}=l\cos\theta_{\mathrm{A}}+l\cos\theta_{\mathrm{B}}\approx 2l\end{aligned}\right\} \qquad (\mathrm{a})$$

で与えられる．ここで振れ角が小さいことを考慮して，$\sin\theta_{\mathrm{A}}\approx\theta_{\mathrm{A}},\ \cos\theta_{\mathrm{A}}\approx 1$ などと近似した．糸の張力をそれぞれ $F_{\mathrm{A}},\ F_{\mathrm{B}}$ とすると，A, B の運動方程式は上と同じ近似で

$$\left.\begin{aligned}m\frac{d^{2}x_{\mathrm{A}}}{dt^{2}}&=-F_{\mathrm{A}}\sin\theta_{\mathrm{A}}+F_{\mathrm{B}}\sin\theta_{\mathrm{B}}\approx-F_{\mathrm{A}}\theta_{\mathrm{A}}+F_{\mathrm{B}}\theta_{\mathrm{B}}\\ m\frac{d^{2}y_{\mathrm{A}}}{dt^{2}}&=mg-F_{\mathrm{A}}\cos\theta_{\mathrm{A}}+F_{\mathrm{B}}\cos\theta_{\mathrm{B}}\approx mg-F_{\mathrm{A}}+F_{\mathrm{B}}\end{aligned}\right\} \qquad (\mathrm{b})$$

$$\left.\begin{aligned}m\frac{d^{2}x_{\mathrm{B}}}{dt^{2}}&=-F_{\mathrm{B}}\sin\theta_{\mathrm{B}}\approx-F_{\mathrm{B}}\theta_{\mathrm{B}}\\ m\frac{d^{2}y_{\mathrm{B}}}{dt^{2}}&=mg-F_{\mathrm{B}}\cos\theta_{\mathrm{B}}\approx mg-F_{\mathrm{B}}\end{aligned}\right\} \qquad (\mathrm{c})$$

である．これに (a) の各式を代入すると

$$m\frac{d^{2}\theta_{\mathrm{A}}}{dt^{2}}=-F_{\mathrm{A}}\theta_{\mathrm{A}}+F_{\mathrm{B}}\theta_{\mathrm{B}},\qquad 0=mg-F_{\mathrm{A}}+F_{\mathrm{B}}$$

$$m\frac{d^{2}\left(\theta_{\mathrm{A}}+\theta_{\mathrm{B}}\right)}{dt^{2}}=-F_{\mathrm{B}}\theta_{\mathrm{B}},\qquad 0=mg-F_{\mathrm{B}}$$

となる．ここで $F_{\mathrm{A}},\ F_{\mathrm{B}}$ を消去し，$\omega_{0}=\sqrt{g/l}$ とおくと，

$$\frac{d^{2}\theta_{\mathrm{A}}}{dt^{2}}=-\omega_{0}^{\ 2}\left(2\theta_{\mathrm{A}}-\theta_{\mathrm{B}}\right),\qquad \frac{d^{2}\left(\theta_{\mathrm{A}}+\theta_{\mathrm{B}}\right)}{dt^{2}}=-\omega_{0}^{\ 2}\theta_{\mathrm{B}}$$

あるいは

$$\frac{d^{2}\theta_{\mathrm{A}}}{dt^{2}}=-\omega_{0}^{\ 2}\left(2\theta_{\mathrm{A}}-\theta_{\mathrm{B}}\right),\qquad \frac{d^{2}\theta_{\mathrm{B}}}{dt^{2}}=-2\omega_{0}^{\ 2}\left(-\theta_{\mathrm{A}}+\theta_{\mathrm{B}}\right) \qquad (\mathrm{d})$$

となる．これらが基準振動を決める式である．なお，ω_{0} は振り子が単独にあるときの固有角振動数である．

複素表示で振れ角をそれぞれ $\theta_{\mathrm{Ac}}(t)=\Theta_{\mathrm{A}}e^{\mathrm{i}\omega t},\ \theta_{\mathrm{Bc}}(t)=\Theta_{\mathrm{B}}e^{\mathrm{i}\omega t}$ と表すと，(d) は

$$\left(2\omega_{0}^{\ 2}-\omega^{2}\right)\Theta_{\mathrm{A}}-\omega_{0}^{\ 2}\Theta_{\mathrm{B}}=0,\qquad -2\omega_{0}^{\ 2}\Theta_{\mathrm{A}}+\left(2\omega_{0}^{\ 2}-\omega^{2}\right)\Theta_{\mathrm{B}}=0$$

5. 連成振動

となる．$\varTheta_A = \varTheta_B = 0$ でない解は 2 通りあって，

I．$\omega = \omega_1 = \sqrt{2+\sqrt{2}}\,\omega_0 \approx 1.85\omega_0$ のとき，　$\varTheta_B^{(1)}/\varTheta_A^{(1)} = -\sqrt{2}$

II．$\omega = \omega_2 = \sqrt{2-\sqrt{2}}\,\omega_0 \approx 0.777\omega_0$ のとき，　$\varTheta_B^{(2)}/\varTheta_A^{(2)} = \sqrt{2}$

である．I，II がそれぞれ対称型，反対称型の振動に対応する．それぞれの略図を図 5.11，また始めに下側のおもり B だけをずらして，静かに放した後の変位の変化の例を図 5.12 に示した．ここで $T_0 = 2\pi\sqrt{L/g}$ を横軸の単位にとった．

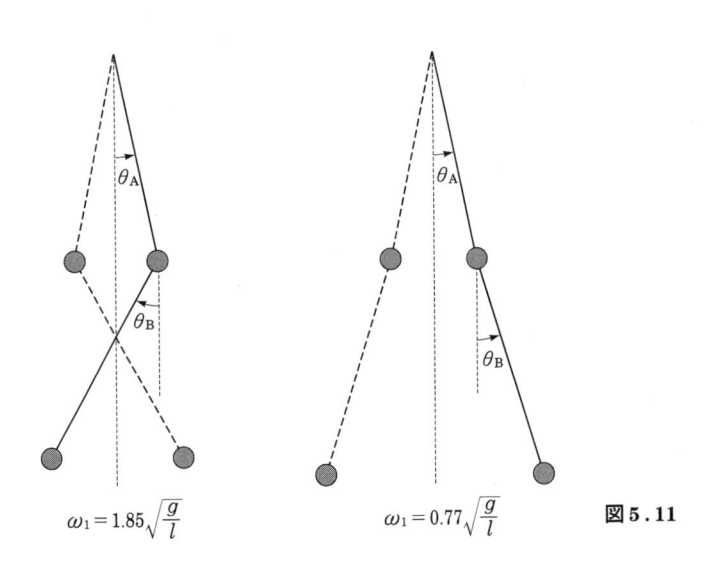

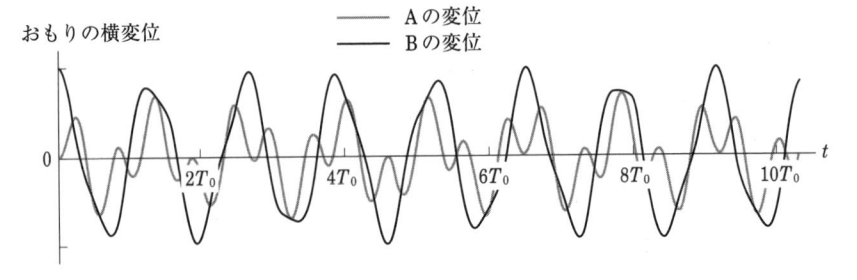

$\omega_1 = 1.85\sqrt{\dfrac{g}{l}}$　　　$\omega_1 = 0.77\sqrt{\dfrac{g}{l}}$　　　**図 5.11**

図 5.12

§5.3 基準振動

[例題 5.3] 図 5.13 のように，インダクタンス L のコイル 2 個と電気容量 C のコンデンサー 3 個とを接続した回路がある．この回路で起こる電気振動の基準振動の角振動数を求めよ．

[解] コンデンサーの電荷を図の左から順に $\pm q_1(t)$, $\pm q_2(t)$, $\pm q_3(t)$, その両極間の電圧を $v_1(t)$, $v_2(t)$, $v_3(t)$, また，コイルを流れる電流を $i_1(t)$, $i_2(t)$ とすると，各コンデンサーについて，

$$q_1(t) = C v_1(t), \quad q_2(t) = C v_2(t), \quad q_3(t) = C v_3(t) \tag{a}$$

$$\frac{dq_1(t)}{dt} = -i_1(t), \quad \frac{dq_2(t)}{dt} = i_1(t) - i_2(t), \quad \frac{dq_3(t)}{dt} = -i_2(t) \tag{b}$$

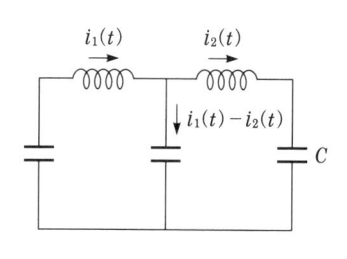

図 5.13

また各コイルについて，

$$L\frac{di_1(t)}{dt} = v_1(t) - v_2(t), \quad L\frac{di_2(t)}{dt} = v_2(t) - v_3(t) \tag{c}$$

である．(b), (c) から，電流の強さについての微分方程式

$$\left. \begin{array}{l} L\dfrac{d^2 i_1(t)}{dt^2} = -\dfrac{1}{C} i_1(t) - \dfrac{1}{C}[i_1(t) - i_2(t)] \\[6pt] L\dfrac{d^2 i_2(t)}{dt^2} = \dfrac{1}{C}[i_1(t) - i_2(t)] - \dfrac{1}{C} i_2(t) \end{array} \right\} \tag{d}$$

を得る．ここでは $i \to u$, $L \to m$, $1/C \to k$ と対応させると，回路の基本方程式 (d) は運動方程式 (5.2) で $k' = k$ の場合に相当する．したがって，この回路の基準振動は

(1) 角振動数 $\omega_1 = \sqrt{\dfrac{1}{LC}}$, $i_1(t) = i_2(t)$

(2) 角振動数 $\omega_1 = \sqrt{\dfrac{3}{LC}}$, $i_1(t) = -i_2(t)$

である．

それぞれの電気的状態の変化を図 5.14 に示した．(1) の振動では，コンデンサー

136   5. 連成振動

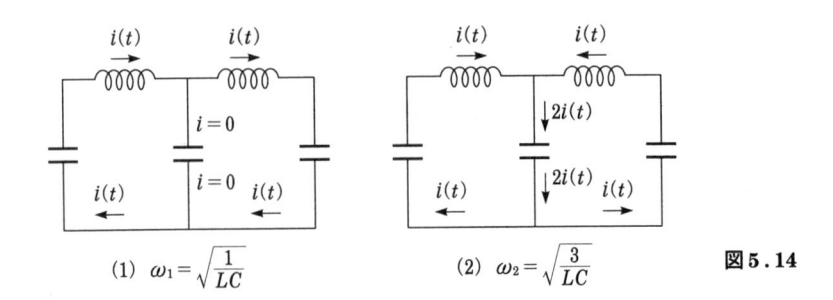

(1) $\omega_1 = \sqrt{\dfrac{1}{LC}}$　　(2) $\omega_2 = \sqrt{\dfrac{3}{LC}}$　　図 5.14

2 の電荷 $q_2(t)$ は時間変化しない．振動の始めに $q_2(0) = 0$ であれば，引き続いて $q_2(t) = 0$ である．上のアナロジーは唯一の考え方ではない．コンデンサーの電荷 $q_3(t)$ を変数にすることもできる．このことは [例題 5.5] で触れる．

§5.4　基準振動の形

　これまでの議論だけでは，基準座標をとることは数式上の便宜とみえるかもしれない．しかし，本節でみるように，基準振動の形に注目すると，それが系全体の振動に対する自然な見方であることがわかる．さらに，次章で自由度の大きい系をとり上げると，基準振動の意味がより明らかになる．

　これまで基準振動の様子を表すのに，ある瞬間のおもりの変位 (図 5.3, 図 5.6) や系の電気的な状態 (図 5.14) をストロボ写真のように記録した図を使ってきた．このように，ある瞬間における基準振動の様子を示す図形を**基準振動のモード**とよぶ．一般に，自由度 2 の連成系では 2 個の基準振動のモードがある．

　図 5.4 の模型で 2 つのモードの特徴を見出すために，2 つの質点のつり合いの位置を結ぶ線分の垂直二等分面に両面の鏡 m があるとして，鏡の中に見える像を考えよう．(5.17) で表される図 5.6(a) の振動ではどの瞬間にも $u_1(t) = u_2(t)$ が成り立つから，鏡に写った世界では，変位が現実の世界のそれとちょうど逆向きになっている．このことを，基準振動モード (a) は鏡 m による**鏡映に対して反対称**である，という．一方，図 5.6(b) の振動

(5.19) は，2つの質点の変位は大きさが等しく逆向き ($u_1(t) = -u_2(t)$) であり，鏡の中の図形はこの世界の図形と一致する．すなわち，この振動は**鏡映に対して対称**である．前節でこれらの振動をそれぞれ反対称型，対称型とよんだのは，このことに基づいている．

いまの場合に基準振動が鏡 m に対して反対称，あるいは対称になったのは，系そのものが鏡映操作に対して対称であることと結び付いている．一般に幾何学的な対称性のある系では，それに対応して，基準振動のモードもいくつかの決まった対称性をもつことが数学で保証されている．このことを利用すれば，基準振動のモードを推定し，それから角振動数を直接に求めることができる．

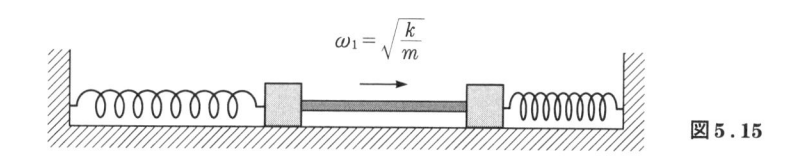

図 5.15

例えば反対称型の振動(図 5.6(a))では質点間の距離が一定で，それらをつなぐばね定数 k' のばねは伸び縮みしない．したがって，2個の質点は軽い剛体の棒でつながれているのと同じで，図 5.15 のように，この系を質量 $2m$ の1個の質点がばね定数 k のばね 2 個によって壁につながれているかのように考えることができる．こうしてモードがわかれば，その角振動数 ω_1 は $\sqrt{2k/2m} = \sqrt{k/m}$ となることが計算なしで求められる．このことを数式で書くと次のようになる．反対称型の振動では，2個のおもりの変位はいつも等しく，$u(t) = u_1(t) = u_2(t)$ である．このとき運動方程式 (5.2) の 2 つの式は $m[d^2u(t)/dt^2] = -ku(t)$ という 1 つの式に帰着して，(5.10) がすぐに得られる．

[**例題 5.4**] 図 5.6(b) を参考にして，対称型の基準振動の角振動数が (5.12) で与えられることを導け．

138   5. 連成振動

[**解**] この振動では，ばね定数 k' のばねの中点はいつも一定の位置にあり，質点 A, B はその両側で対称の位置を保っている．したがって，それぞれの質点は k のばねと（中心を固定されて）長さが 1/2 になった k' のばねで，それぞれ固定壁に結び付けられているかのように考えることができる（図 5.16）．後者のばね定数が $2k'$ であることに注意すると，$\omega_2 = \sqrt{(k+2k')/m}$ である．

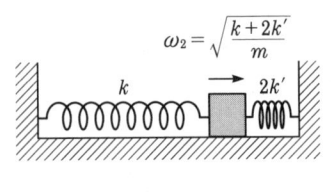

図 5.16

§5.5 エネルギーの移動*

図 5.2 の連成振り子の運動や，図 5.4 の模型で始めに片方の質点だけを動かしたときの運動 ((5.21), (5.22)) からわかるように，連成系ではもとの調和振動子の変位を表す量が交互に大きくなったり，小さくなったりしている．これは調和振動子が力学的エネルギーをやりとりしていることに当る．この例では，運動の始めに A だけがもっていたエネルギーがばね定数 k' のばねによる相互作用で段々と B に移り，やがてまた A に戻る，という過程の繰り返しとして変化をとらえることができる．このように異なる自由度の間でのエネルギーの周期的な交換が，連成振動の一つの特徴である．

エネルギーの移動の様子をより詳しくみるために，特に図 5.4 の模型で 2 個のおもりを結ぶばねが弱く，$k'/k \ll 1$ の場合を検討しよう．対称型振動の角振動数の式 (5.11) を k'/k で展開し，次数の一番高い項だけを残すと，

$$\omega_2 = \sqrt{\frac{k+2k'}{m}} = \sqrt{\frac{k}{m}\left(1+\frac{2k'}{k}\right)} \approx \omega_1\left(1+\frac{k'}{k}\right) \quad (5.25)$$

だから，

$$\frac{\omega_2 - \omega_1}{2} \approx \frac{k'}{2k}\omega_1 = \frac{k'}{2k}\sqrt{\frac{k}{m}}, \qquad \frac{\omega_2 + \omega_1}{2} \approx \omega_1\left(1+\frac{k'}{2k}\right) \approx \sqrt{\frac{k}{m}}$$

となって，(5.21), (5.22) を近似的に，

$$
\begin{aligned}
u_1(t) &\approx U_0 \cos\left(\frac{k'}{2k}\sqrt{\frac{k}{m}}\,t\right)\cos\sqrt{\frac{k}{m}}\,t \\
u_2(t) &\approx -\,U_0 \sin\left(\frac{k'}{2k}\sqrt{\frac{k}{m}}\,t\right)\sin\sqrt{\frac{k}{m}}\,t
\end{aligned}
\quad (5.26)
$$

と表すことができる．これは角振動数 $\omega_1 = \sqrt{k/m}$，周期 $T = 2\pi/\omega_1 = 2\pi\sqrt{m/k}$ の単振動，すなわち中間のばねがなくて，2個の質点が互いに独立であるときの運動が，周期

$$T' = \frac{2\pi}{\omega_1}\frac{k}{2k'} \quad (\gg T) \tag{5.27}$$

の単振動で変調された形になっている．

T' に比べて短い時間の間で見ると2個の質点は角振動数 ω_1 の単振動をしているが，その振幅は長い時間にわたって段々と変っていくことになる．短い時間の間では2つの振動子の全力学的エネルギーは近似的に単振動の全力

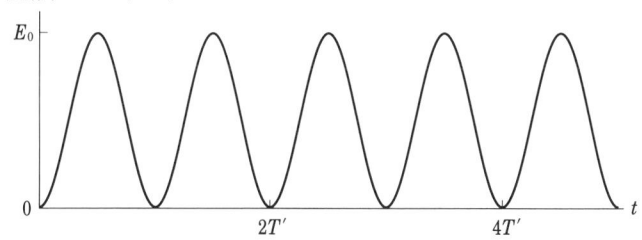

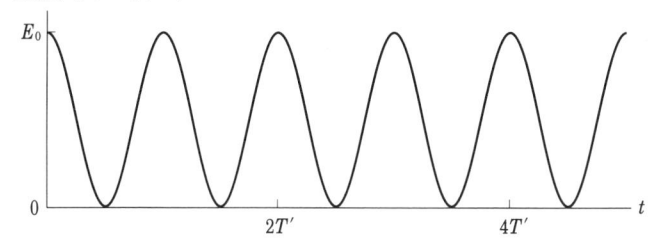

図 5.17

学的エネルギーの式 (1.38) で表せるから，ある時刻 t' の後の (短い) 適当な長さの時間では，2 つの調和振動子のエネルギーを，

$$\left.\begin{array}{l} E_1(t') = \dfrac{kU_0^2}{2} \cos^2\left(\dfrac{k'}{2k}\omega_1 t'\right) = \dfrac{kU_0^2}{2}\left[1 + \cos\left(\dfrac{k'}{k}\omega_1 t'\right)\right] \\[2mm] E_2(t') = \dfrac{kU_0^2}{2} \sin^2\left(\dfrac{k'}{2k}\omega_1 t'\right) = \dfrac{kU_0^2}{2}\left[1 - \cos\left(\dfrac{k'}{k}\omega_1 t'\right)\right] \end{array}\right\}$$

(5.28)

で表せる．それぞれの時間変化を図 5.17 に示す．ここで t' は厳密に時刻を表すというよりは，T に比べれば大きく，T' よりは小さい幅をもった時間間隔を代表する変数である．(5.28) は，2 個の調和振動子は全体で $E_0 = kU_0^2/2$ のエネルギーをやりとりし合っていて，その周期 $T' = (2\pi/\omega_1)(k/k')$ は調和振動子間の相互作用の強さを特徴づける定数 k'/k に反比例することを示している．

§5.6 基準座標*

この節では基準振動を表す変数 z_1, z_2 の導入を見直して，より一般的な場合への橋渡しをする．運動方程式 (5.2) の両辺同士の和と差をとり，(5.9), (5.11) の ω_1, ω_2 を使って表すと，それぞれ，

$$m\frac{d^2[u_1(t) + u_2(t)]}{dt^2} = -m\omega_1^2[u_1(t) + u_2(t)]$$

$$m\frac{d^2[-u_1(t) + u_2(t)]}{dt^2} = -m\omega_2^2[-u_1(t) + u_2(t)]$$

となる．ここで (5.20) で定義した $z_1(t)$, $z_2(t)$ を使うと，

$$\left.\begin{array}{l} m\dfrac{d^2 z_1(t)}{dt^2} = -m\omega_1^2 z_1(t) \\[2mm] m\dfrac{d^2 z_2(t)}{dt^2} = -m_2^2 z_2(t) \end{array}\right\}$$

(5.29)

となって，解は角振動数 ω_1, ω_2 の単振動の式

$$z_1(t) = Z_1 \cos(\omega_1 t + \alpha_1), \qquad z_2(t) = Z_2 \cos(\omega_2 t + \alpha_2) \quad (5.30)$$

§5.6 基準座標　141

になる．ここで Z_1, Z_2, α_1, α_2 は任意定数である．

このように基準振動を表す変数が先に与えられれば，各質点の変位は，(5.20) を逆に解いて

$$u_1(t) = \frac{1}{\sqrt{2}} z_1(t) - \frac{1}{\sqrt{2}} z_2(t)$$

$$= \frac{Z_1}{\sqrt{2}} \cos(\omega_1 t + \alpha_1) - \frac{Z_2}{\sqrt{2}} \cos(\omega_2 t + \alpha_2) \quad (5.31)$$

$$u_2(t) = \frac{1}{\sqrt{2}} z_1(t) + \frac{1}{\sqrt{2}} z_2(t)$$

$$= \frac{Z_1}{\sqrt{2}} \cos(\omega_1 t + \alpha_1) + \frac{Z_2}{\sqrt{2}} \cos(\omega_2 t + \alpha_2) \quad (5.32)$$

と表すことができる．

$z_1(t)$, $z_2(t)$ のように，連成系全体に注目してその基準振動を表す変数が，(5.20) で導入した基準座標である．これまでにみたように，基準座標を使うと連成系の振動をより簡単に扱うことができる．さらに基準座標による表現は自由度が3以上の系を扱うときに，より威力を発揮する．しかし，(5.20) から出発した，§5.3 の議論は天下り的であった．そこで，基準座標を与える式 (5.20) の根拠を示して，自由度が3以上の一般の連成系で基準座標を見つける方法の糸口を示そう．

図 5.4 の模型の自由度は2だから，ある瞬間 t における変位の状態を表す変数は2個ある．一番単純な選び方は各質点の変位 $u_1(t)$ と $u_2(t)$ をとることである．このとき，図 5.18 のように，平面上に直交軸をとれば，$(u_1(t),$

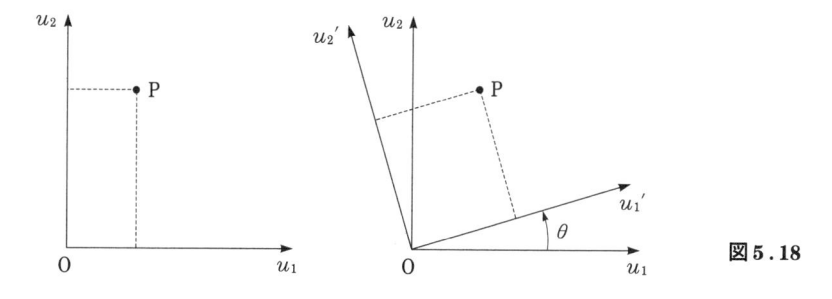

図 5.18

$u_2(t)$)を座標とする点 P が変位の状態に対応する．しかし，(u_1, u_2) だけが点 P の位置を表す方法ではない．§3.6 では，$x(t)$, $y(t)$ から $x'(t)$, $y'(t)$ へ座標軸を回転して，運動方程式が一方の座標 x' あるいは y' だけの関係であるようにすると，2 次元調和振動子の問題が簡単になることを示した．ここでも座標軸の回転によって，別の変数 $u_1'(t)$, $u_2'(t)$ に移り，運動方程式 (5.2) を一方の変数だけが現れる形

$$m\frac{d^2 u_1'(t)}{dt^2} = \lambda_1 u_1'(t), \qquad m\frac{d^2 u_2'(t)}{dt_2} = \lambda_2 u_2'(t)$$

に変えれば，$u_1'(t)$, $u_2'(t)$ はそれぞれ独立の単振動を表すことになる．これが基準座標 $z_1(t)$, $z_2(t)$ にほかならない．(5.20) をみると，右辺の係数は $1/\sqrt{2}\, (=\tan \pi/4)$，あるいは $-1/\sqrt{2}$ で，このときの座標軸の回転角は $\pi/4$ である．この変換によって，位置エネルギーの式 (5.23) が座標の積 $u_1'(t)$, $u_2'(t)$ の項のない形になることも，§3.6 でみた通りである．

上で述べたことを数式で表すために，運動方程式 (5.2) を行列の形

$$m\begin{pmatrix} \dfrac{du_1(t)}{dt} \\ \dfrac{du_2(t)}{dt} \end{pmatrix} = K \begin{pmatrix} u_1(t) \\ u_2(t) \end{pmatrix} \qquad (5.33)$$

にする．ここで，K はばね定数のつくる対称行列

$$K = \begin{pmatrix} -(k+k') & k' \\ k' & -(k+k') \end{pmatrix} \qquad (5.34)$$

である．一般に，u_1-u_2 軸から角度 θ だけ回転した u_1'-u_2' 軸をとれば，同じ状態は別の変数

$$\begin{pmatrix} u_1'(t) \\ u_2'(t) \end{pmatrix} = \begin{pmatrix} u_1(t)\cos\theta + u_2(t)\sin\theta \\ -u_1(t)\sin\theta + u_2(t)\cos\theta \end{pmatrix} = R \begin{pmatrix} u_1(t) \\ u_2(t) \end{pmatrix}$$

$$(5.35)$$

で表される．なお，

$$R = \begin{pmatrix} \cos\theta & \sin\theta \\ -\sin\theta & \cos\theta \end{pmatrix} \tag{5.36}$$

は，座標変換の行列である．

$u_1(t)$, $u_2(t)$ から $u_1{}'(t)$, $u_2{}'(t)$ への変換を与えるのは R の逆行列 R^{-1} であるが，線形代数で学んだように，R^{-1} は R の転置行列

$$^{\mathrm{t}}R = \begin{pmatrix} \cos\theta & -\sin\theta \\ \sin\theta & \cos\theta \end{pmatrix} \tag{5.37}$$

に等しい．したがって，$u_1{}'(t)$, $u_2{}'(t)$ で表した運動方程式は

$$m\begin{pmatrix} \dfrac{du_1{}'(t)}{dt} \\ \dfrac{du_2{}'(t)}{dt} \end{pmatrix} = R\begin{pmatrix} \dfrac{du_1(t)}{dt} \\ \dfrac{du_2(t)}{dt} \end{pmatrix} = RK(^{\mathrm{t}}RR)\begin{pmatrix} u_1(t) \\ u_2(t) \end{pmatrix} = RK^{\mathrm{t}}R\begin{pmatrix} u_1{}'(t) \\ u_2{}'(t) \end{pmatrix} \tag{5.38}$$

となる．この方程式の係数の行列を具体的に表すと，

$$K' = RK^{\mathrm{t}}R = \begin{pmatrix} -k - k'(1-\sin 2\theta) & k'\cos 2\theta \\ k'\cos 2\theta & -k - k'(1+\sin 2\theta) \end{pmatrix}$$

である．θ をうまく選んで K' を対角行列にすれば，(5.38) は $u_1{}'(t)$ と $u_2{}'(t)$ が分離した形

$$m\begin{pmatrix} \dfrac{du_1{}'(t)}{dt} \\ \dfrac{du_2{}'(t)}{dt} \end{pmatrix} = \begin{pmatrix} \lambda_1 & 0 \\ 0 & \lambda_2 \end{pmatrix} = \begin{pmatrix} u_1{}'(t) \\ u_2{}'(t) \end{pmatrix} \tag{5.39}$$

となる．このときの $u_1{}'(t)$ と $u_2{}'(t)$ が基準座標であり，基準振動の角振動数は

$$\omega = \sqrt{-\frac{\lambda_1}{m}},\quad \sqrt{-\frac{\lambda_2}{m}} \tag{5.40}$$

で求められる．

こうして，問題は線形代数で学んだ K の (大きさ 1 の) 固有ベクトル

144 5. 連成振動

$$v_1 = (\cos\theta, \sin\theta) \quad \text{あるいは} \quad v_2 = (-\sin\theta, \cos\theta) \quad (5.41)$$

と，固有値 λ_1, λ_2 を求めることに帰着する．いまの場合には，解は $\theta = \pi/4$（あるいは $3\pi/4$）に対応し，

(1) 固有値 $\lambda_1 = -m\omega_1^2 = -k$, 大きさ1の固有ベクトル $v^{(1)} = (1/\sqrt{2}, 1/\sqrt{2})$ に対して，

基準角振動数 $\omega_1 = \sqrt{\dfrac{k}{m}}$, 　基準座標 $z_1(t) = \dfrac{1}{\sqrt{2}}[u_1(t) + u_2(t)]$

(2) 固有値 $\lambda_2 = -m\omega_2^2 = -k - 2k'$, 大きさ1の固有ベクトル $v^{(2)} = (-1/\sqrt{2}, 1/\sqrt{2})$ に対して，

基準角振動数 $\omega_2 = \sqrt{\dfrac{k + 2k'}{m}}$, 　基準座標 $z_2(t) = \dfrac{1}{\sqrt{2}}[-u_1(t) + u_2(t)]$

である．これらは (5.9)～(5.12) に他ならない．解が $\theta = \pi/4$ となったのは，作用を及ぼし合っている調和振動子 A, B が同じであり，u_1 軸，u_2 軸を入れかえても，連成系の性質が変わらないことを反映している．この変換で運動エネルギー K, 位置エネルギー V は

$$K = \frac{m}{2}\left[\frac{du_1(t)}{dt}\right]^2 + \frac{m}{2}\left[\frac{du_2(t)}{dt}\right]^2 = \frac{m}{2}\left[\frac{dz_1(t)}{dt}\right]^2 + \frac{m}{2}\left[\frac{dz_2(t)}{dt}\right]^2 \quad (5.42)$$

$$V = \frac{m\omega_1^2 z_1^2(t)}{2} + \frac{m\omega_2^2 z_2^2(t)}{2} \quad (5.43)$$

となって，それぞれ形を変えないか，単純な形になる．すなわち，基準座標への変換を見つけることは，ばね定数の行列 (5.34) の主軸を求めるという線形代数の問題である．

質点とばねが3個以上の場合でも，位置エネルギーは変位の2次同次式で表され，その係数は対称行列をつくる．そこで上で述べた方法によって基準座標と基準振動数を求めることができる．

一般の場合には，質量 m_1, m_2, ばね定数 k_1, k_2 が異なるから，計算はずっと複雑になるが，基本方針に変わりはない．座標変換の角度 θ は $\pi/4$ で

はなくて，系の性質に応じてさまざまの値をとる．具体的な取扱いはより進んだ本に譲り，関心のある読者の自習を期待する．

[例題 5.5] 図 5.19(a) のように，一直線上に並んだ 3 個の質点 (質量 m) と 2 個のばね (ばね定数 k) の系の基準振動の角振動数と基準座標を求めよ．

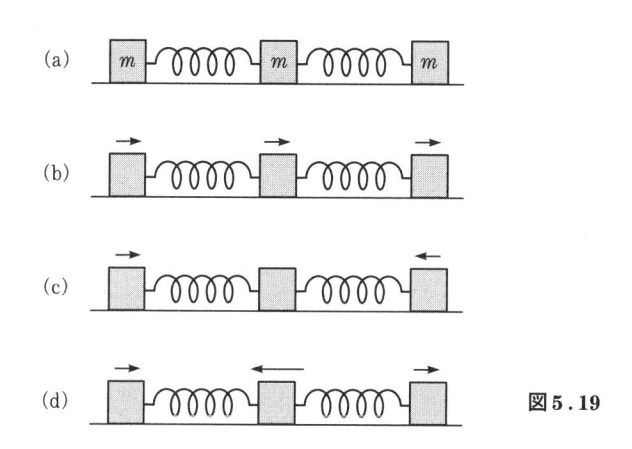

(a) [図: m—ばね—m—ばね—m]

(b) [図: 3質点すべて右向き矢印]

(c) [図: 左の質点右向き，中央静止，右の質点左向き]

(d) [図: 左右の質点右向き，中央左向き]

図 5.19

[解] それぞれの質点を図の左から 1, 2, 3 と名付け，それらの変位を $u_1(t)$, $u_2(t)$, $u_3(t)$ とすれば，運動方程式は

$$m\frac{d^2 u_1(t)}{dt^2} = -k\, u_1(t) + k\, u_2(t)$$

$$m\frac{d^2 u_2(t)}{dt^2} = k\, u_1(t) - 2k\, u_2(t) + k\, u_3(t)$$

$$m\frac{d^2 u_3(t)}{dt^2} = k\, u_2(t) - k\, u_3(t)$$

である．$\omega_0{}^2 = k/m$ とすると，基準振動を決める行列は

$$\begin{pmatrix} -k & k & 0 \\ k & -2k & k \\ 0 & k & -k \end{pmatrix} = m \begin{pmatrix} -\omega_0{}^2 & \omega_0{}^2 & 0 \\ \omega_0{}^2 & -2\omega_0{}^2 & \omega_0{}^2 \\ 0 & \omega_0{}^2 & -\omega_0{}^2 \end{pmatrix}$$

となる．固有方程式は

$$\begin{pmatrix} -m\omega_0^2 - \lambda & m\omega_0^2 & 0 \\ m\omega_0^2 & -2m\omega_0^2 - \lambda & m\omega_0^2 \\ 0 & m\omega_0^2 & -m\omega_0^2 - \lambda \end{pmatrix} = -\lambda(\lambda + m\omega_0^2)(\lambda + 3m\omega_0^2) = 0$$

で,固有値は $\lambda = 0,\ -m\omega_0^2,\ -3m\omega_0^2$ である.それぞれに対応する固有ベクトル $\boldsymbol{v} = (v_1,\ v_2,\ v_3)$ は,例えば

$$(-m\omega_0^2 - \lambda)v_1 + m\omega_0^2 v_2 = 0, \qquad m\omega_0^2 v_1 + (-2m\omega_0^2 - \lambda)v_2 + m\omega_0^2 v_3 = 0$$

で決まり,結果は次のようになる.

(1) $\lambda = 0$,すなわち基準角振動数 $\omega = 0$ に対して,$v_1 = v_2 = v_3$.したがって,大きさ 1 の固有ベクトルは $\boldsymbol{v}^{(1)} = (1/\sqrt{3},\ 1/\sqrt{3},\ 1/\sqrt{3})$.

(2) $\lambda = -m\omega_0^2$,すなわち $\omega = \omega_0$ に対して,$v_1 = -v_3,\ v_2 = 0$.したがって,大きさ 1 の固有ベクトルは $\boldsymbol{v}^{(2)} = (1/\sqrt{2},\ 0,\ -1/\sqrt{2})$.

(3) $\lambda = -3m\omega_0^2$,すなわち $\omega = \sqrt{3}\omega_0$ に対して,$v_1 = -v_2/2 = v_3$.したがって,大きさ 1 の固有ベクトルは $\boldsymbol{v}^{(3)} = (1/\sqrt{6},\ -2/\sqrt{6},\ 1/\sqrt{6})$.

それぞれの振動を表す基準座標は

$$z_1(t) = \frac{1}{\sqrt{3}}[u_1(t) + u_2(t) + u_3(t)]$$

$$z_2(t) = \frac{1}{\sqrt{2}}[u_1(t) - u_3(t)]$$

$$z_3(t) = \frac{1}{\sqrt{6}}[u_1(t) - 2u_2(t) + u_3(t)]$$

である.これらの基準振動の形を図 5.19(b)〜(d) に示す.

基準振動 (1) では全質点がそろって同じ変位をする.このとき,系は剛体として振舞い,重心が移動する.どの質点も壁などの固定した物体と結び付けられていないから,このモードでは復元力がはたらかない.したがって,その角振動数はゼロである.線形代数で学んだように異なる固有値に属する固有ベクトルは直交するから,これ以外の基準振動 (2) と (3) のモードでは $v_1 + v_2 + v_3 = 0$ で,系の重心は動かない.このことは $\boldsymbol{v}^{(2)},\ \boldsymbol{v}^{(3)}$ の形からすぐに確かめられる.

なお,以上の結果で変位 $u_1(t),\ u_2(t),\ u_3(t)$ をコンデンサーの電荷 $q_1(t),\ q_2(t),\ q_3(t)$ におきかえれば,[例題 5.3] の別解が得られる.詳しい検討は読者の演習に

任せる．

演習問題

おもりは質点とし，糸，ばねの質量は無視する．

[1] 図のように糸の長さ 1m の振り子 2 個が軽いばねで結び付けられている．以下で，おもりの運動はこの図の平面の中だけで起こるものとする．一方のおもり A を固定して，もう一方のおもり B に振幅の小さい振動をさせたところ，その周期が 1.5 s であった．

(1) A, B 両方に振動をさせたとき，基準振動の角振動数を求めよ．

(2) B を固定し，A をつり合いの位置から離した状態で，両方のおもりを静かに放す．この後の運動で，B の振幅が最大になってから，次に最大になるまでの時間はいくらか．

[2] ばね定数 k のばね 2 個と質量 m の 2 個のおもりを図のようにつないで，鉛直に吊るす．この系の基準振動と基準角振動数を求めよ．

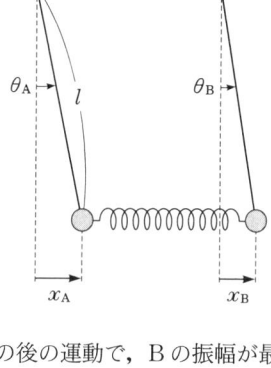

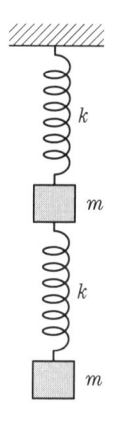

[3] (1) 図の回路で起こる電気振動のモードとその角振動数を求めよ．

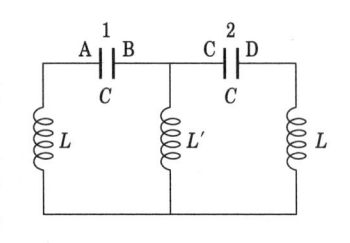

(2) 始めに左側のコンデンサーの電荷 $q_1(0) = (q_A = -q_B =)q_0$，右側のコンデンサーの電荷 $q_2(0) = 0$，各コイルの流れる電流 $= 0$ の状態から出発するとき，2個のコンデンサーの電気エネルギーの変化の様子を略図で示せ．

[4]* 粘性抵抗力の係数 b のダッシュポット，質量 m のおもり2個，ばね定数 k のばね2個，および固定した壁を図のように接続し，ダッシュポットの一方を振幅 Y_0，角振動数 ω で振動させる．このとき，2個の質点の定常的な運動を調べよ．

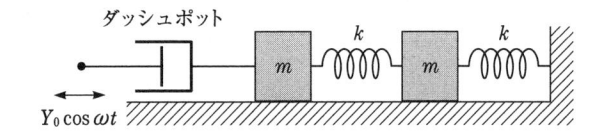

6 連続的な物体の振動

2個の調和振動子の場合には，個々の調和振動子の運動ではなく，それらが結合した基準振動に注目することによって，問題を簡単にすることができた．このことは多数の調和振動子からできている連成系ではさらにはっきりと現れて，1個1個の調和振動子に注目するよりも系全体の行う基準振動が より現実的な意味をもってくる．本章では，まず N 個の質点をばねで鎖状につないだ模型によって，多くの自由度をもつ系の基準振動の扱い方を説明する．さらにそれを応用して，連続的な物体の代表的な例である，弾性体の棒の振動を議論する．

§6.1 弦や棒の基準振動

まず始めに，両端を固定してまっすぐに張った弦の振動の様子を実際にみてみよう．図6.1(高等学校「物理 I」(三省堂)より転載)のように，定常状態での弦の瞬間の形は，いろいろな正弦曲線で表される．どの形になるかは，始めに弦に変位を与える条件によって決まる．どの場合にも，弦

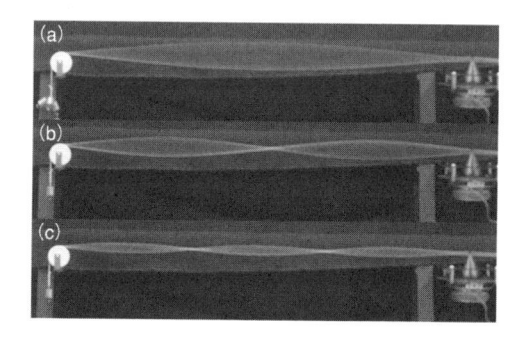

図6.1

の各部分は同じ角振動数,同じ位相で単振動をするが,常に静止している位置である「節」と,振幅最大の位置である「腹」の数は図の (a), (b), (c), … の順に増加している.また,角振動数も同じ順序で増加する.短い時間をとって,減衰をひとまず無視すると,その間にこれらの振動の形は変化しない.さらに§3.7のフーリエ展開の考え方によると,もっと複雑な振動もこれらの振動の重ね合わせで表せる.

表面をきれいにして油脂等の皮膜を除いたガラス,金属の棒や管の表面を,よく洗った指で長さ方向に沿って強くこすると,特定の振動数の成分を多く含む音が発生する.このときは棒の各部分が長さ方向に沿って単振動をしている.この振動の様子を目で見ることは難しいが,音の高さから,図6.2のようないろいろな形の振動が可能である

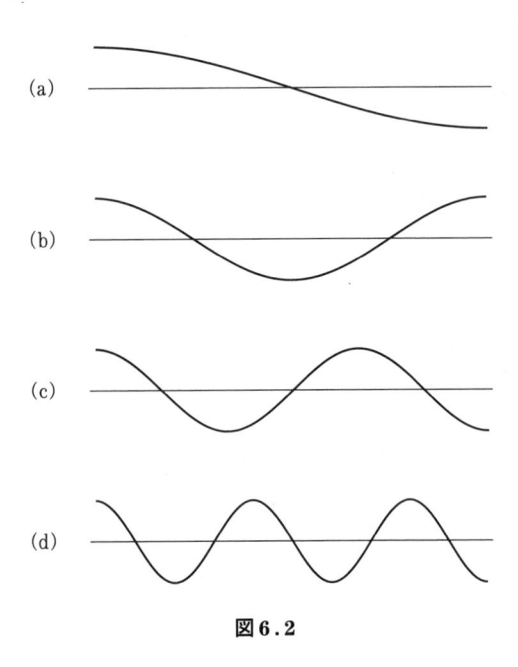

図 6.2

ことがわかる.この図では横軸に棒の各点の位置,縦軸にその点での振幅をとっている.なお,このような長さ方向の振動を一般に**縦振動**,また先に挙げた弦の振動のように長さ方向に垂直に変位が起こる振動を**横振動**とよぶ.

図6.1および図6.2の振動は,
- (1) 系の各部分が同じ角振動数,同じ位相の単振動をしている
- (2) 減衰が無視できれば,いつまでも同じ形の振動を続ける
- (3) 任意の振動がこれらの重ね合わせで表される

という性質をもっている．これらは，前章で調べた $N=2$ の場合の基準振動と共通の性質である．しかも弦の両端が固定されている，あるいは棒の両端の点は自由に振動できる，などの端の点での条件を考えると，系全体の振動として直観的にわかりやすい形をしている．

このように自由度が非常に大きい場合 $(N \to \infty)$ には，基準振動は系全体の運動の自然な見方になっている．しかし，これらを数式で定量的に扱うことは後まわしにして，上でみた特徴を念頭におきながら，$N=2,3,4,\cdots$ の場合から順に自由度のより大きい系の振動に進むことにする．

§6.2 おもりとばねの列 ー振動モードー

まず単純な例として，図 6.3 のように質量 m の質点 $1, 2, 3, \cdots, N$ が自然長 a，ばね定数 k のばねでつながれている系をとり上げる．このモデルは，多くのより具体的な問題に当てはめることができる．例えば固体の結晶の中では，整然と並んだ原子が互いに力を及ぼし合っていて，それぞれつり合いの位置の周りで振動している．この振動の性質は固体の熱的性質，電気的性質

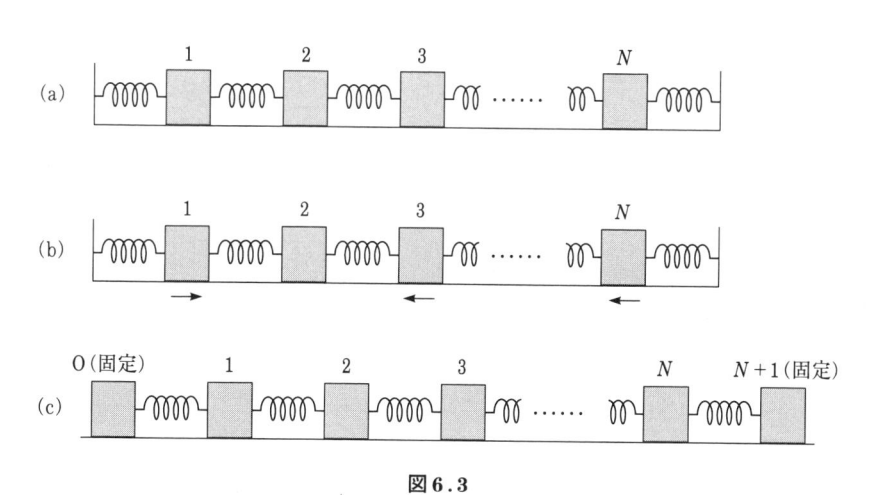

図 6.3

を取扱うときの基礎になるが,図6.3はこの原子の振動についての最も簡単な模型になっている.

当面,両端の質点1とNは同じばね定数kのばねでそれぞれ固定した壁に結び付けられているとする.各質点が長さ方向に振動するとき,その様子は図の(b)のようになる.$N=2$の場合にならって,j番目の質点のつり合いの位置からの変位を$u_j(t)$,また§5.2と同じようにj番目のばねが(その左側にある)$j-1$番目の質点におよぼす力($=-$(j番目の質点(右側)に及ぼす力))を$f_j(t)$とすると,

$$f_1(t) = + k\, u_1(t) \tag{6.1}$$
$$f_j(t) = k\, u_j(t) - k\, u_{j-1}(t) \quad (j=1,2,3,\cdots,N-1) \tag{6.2}$$
$$f_{N+1}(t) = - k\, u_N(t) \tag{6.3}$$

である.ここでu, fの符号は$+x$(右)向きをプラス(正)とする.各質点ごとに運動方程式をつくると,

$$m\frac{d^2 u_1(t)}{dt^2} = -f_1(t) + f_2(t) = -2k\, u_1(t) + k\, u_2(t)$$

$$m\frac{d^2 u_j(t)}{dt^2} = -f_j(t) + f_{j+1}(t) = k\, u_{j-1}(t) - 2k\, u_j(t) + k\, u_{j+1}(t)$$

$$(j=2,3,\cdots,N)$$

$$m\frac{d^2 u_N(t)}{dt^2} = -f_N(t) + f_{N+1}(t) = k\, u_{N-1}(t) - 2k\, u_N(t)$$

$$\tag{6.4}$$

となる.

各質点が同じ角振動数ω,同じ位相で単振動をするという基準振動の基本的な性質によって,質点jの変位を表す式は,複素表示で

$$u_{jc}(t) = U_j(\omega)\, e^{i\omega t} \tag{6.5}$$

となり,複素振幅$U_j(\omega)$の位相はjによらず一定の値αをとる.ここで時間の原点$t=0$を適当に選べば,初期位相$\alpha=0$とすることができて,

$U_j(\omega)$ は実数になり，そのまま j 番目の質点の振幅を表す．(6.5) を (6.4) に代入して整理すると，$U_j(\omega)$ (の比) を決める関係式は

$$U_{j-1}(\omega) - \left(2 - \frac{m\omega^2}{k}\right) U_j(\omega) + U_{j+1}(\omega) = 0 \qquad (j = 1, 2, 3, \cdots, N)$$
(6.6)

となる．ただし，仮想的に 0 番目，$N+1$ 番目の質点が両端に固定されていると考えて (図 6.3(c))

$$U_0(\omega) = 0 \tag{6.7}$$
$$U_{N+1}(\omega) = 0 \tag{6.8}$$

とする．

前章の $N = 2$ の場合と同じように，$U_j(\omega)$ $(j = 0, 1, 2, \cdots, N+1)$ についての連立 1 次方程式 (6.6) 〜 (6.8) が $U_j(\omega) = 0$ 以外の解をもつのは，ω が特別な値をとる場合で，そのとき各質点の $U_j(\omega)$ の比が基準振動モードを与える．§5.6 の議論によると，これは (6.6) 〜 (6.8) の係数の行列の固有ベクトルと固有値を求めることに帰着するが，N が一般の場合に真正面から扱うのは難しい．しかし，まっすぐに張った弦の振動 (図 6.1) から類推すると，N が非常に大きいときに，基準振動の形は質点のつり合いの位置 $x_j = ja$ に対して正弦関数の形 (後出の図 6.5 参照) になるはずである．そこで (6.6) の解が

$$U_j(q) = U_j(\omega) = U_0 \sin q(ja) \tag{6.9}$$

で表せると仮定する．複素振幅 $U_j(q)$ は質点のつり合いの位置 x_j とともに変化し，その形を表す量が q である．すぐ後で示すように，q と ω の間には一定の関係が成り立つ．そこで，ω の代わりに q をパラメータにして，$U_j(q)$ という記号を使うことにする．(6.9) を正弦関数にとったことで，左側の端の点 $(x = 0)$ での条件 (6.7) は自動的に満たされる．また，$(N+1) aq = n\pi$，すなわち

6. 連続的な物体の振動

$$q_n = \frac{n\pi}{(N+1)a} \quad (n=1,2,3,\cdots) \tag{6.10}$$

を付け加えれば，右端 $(x=L=(N+1)a)$ の条件 (6.8) も満足される．(6.6) に (6.9) を代入すると，

$$U_{j-1}(q) - \left(2 - \frac{m\omega^2}{k}\right) U_j(q) + U_{j+1}(q)$$
$$= -2U_0 \sin q(ia) \left(1 - \cos qa - \frac{m\omega^2}{2k}\right)$$
$$= -U_j(q) \left(2\sin^2 \frac{q_n a}{2} - \frac{m\omega^2}{2k}\right) = 0$$

となる．これが $U_j(q) = 0$ でない解をもつためには，( ) の中の部分がゼロにならなければならない．

こうして，基準振動を指定するパラメータ q は，(6.10) で与えられるとびとびの値 q_n をとり，角振動数との間に

$$\omega_n = 2\sqrt{\frac{m}{k}} \left|\sin \frac{q_n a}{2}\right| \tag{6.11}$$

の関係がある．

q を連続的な独立変数と考えると，図 6.4 に示すように，ω は周期 $2\pi/a$ の周期関数になる．ここで，$\omega_0 = \sqrt{k/m}$ である．p を整数として，同じ角振動数 ω_n に対応する，異なる q の値（例えば，$p=1$ の場合を図の A と B

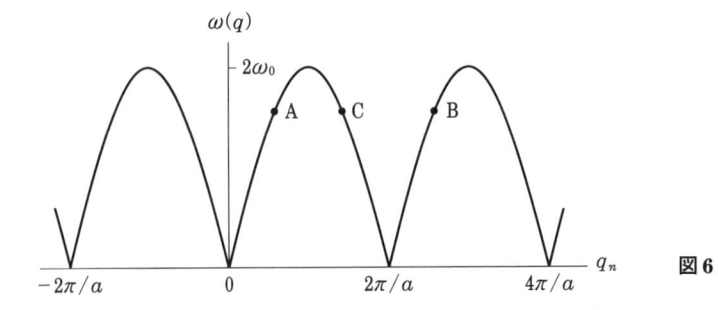

図 6.4

で示す）

$$
\left.\begin{array}{l}
q_n = \dfrac{n\pi}{(N+1)a} \\[6pt]
q_{n'} = \dfrac{n\pi}{(N+1)a} + p\dfrac{2\pi}{a} = \dfrac{[n+2p(N+1)]\pi}{(N+1)a}
\end{array}\right\} \quad (6.12)
$$

を考えると，$U_j(q_{n'}) = U_0 \sin[nj\pi/(N+1) + 2pj\pi] = U_j(q_n)$ だから，これらは全く同じ形の振動を表している．また，図 6.4 で $q = \pi/a$ に関して対称の位置にある

$$
q_{n''} = \dfrac{2\pi}{a} - \dfrac{n\pi}{(N+1)a} = \dfrac{[2(N+1)-n]\pi}{(N+1)a} \quad (6.13)
$$

を q_n と比べると（図のAとC），$\omega_{n''} = \omega_n$, $U_j(q_{n''}) = U_0 \sin[2j\pi - nj\pi/(N+1)] = -U_j(q_n)$ で，これも q_n に対応する振動と同じ形になる．結局，互いに異なる基準振動のモードは，(6.11) で $n = 1, 2, 3, \cdots, N$ に対応する N 種類で，$n = 1, 2, 3, \cdots, N$ で指定される．我々のモデルには N 個の質点があって，1方向の変位だけを考えているのだから，これは当然の結果である．

以上をまとめると，基準振動はとびとびのパラメータ $q_1, q_2, \cdots, q_n, \cdots, q_N$ で指定され，それに対する角振動数と，モードを表す各質点の振幅の列はそれぞれ

$$
\omega_n = \omega(q_n) = 2\sqrt{\dfrac{k}{m}} \left| \sin \dfrac{n\pi}{2(N+1)} \right| \quad (6.14)
$$

$$
\boldsymbol{U}_n = (U_1(q_n), U_2(q_n), \cdots, U_j(q_n), \cdots, U_N(q_n))
$$
$$
= \left(U_{0n} \sin \dfrac{n\pi}{N+1},\ U_{0n} \sin \dfrac{2n\pi}{N+1},\ \cdots,\ U_{0n} \sin \dfrac{jn\pi}{N+1},\ \cdots, \right.
$$
$$
\left. U_{0n} \sin \dfrac{Nn\pi}{N+1} \right)
$$
$$
(n = 1, 2, 3, \cdots, N) \quad (6.15)
$$

となる．n 番目のモードの大きさは共通の係数 U_{0n} で表される．なお，(5.33) と同様に考えると，$\boldsymbol{U}_n$ は縦ベクトルだが，ページ節約のために成分

156   6. 連続的な物体の振動

を横に並べて表す.

n 番目の基準振動で j 番目の質点の変位を表す式は

$$u_j^{(n)}(t) = U_{0n} \sin \frac{jn\pi}{N+1} \cos(\omega t + \alpha) \tag{6.16}$$

である.

モードを図示するには,図 6.5 のように $x_j = ja$ を横軸にして,(6.15) の各成分をヒストグラムで表せばよい.ここでは $N = 9$ の場合を図示した.ヒストグラムの頭を結ぶ曲線は正弦関数 $U_{0n} \sin q_n x_j$ の波の形になって,空

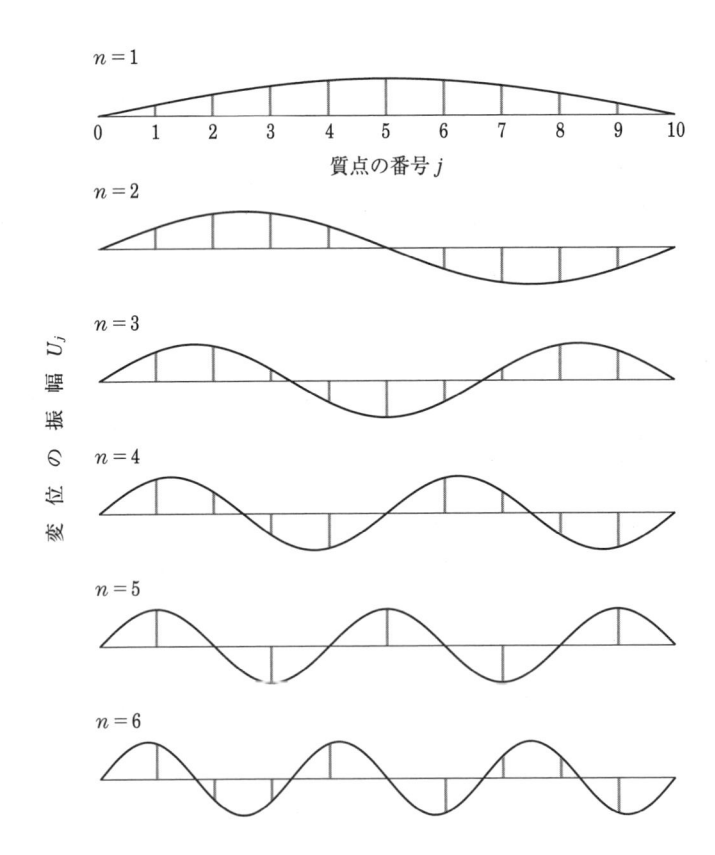

図 6.5

§6.3 おもりとばねの列 ―基準座標― 157

間的な繰り返しの周期すなわち波長は $2\pi/q_n$ である．(6.10) を

$$\frac{\pi}{q_n} = \frac{(N+1)a}{n} \quad (n = 1, 2, 3, \cdots, N)$$

と書き直せば，左辺は波長 λ_n の 1/2 倍だから，この関係は $\lambda_n/2$ の整数倍がちょうど全長 $(N+1)a$ になって，波の形が系の全長に一致するための条件になっている．

以上に示した基準振動の求め方からわかるように，一般に N 個の調和振動子が集まっていて，それらの間にばねの力のアナロジーで表される相互作用がはたらく系では，ちょうど N 個の異なる基準振動が現れる．

§6.3　おもりとばねの列　―基準座標―

次に，前節で述べた模型の基準座標を求めよう．結果は後出の (6.22) になる．ここでは §5.6 の方法によってこのことを示すが，数式による説明をとばして，(6.20)，(6.22) を天下りに受け入れてよい．

まず，振動モードを表すベクトル U_n の大きさを 1 に規格化する．そのために，三角関数の恒等式

$$\sin\frac{m\pi}{N+1}\sin\frac{n\pi}{N+1} + \sin\frac{2m\pi}{N+1}\sin\frac{2n\pi}{N+1} + \cdots$$
$$+ \sin\frac{jm\pi}{N+1}\sin\frac{jn\pi}{N+1} + \cdots + \sin\frac{Nm\pi}{N+1}\sin\frac{Nn\pi}{N+1}$$
$$= \begin{cases} \dfrac{N+1}{2} & (m = n) \\ 0 & (m \neq n) \end{cases}$$

(6.17)

を使うと，(6.15) で $U_{0n} = \sqrt{2/(N+1)}$ ととり

$$\boldsymbol{v}^{(n)} = (v_1^{(n)}, v_2^{(n)}, \cdots, v_j^{(n)}, \cdots, v_N^{(n)})$$
$$= \left(\sqrt{\frac{2}{N+1}}\sin\frac{n\pi}{N+1}, \sqrt{\frac{2}{N+1}}\sin\frac{2n\pi}{N+1}, \cdots,\right.$$

158   6. 連続的な物体の振動

$$\left. \sqrt{\frac{2}{N+1}}\sin\frac{jn\pi}{N+1}, \cdots, \sqrt{\frac{2}{N+1}}\sin\frac{Nn\pi}{N+1} \right)$$
$$(n = 1, 2, 3, \cdots, N) \quad (6.18)$$

とすれば,

$$\boldsymbol{v}^{(m)} \cdot \boldsymbol{v}^{(n)} = (v_1^{(m)}v_1^{(n)} + v_2^{(m)}v_2^{(n)} + \cdots + v_j^{(m)}v_j^{(n)} + \cdots + v_N^{(m)}v_N^{(n)})$$
$$= \begin{cases} 1 & (m = n) \\ 0 & (m \neq n) \end{cases} \quad (6.19)$$

が成り立つ. したがって, $\boldsymbol{v}^{(1)}, \boldsymbol{v}^{(2)}, \cdots, \boldsymbol{v}^{(N)}$ は n 次元空間で互いに直交する大きさ1のベクトルである. これらが $N = 2$ の場合における固有ベクトル (5.41) の一般化に当る.

例えば,1番目の基準振動 ($n = 1$, 角振動数 ω_1) だけが起こっていてその振幅が Z_1 であり,他の基準振動 ($n = 2, 3, \cdots, N$) の振幅がゼロのときには,各質点 $j = 1, 2, \cdots, N$ の振動は複素表示でそれぞれ

$$(Z_1 v_1^{(1)} e^{i\omega_1 t}, Z_1 v_2^{(1)} e^{i\omega_1 t}, \cdots, Z_1 v_j^{(1)} e^{i\omega_1 t}, \cdots, Z_1 v_N^{(1)} e^{i\omega_1 t})$$
$$= \left(\sqrt{\frac{2}{N+1}} \sin\left(\frac{\pi}{N+1}\right) Z_1 e^{i\omega_1 t}, \cdots, \sqrt{\frac{2}{N+1}} \sin\left(\frac{j\pi}{N+1}\right) Z_1 e^{i\omega_1 t}, \right.$$
$$\left. \cdots, \sqrt{\frac{2}{N+1}} \sin\left(\frac{N\pi}{N+1}\right) Z_1 e^{i\omega_1 t} \right)$$

である. すべての基準振動が起こっていて,振幅がそれぞれ $Z_1, Z_2, Z_3, \cdots, Z_N$ ならば,重ね合わせによって,j 番目の質点の変位は

$$u_{jc}(t) = \underbrace{v_j^{(1)} Z_1 e^{i\omega_1 t}}_{\text{1番目の基準振動}} + v_j^{(2)} Z_2 e^{i\omega_2 t} + \cdots + \underbrace{v_j^{(n)} Z_n e^{i\omega_n t}}_{n\text{番目の基準振動}} + \cdots + \underbrace{v_j^{(N)} Z_N e^{i\omega_N t}}_{N\text{番目の基準振動}}$$
$$= v_j^{(1)} z_1(t) + v_j^{(2)} z_2(t) + \cdots + v_j^{(n)} z_n(t) + \cdots + v_j^{(N)} z_N(t)$$
$$(j = 1, 2, \cdots, N) \quad (6.20)$$

で表される. ここで

$$z_n(t) = Z_n e^{i\omega_n t} \quad (n = 1, 2, \cdots, N) \quad (6.21)$$

とした. (6.20) の両辺に $v_j^{(m)} = \sqrt{2/(N+1)} \sin[jm\pi/(N+1)] \, (m = 1, 2, \cdots, N)$ を掛けて, $j \, (= 1, 2, \cdots, N)$ について足すと, $Z_n(t)$ の項の係数は

§6.3 おもりとばねの列 —基準座標— 159

$\sum_{j=1}^{N} v_j^{(m)} v_j^{(n)}$ となる．(6.19) によって，この和は $m=n$ のとき 1，それ以外のとき 0 である．したがって，

$$z_m(t) = v_1^{(m)} u_1(t) + v_2^{(m)} u_2(t) + \cdots + v_j^{(m)} u_j(t) + \cdots + v_N^{(m)} u_N(t)$$
$$(m=1,2,\cdots,N) \quad (6.22)$$

となる．

(6.20)，(6.22) はそれぞれ調和振動子が 2 個の場合の式 (5.31)，(5.32) あるいはそれらを逆に解いた (5.20) の一般化に当る．前章で基準座標 $z_1(t)$，$z_2(t)$ による見方と，個々の質点の変位 $u_1(t)$，$u_2(t)$ による見方とを座標軸の回転で結び付けた．同じように考えると，これらの式は N 次元空間での座標変換であり，

$$v_j^{(n)} = v_n^{(j)} = \sqrt{\frac{2}{N+1}} \sin\frac{jn\pi}{N+1} \quad (6.23)$$

は，質点 j の変位を表す座標 $u_j(t)$ に対応する方向と n 番目の基準座標 $z_n(t)$ に対応する方向との間の角の余弦である．

[**例題 6.1**] この節の結果を使って，調和振動子の数 N が 3 のとき $n=1,2,3,\cdots,7$ に対する基準振動数 ω_n と基準座標 $z_n(t)$ を求め，またモードを図示せよ．前節で述べたように，これらの基準振動には，同じものが複数回現れる．また，この問題は前節の [例題 5.5] で一度扱っている．

[**解**] 運動方程式から (6.9)，(6.10)，(6.11) に相当する式を導くことは省略して，これらの式を天下りで使う．$N=3$ とすると，

$n=1$ に対して，

$$aq_1 = \frac{\pi}{4}, \quad \omega = \omega_1 = \frac{\sqrt{2-\sqrt{2}}}{2}\sqrt{\frac{k}{m}} \approx 0.383\sqrt{\frac{k}{m}}$$

$$U_1(q_1) : U_2(q_1) : U_3(q_1) = \frac{1}{\sqrt{2}} : 1 : \frac{1}{\sqrt{2}}$$

$$z_1(t) = \frac{1}{4}[u_1(t) + \sqrt{2}\,u_2(t) + u_3(t)]$$

6. 連続的な物体の振動

$n=2$ に対して，

$$aq_2 = \frac{\pi}{2}, \qquad \omega = \omega_2 = \frac{\sqrt{2}}{2}\sqrt{\frac{k}{m}} \approx 0.707\sqrt{\frac{k}{m}}$$

$$U_1(q_1) : U_2(q_1) : U_3(q_1) = 1 : 0 : -1$$

$$z_2(t) = \frac{1}{\sqrt{2}}[u_1(t) - u_3(t)]$$

$n=3$ に対して，

$$aq_3 = \frac{3\pi}{4}, \qquad \omega = \omega_3 = \frac{\sqrt{2+\sqrt{2}}}{2}\sqrt{\frac{k}{m}} \approx 0.924\sqrt{\frac{k}{m}}$$

$$U_1(q_1) : U_2(q_1) : U_3(q_1) = \frac{1}{\sqrt{2}} : -1 : \frac{1}{\sqrt{2}}$$

$$z_3(t) = \frac{1}{4}[u_1(t) - \sqrt{2}\,u_2(t) + u_3(t)]$$

$n=4$ に対して，

$$aq_4 = \pi, \qquad U_1(q_4) = U_2(q_4) = U_3(q_4) = 0$$

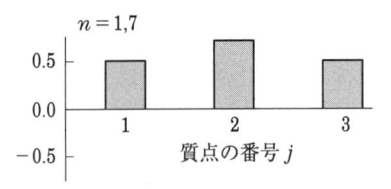

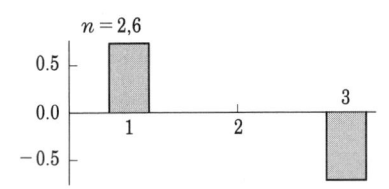

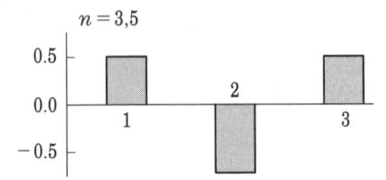

図 6.6

$n=5$ に対して,

$$aq_5 = \frac{5\pi}{4}, \qquad \omega = \omega_3, \qquad z_5(t) = -z_3(t)$$

$n=6$ に対して,

$$aq_6 = \frac{3\pi}{2}, \qquad \omega = \omega_2, \qquad z_6(t) = -z_2(t)$$

$n=7$ に対して,

$$aq_7 = \frac{7\pi}{4}, \qquad \omega = \omega_1, \qquad z_7(t) = -z_1(t)$$

である.つり合いの位置 x_i を横軸にした棒グラフでモードを示すと図 6.6 のようになり, $n=1$ と 7, 2 と 6, 3 と 5 の基準振動はそれぞれ一致する. $n=4$ では,すべての振幅がゼロで振動を表さない.

以上の議論にならって,図 6.3 の模型で両端の質点が壁などで固定されていない場合の基準振動を求めよう.この結果は,§6.5 で弾性体の棒の振動を考えるときに利用する.

前に扱った両端に壁のある場合とで異なる点は,両端の条件だけである.仮想的に 0 番目の質点,および $N+1$ 番目の質点とばねを考えると,両端でのばねの力と質点の変位の関係式は (6.1),(6.3) の代わりに $f_1(t) = k[u_1(t) - u_0(t)] = 0$, $f_{N+1}(t) = k[u_{N+1}(t) - u_N(t)] = 0$ だから,

$$u_0(t) = u_1(t), \qquad u_{N+1}(t) = u_N(t) \tag{6.24}$$

となる.各質点の運動方程式は両端固定のときと同じ形

$$m\frac{d^2 u_j(t)}{dt^2} = k\,u_{j-1}(t) - 2k\,u_j(t) + k\,u_{j+1}(t) \qquad (j=1,2,\cdots,N)$$

だから,変位はやはり (6.5) で表される. $U_j(q)$ を決める式は,(6.6) と端での条件 (6.24) による

$$U_0(q) = U_1(q) \tag{6.25}$$

$$U_{N+1}(q) = U_N(q) \tag{6.26}$$

である.(6.25),(6.26) を満たすためには,各質点の振幅 $U_j(\omega)$ をつない

だ曲線が質点 0 と 1, および質点 N と $N+1$ の中点で極大にならなければならない (図 6.7). この状況を弦で実現するのは難しいが, 図 6.2 の棒の振動から類推できるように

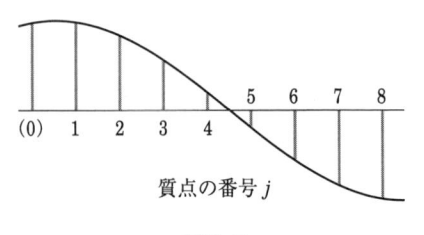

図 6.7

$$U_j(q) = U_0 \cos\left[q\left(ja - \frac{a}{2}\right)\right] \tag{6.27}$$

とおくと, (6.25) は自動的に満足される. また,

$$U_{N+1}(q) - U_N(q) = U_0\left\{\cos\left[\left(N+\frac{1}{2}\right)qa\right] - \cos\left[\left(N-\frac{1}{2}\right)qa\right]\right\}$$

$$= 2U_0 \sin(Nqa) \sin\left(\frac{qa}{2}\right)$$

$$= 0$$

だから, q がとびとびの値

$$q_n = \frac{n\pi}{Na} \quad (n = 0, 1, 2, \cdots) \tag{6.28}$$

をとれば (6.26) も成り立つ.

　結局, この問題の解は, 両端を固定した場合の結果で (6.9) の sin を cos におきかえ, (6.28) の条件を付けたものになる. (6.27) を (6.6) に代入すると, 角振動数 ω を決める関係式はやはり (6.11) となり, $n = 0, 1, \cdots, N-1$ だけが異なる基準振動を与える. n 番目の基準振動の角振動数は

$$\omega_n = \omega(q_n) = 2\sqrt{\frac{k}{m}} \left|\sin\frac{q_n a}{2}\right|$$

$$= 2\sqrt{\frac{k}{m}} \left|\sin\frac{n\pi}{2N}\right| \quad (n = 0, 1, 2, \cdots, N-1) \tag{6.29}$$

であり, そのモードを表す単位ベクトルは

§6.3 おもりとばねの列 —基準座標— 163

$$\boldsymbol{v}^{(n)} = (v_1^{(n)}, v_2^{(n)}, \cdots, v_j^{(n)}, \cdots, v_N^{(n)})$$
$$= \left(\sqrt{\frac{2}{N}}\cos\left(\frac{n\pi}{N}\frac{1}{2}\right), \sqrt{\frac{2}{N}}\cos\left(\frac{n\pi}{N}\frac{3}{2}\right), \cdots, \sqrt{\frac{2}{N}}\cos\left(\frac{n\pi}{N}\frac{2j-1}{2}\right),\right.$$
$$\left.\cdots, \sqrt{\frac{2}{N}}\cos\left(\frac{n\pi}{N}\frac{2N-1}{2}\right)\right)$$
$$(n = 0, 1, 2, \cdots, N-1) \quad (6.30)$$

である．$n = 0$ のモードではすべての質点がそろって変位し，ばねの伸び縮みは起こらない．したがって，その角振動数はゼロである．

いくつかのモードの略図を図 6.8 に示す．ここで $N = 10$ とした．

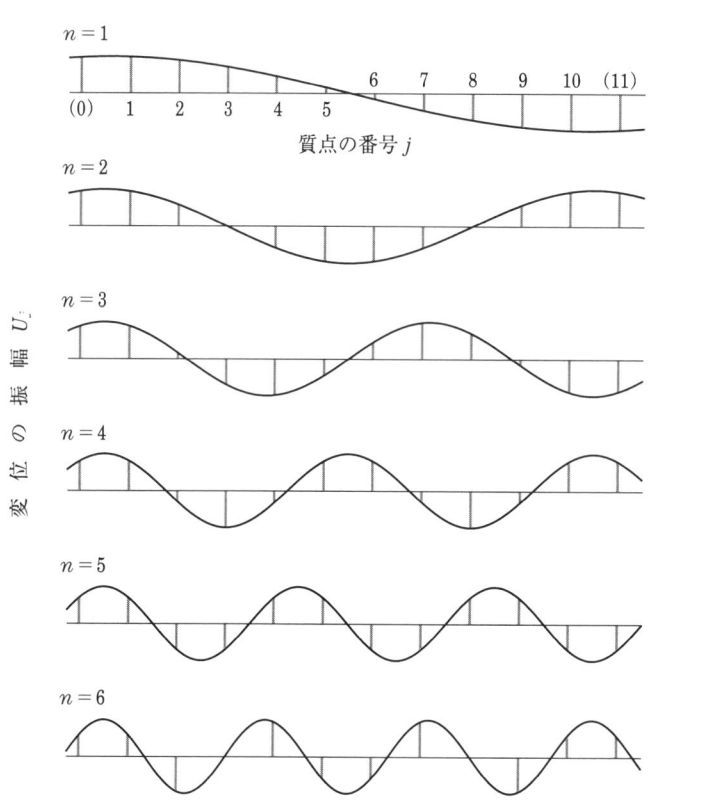

図 6.8

§6.4 連続的な媒質にはたらく力と変形

弦や棒のような巨視的な物体の振動は，図6.3の模型についての結果で N を非常に大きくした場合と考えられる．この考え方を進めるには，巨視的な物体にはたらく力と密度変化や変形との関係についての法則が必要である．この節では必要最小限の知識をまとめておく．

流体，すなわち気体と液体は一定の形をもたないから，密度 ρ と圧力 p，あるいはそれらの変化 $\Delta\rho$, Δp の関係だけが問題になる（図6.9(a)）．これを定量的に表すには，圧縮率

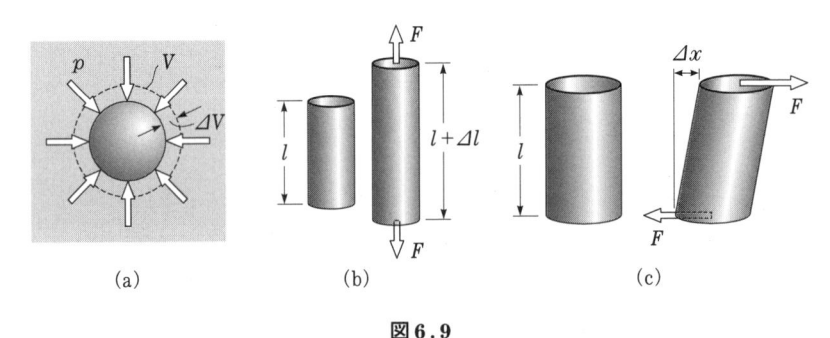

(a) (b) (c)

図 6.9

$$\kappa = \frac{1}{\rho}\frac{d\rho}{dp} \tag{6.31}$$

あるいは，その逆数である体積弾性率 $B = 1/\kappa$ で表す．流体の体積を V とすると，$V \propto 1/\rho$ だから，

$$\kappa = -\frac{dV}{dp}\frac{1}{V} \tag{6.32}$$

である．これを $(-\Delta V/V)/\Delta p$ と書きかえてみればわかるように，κ は圧力が単位の大きさだけ増加したときの体積の変化の割合を表している．

一般に，液体の圧縮率は小さい．例えば，室温における水の圧縮率は $0.45\,\mathrm{GPa^{-1}}$ である．また，広い範囲で圧力を変えると，圧力と液体の体積

の変化とは比例しない．上に挙げたのは，圧力が 1 気圧付近のときの値である．より高い圧力を加えるときの圧縮率は，これよりかなり小さい．一方，気体では κ は体積変化の過程による．理想気体で温度 T が一定という条件の下で変化が進行するときは，ボイル - シャルルの法則によって $V \propto T/p$ だから，

$$\kappa_{\text{等温}} = \frac{1}{p} \tag{6.33}$$

である．しかし，音の波など実際に気体中を伝わる波では変化が速く，むしろ断熱的に進行する．このときは気体の等圧比熱と等積比熱の比 γ を使うと $V \propto p^{-1/\gamma}$ の関係があるから，

$$\kappa_{\text{断熱}} = \frac{1}{\gamma p} \tag{6.34}$$

である．例えば，大気圧の空気 ($\gamma = 1.4$) では $\kappa_{\text{断熱}} \approx 0.71\,\mathrm{atm}^{-1} \approx 0.71 \times 10^4\,\mathrm{GPa}^{-1}$ となる．すなわち，圧力を急激に 0.1 気圧増加すると，体積が約 7 ％減少，あるいは密度が約 7 ％増加する．

気体の圧力，密度が平衡状態での値 p_0, ρ_0 の近くで，$p_0 + \Delta p, \rho_0 + \Delta \rho$ に変化したとすると，微小量の 1 次までとる近似で，

$$\kappa \approx \frac{1}{\rho_0 + \Delta \rho}\frac{\Delta \rho}{\Delta p} \approx \frac{1}{\rho_0}\frac{\Delta \rho}{\Delta p}$$

である．したがって，密度の変化と圧力の変化の関係は

$$\Delta \rho = \kappa \rho_0\, \Delta p = \frac{1}{B}\, \rho_0\, \Delta p \tag{6.35}$$

となる．密度の変化と圧力がこの関係を保ちながら進むのが，気体の中の音波である．

固体では形の変化が可能であり，この方が体積の変化よりも大きい．固体にはたらく力が小さく，その結果として変形も小さい場合，両者は比例し，力をとり除くと形は元に戻って変形がゼロになる．この性質を一般に**弾性**という．もっと大きい力を加えると，変形は力に比例しないし，力をとり除い

ても元の形には戻らない．これは針金を曲げたり，金属の板を折ったりして，日常経験することである．

まず，固体の棒にはたらく引っ張り力と伸びをとり上げる（図6.9(b)）．断面積Aの棒に引っ張り力Fを加えたとき，弾性によって長さがlから$l+\Delta l$に変化したとしよう．（圧縮のときも$F, \Delta l < 0$とすれば，同様に扱うことができる．）変形の割合を表す量は

$$\xi = \frac{\Delta l}{l} \tag{6.36}$$

である．ξを伸び変形という．棒の垂直断面ごとに単位面積当り$\sigma = F/A$の力がはたらいていて，それが伸びの原因になっていると考える．

一般に変形の割合を表す量，例えばξを**歪み**，またそれと関係している単位面積当りの力，例えば伸び変形の場合のσを一般に**応力**という．弾性変形の範囲では両者は比例し，比例定数（＝応力/歪み）を**弾性定数**とよぶ．特に，伸び変形についての比例関係は

$$\sigma = E\xi \tag{6.37}$$

となる．Eはとり上げている固体の力‐伸び特性を表す物質定数で，**ヤング率**とよばれる．慣例に従って，エネルギーと同じ記号Eを使う．その単位は応力の単位に等しく，[Pa]（パスカル）＝[N/m²]である．なお，一般には伸びと垂直な方向では長さの減少（縮み）が起こるが，ここでは無視する．普通の固体では，このほかに（等方的な）圧力と体積変化との関係を表す体積弾性率B，ずれとずれ応力（図6.9(c)）の関係を表す剛性率Gがある．前者の定義は流体の場合と同じである．金属材料では，E, G, Bはおおよそ$10^{10 \sim 11}$ Pa程度の値をとる．

[**例題6.2**] アルミニウムおよびある鋼材のヤング率はそれぞれ7.0×10^{10} Pa，21×10^{10} Paである．これらの材料でできた長さ1m，直径1mmの線がある．これを100 N（≈10 kg重）の力で引っ張ると，それぞれの伸

びはいくらになるか．

［解］ 本文中の記号を使うと，伸び Δl は Fl/EA に等しい．与えられた数値を代入すると

アルミニウム棒では $\Delta l = 1.8 \times 10^{-3}$ m,　　鋼棒では $\Delta l = 0.61 \times 10^{-3}$ m

である．

［**例題 6.3**］ （1） 図 6.3 の模型に両側から張力 F を加えるとき，その伸び変形はいくらか．

（2） 弾性体の棒を，図 6.10 のように薄い層に分け，おもりとばねで棒の質量と弾性を分担させれば，図 6.3 の模型でおきかえることができる．このとき棒のヤング率を，模型でのばねの長さ a，ばね定数 k および棒の断面積 A で表せ．

［解］（1） 張力 F によってばね 1 個の長さ a が Δa だけ伸びたとすると，$\Delta a = F/k$ である．したがって，伸び変形は $\xi = N\Delta a/Na = \Delta a/a = (1/ka)F$ となる．よって，力と伸び変形の比例定数は $e = ka$ である．

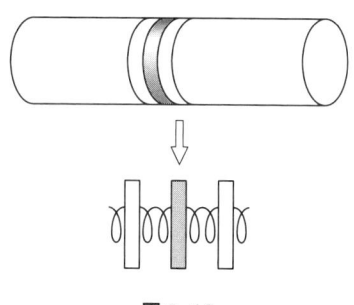

図 6.10

（2） 図 6.10 のように考えると，引っ張り応力 $\sigma = F/A$ だから，ヤング率は $E = \sigma/\xi = ka/A$ と表せる．これから，（1）の比例定数は $e = ka = EA$ となる．したがって，e は棒についての巨視的な実験からわかる量である．

§6.5 弾性体の棒の縦振動

図 6.3 の模型で N が非常に大きく，一方 a は非常に小さくなった場合，すなわち $N \to \infty$, $a \to 0$ で，かつ Na が有限の場合を考えよう．ただし，両端は束縛がなくて自由に動けるものとする．［例題 6.3］のように考えれば，これは弾性体の棒の振動（図 6.2）の簡単なモデルになる．

168　6. 連続的な物体の振動

$$\left(j-\frac{1}{2}\right)a \to x, \quad \frac{m}{a} \to \mu, \quad L=Na \qquad (6.38)$$

をそれぞれ，棒などの物体で一端から注目している部分までの距離，あるいはその座標，単位長さ当りの質量，およびばねの全長と考えることができる．図6.7によって，0番目と1番目，およびN番目と$N+1$番目の質点の中点を模型の実質的な端の点と考える．

　振動の様子は，棒の各点の変位$u(x,t)$，速度$v(x,t)=\partial u/\partial t$，またこの点で右側の部分が左側の部分におよぼす力$f(x,t)$などの量で表される．これらはそれぞれ図6.3の模型の$u_j(t), v_j(t), f_j(t)$に対応するが，今度は連続的な値をとる座標xの関数である．すなわち，棒がこれらの量の場になっていて，その振動を支配する法則は，場の量の関係式で表される．以下で，これらの関係を導こう．

　(6.38)の極限では

$$k[u_j(t)-u_{j-1}(t)]=ka\frac{[u_j(t)-u_{j-1}(t)]}{a} \to e\left(\frac{\partial u}{\partial x}\right)_x \qquad (6.39)$$

$$\frac{1}{m}[f_j(t)-f_{j-1}(t)]=\frac{a}{m}\frac{[f_j(t)-f_{j-1}(t)]}{a} \to \frac{1}{\mu}\left(\frac{\partial f}{\partial x}\right)_x \qquad (6.40)$$

である．ただし，(6.39)では［例題6.3］の結果$e=ka$を使った．ばねの力の式(6.2)および運動方程式(6.4)はそれぞれ

$$f(x,t)=e\left(\frac{\partial u}{\partial x}\right)_{x,t} \qquad (6.41)$$

$$\left(\frac{\partial^2 u}{\partial t^2}\right)_{x,t}=\frac{1}{\mu}\left(\frac{\partial f}{\partial x}\right)_{x,t} \qquad (6.42)$$

となる．なお，速度の場$v(x,t)=\partial u/\partial t$を使えば，これらの基本方程式はより対称的な形

$$\left(\frac{\partial f}{\partial t}\right)_{x,t} = e \left(\frac{\partial v}{\partial x}\right)_{x,t} \tag{6.43}$$

$$\left(\frac{\partial v}{\partial t}\right)_{x,t} = \frac{1}{\mu}\left(\frac{\partial f}{\partial x}\right)_{x,t} \tag{6.44}$$

になる．(6.41) と (6.43)，(6.42) と (6.44) がそれぞれ同じ関係を表すこれらの式では，両辺が位置 x と時刻 t の関数であることをはっきり示すために添字 x, t を付けたが，この後では省略することがある．

(6.5) に対応して，角振動数 ω の基準振動を表す式を，複素表示で

$$u_c(x, t) = U(x, q)\, e^{i\omega t} \tag{6.45}$$

$$f_c(x, t) = F(x, q)\, e^{i\omega t} \tag{6.46}$$

とし，さらに $U(x, q)$ は (6.27)，(6.28) で (6.38) の極限をとった形

$$U(x, q_n) = U_0 \cos q_n x \tag{6.47}$$

$$q_n = \frac{n\pi}{L} \quad (n = 0, 1, 2, 3, \cdots) \tag{6.48}$$

をしていて，波長はとびとびの値

$$\lambda_n = \frac{2\pi}{q_n} = \frac{2L}{n} \quad (n = 1, 2, 3, \cdots) \tag{6.49}$$

をとると仮定する．棒の各点は同じ位相の単振動をするから，(6.45) の定数 U_0 は実数とすることができる．$n=0$ のとき (6.47) は，すべての点で $U(x, 0) = U_0$ すなわち棒全体が U_0 だけ変位することを表すから，振動を表すのは $n = 1, 2, \cdots$ である．

ここで，$U(x, q), F(x, q)$ を求めるために，(6.41)，(6.42) に (6.45)〜(6.47) を代入すると，それぞれ

$$F(x, q)\, e^{i\omega t} = e\left(\frac{\partial U}{\partial x}\right) e^{i\omega t} = -(eqU_0 \sin qx)\, e^{i\omega t}$$

$$\therefore\quad F(x, \omega) = -eqU_0 \sin qx$$

$$\frac{1}{\mu}\left(\frac{\partial F}{\partial x}\right) e^{i\omega t} = \frac{\partial^2 (Ue^{i\omega t})}{\partial t^2} = -\omega^2\, U(x, q)\, e^{i\omega t}$$

170   6. 連続的な物体の振動

$$\therefore \quad \frac{\partial F}{\partial x} = -\mu\omega^2 U_0 \cos qx$$

となる．これらから $F(x, \omega)$ を消去すると，基準角振動数が求まって

$$\omega_n = \sqrt{\frac{e}{\mu}}\, q_n, \qquad q_n = n\frac{\pi}{L} \quad (n = 1, 2, 3, \cdots) \quad (6.50)$$

である．また，(6.47)，(6.48) の解は端の点 $x = 0, L$ での条件を満たす．

こうして基準振動の形と角振動数が求められた．角振動数が一番低いのは $n = 1$ の振動である．これを基本振動，その角振動数 ω_1 を基本角振動数とよぶ．とびとびの系でのヒストグラムによる表し方 (図 6.8) に対応するの

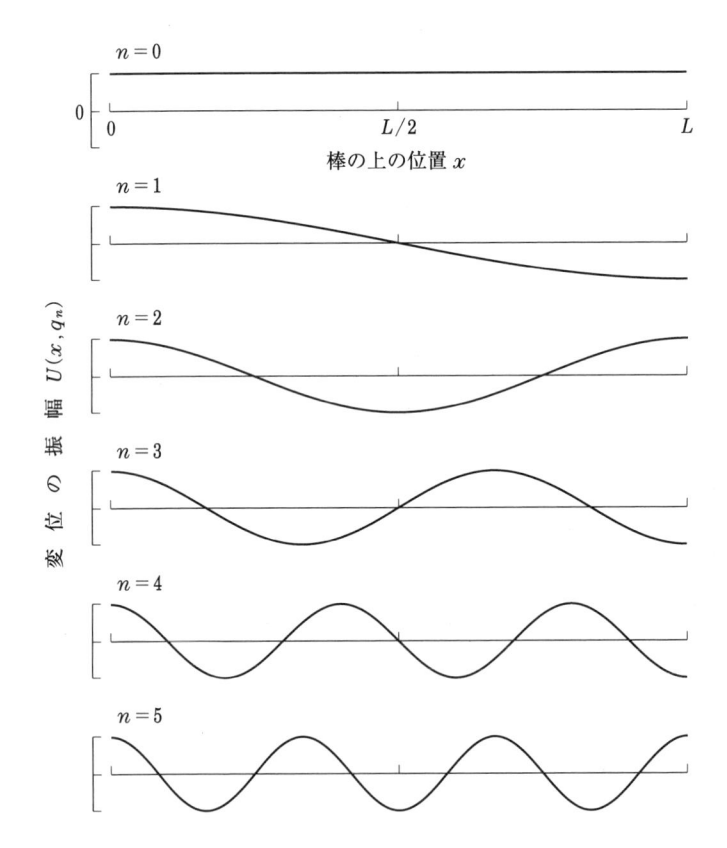

図 6.11

は，$U(x, q_n)$ のグラフ（図 6.11）である．この図からもわかるように，N が有限の場合とは違って，異なる n の値 $1, 2, 3, \cdots$ は，すべて異なる基準振動に対応する．これは系の自由度が無限大であることの結果である．なお，$n = 0$ ($\omega_0 = 0$) は系全体が伸び縮みの変形なしに移動する運動，すなわち剛体としての運動を表す．

結局，この棒の縦振動について，基準振動では

$$u_n(x, t) = U_{n0} \cos \frac{n\pi x}{L} \cos(\omega_n t + \alpha) \tag{6.51}$$

で表される．時刻 $t = 0$ を適当に選び，α を 0 にすることができる．N が有限の場合と同じように，この棒の任意の縦振動は基準振動の重ね合わせ

$$u(x, t) = \sum_{n=1}^{\infty} u_n(x, t) = \sum_{n=1}^{\infty} U_{0n} \cos \frac{n\pi x}{L} \cos \omega_n t \tag{6.52}$$

で表され，その係数は

$$U_{0n} = \frac{2}{L} \int_0^L \cos \frac{n\pi x}{L} u(x, 0) \, dx \qquad (n = 1, 2, 3, \cdots) \tag{6.53}$$

と書けることがわかっている．こうして，任意の縦振動の変位を基準振動の重ね合わせで表すことは，時刻 $t = 0$ での変位の分布 $u(x, 0)$ をフーリエ級数で表すことに他ならない．より正確にいえば，ある時刻 $t = 0$ での $u(x, 0)$ が $0 \leqq x \leqq L$ で与えられたとき，$-L < x < 0$ の区間では $u(x, 0) = u(-x, 0)$ で新たに関数を定義し，長さ $2L$ の区間での偶関数をつくって，フーリエ余弦級数 (3.34)，(3.35) で表したのである．ここで $n = 0$ の項が現れないのは，$u(x, t)$ が振動を表し，棒の重心が動かないことによる．同様にして，両端を固定した棒や弦からはフーリエ正弦級数が得られる．

ここまでは§6.2 の結果を手掛りとして，弾性体の棒の基準振動を求めた．しかし一般には (6.41) または (6.43) と，(6.42) または (6.44) の一組の基本方程式から出発する方が便利である．この方法は第 7 章で改めてとり上げるが，1 つの例を次に示す．

6. 連続的な物体の振動

[例題 6.4]* 図 6.12 のように，滑らかな水平面上で質量 m, ばね定数 K, 長さ L の一様なばねの一端を固定し，もう一方の端に質量 M のおもりを付ける．おもりを質点と見なすとき，この系の基準振動の波数 q は $qL \tan qL = m/M$ を満たすことを示せ．なお，このばねの単位長さ当りの質量は $\mu = m/L$, また力 F がはたらいたときの伸び変形 $\xi = (F/K)/L$ である．[例題 6.3] のように考えると，$\xi = (N \varDelta a)/Na = \varDelta a/a$ だから，K と図 6.10 のばね定数 k は等しい．したがって，$e = KL$ である．

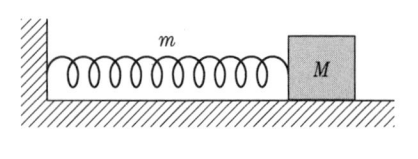

図 6.12

[解] ばねの上の速度の場 $v(x, t)$, 張力の場 $f(x, t)$ が一定の角振動数 ω で単振動型の時間変化をすると考えて，$v_c(x, t) = V(x, \omega) e^{\mathrm{i}\omega t}$, $f_c(x, t) = F(x, \omega) e^{\mathrm{i}\omega t}$ とする．これらを (6.41), (6.43) に代入すると，

$$\mathrm{i}\omega\, F(x, \omega) = e \frac{dV}{dx}, \quad \mathrm{i}\omega\, V(x, \omega) = \frac{1}{\mu} \frac{dF}{dx} \tag{a}$$

である．ここで，$q = \omega\sqrt{\mu/e} = \omega\sqrt{m/K/L}$ とすると，

$$\frac{d^2 V}{dx^2} = -q^2 V \tag{b}$$

であり，$F(x, \omega)$ についても同じ関係が成り立つ．したがって，複素振幅 $V(x, \omega)$, $F(x, \omega)$ の一般の形は，A, B を任意定数として，

$$V(x, \omega) = A e^{\mathrm{i}qx} + B e^{-\mathrm{i}qx} \tag{c}$$

$$F(x, \omega) = -\sqrt{\mu e}\, (A e^{\mathrm{i}qx} - B e^{-\mathrm{i}qx}) \tag{d}$$

と表せる．ばねの一方の端 $x = 0$ は固定されていて常に $v(0, t) = 0$ だから $V(0, \omega) = 0$, したがって $A = -B$ である．ゆえに，(c), (d) は次のようになる．

$$\left.\begin{array}{l} V(x, \omega) = 2\mathrm{i} A \sin qx \\ F(x, \omega) = 2\sqrt{\mu e}\, A \cos qx = 2\sqrt{mk}\, A \cos qx \end{array}\right\} \tag{e}$$

ところで，右端 $(x = L)$ では，質点はばねと一緒に運動するから，

$$M \frac{dv}{dt}\bigg|_{x=L} = -f(L, t), \quad \text{すなわち} \quad \mathrm{i}\omega M\, V(L, \omega) = -F(L, \omega) \tag{f}$$

§6.5 弾性体の棒の縦振動

でなければならない．(e), (f) から $\tan qL = \sqrt{\mu e}/M\omega = \mu/Mq = (m/M)/qL$, すなわち

$$qL \tan qL = \frac{m}{M} \tag{g}$$

である．これから，とびとびの値 q_n あるいは波長 $\lambda_n = 2\pi/q_n$ と対応する角振動数 $\omega_n = \sqrt{K/m}\, q_n L$ が求まる．

特に，$m/M \gg 1$ (一端を固定された質量のあるばねの伸び縮みの振動) の極限では，(g) は $\cos qL = 0$ だから，$q_n L = (n - 1/2)\pi$, すなわち $2L = (2n - 1)\lambda_n$ となる．逆に $m/M \ll 1$ (両端を固定された質量のあるばねの伸び縮みの振動) の極限では $\sin qL = 0$ から，$q_n L = n\pi$, すなわち $4L = n\lambda_n$ である．一般の場合には，(g) の解が必要である．これは一見厄介な問題にみえるが，m/M の値がわかっている場合は，コンピュータで $y = x \tan x$ のグラフをつくれば，簡単に求めることができる．例えば，ばねの質量がおもりの質量の2倍 $(m = 2M)$ のとき，基準角振動数 $\omega_1, \omega_2, \omega_3$ はそれぞれ $\sqrt{K/m}$ の 0.42π, 1.32π, 2.23π 倍である．

以上で説明した模型についての結果を，実際の弾性体に適用するために，基本方程式を連続的な媒質についての量で表しておこう．簡単のために，長さ L, 断面積 A の一様な弾性体の棒を考えると，端からの距離 x の位置での引っ張り応力は $\sigma(x, t) = f(x, t)/A$ である．§5.2と§6.2でばねの力を表す $f_i(t)$ の符号を，右側のばねが左側の質点を引っ張るときにプラスと決めたのは，ここで σ と f の符号を同じにするためであった．また，棒のヤング率 $E = ka/A$ と密度 $\rho = \mu/a$ であることを使うと，(6.41)〜(6.44) はそれぞれ

$$\sigma(x, t) = E \left(\frac{\partial u}{\partial x}\right)_{x,t} \tag{6.54}$$

$$\left(\frac{\partial^2 u}{\partial t^2}\right)_{x,t} = \frac{1}{\rho}\left(\frac{\partial \sigma}{\partial x}\right)_{x,t} \tag{6.55}$$

174　6. 連続的な物体の振動

$$\left(\frac{\partial \sigma}{\partial t}\right)_{x,t} = E\left(\frac{\partial v}{\partial x}\right)_{x,t} \tag{6.56}$$

$$\left(\frac{\partial v}{\partial t}\right)_{x,t} = \frac{1}{\rho}\left(\frac{\partial \sigma}{\partial x}\right)_{x,t} \tag{6.57}$$

となる．(6.50)を書きかえると，基準振動の角振動数は

$$\omega_n = \sqrt{\frac{E}{\rho}}\, q_n = n\frac{\pi}{L}\sqrt{\frac{E}{\rho}} \quad (n = 1, 2, 3, \cdots) \tag{6.58}$$

である．

　例えば，[例題 6.3] でとり上げたアルミニウム，およびある鋼材の密度をそれぞれ $2.7 \times 10^3\,\mathrm{kg/m^3}$, $7.9 \times 10^3\,\mathrm{kg/m^3}$ とすると，これらの材料でできた長さ 1 m の縦振動の振動数 ($= \omega/2\pi$) のうち最も低いものはそれぞれ $2.5 \times 10^3\,\mathrm{Hz}$, $1.3 \times 10^4\,\mathrm{Hz}$ となる．

　これまでの議論の基礎であった (6.41) または (6.43) と，(6.42) または (6.44) とは系の微小部分について，それぞれ力と変形とが比例するという性質，あるいは運動方程式を表したものである．したがって，これらは伸び縮みのできる連続的な物体での力学現象についての基本的な式である．第 8 章で説明するように，一般に，連続的な物体での振動・波動の基本法則は同じ形の式で表される．

=============== 演習問題 ===============

[1]　図 6.3 の模型で，1 番目のばねの左端は固定され，一方，N 番目のおもりは長さ方向に沿って自由に運動できるとき，基準振動のモードと角振動数を求めよ．

[2]　図のように電気容量 C のコンデンサーと自己インダクタンス $L/2$ のコイル 2 個からできた要素を繰り返して並べた回路があって，隣り合う要素のコイル

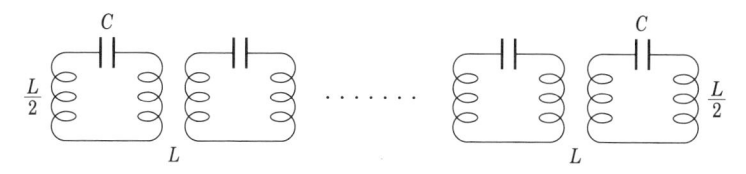

間の相互インダクタンスは L である．要素の総数が N であるとき，この回路で起こる基準振動のモードとその角振動数を求めよ．

[3]　アルミニウム (密度 2.7×10^3 kg/m³，ヤング率 7.0×10^{10} Pa) の丸棒の一端を固定して縦振動をさせる．

(1)　基本振動の振動数を 1000 Hz にするには全長をいくらにすればよいか．

(2)　このとき，他の基準振動の振動数とモードを求めよ．

[4]*　定数 k，質量 m の一様なばねが滑らかな水平面の上にあって，一端 O が壁に固定されている．

(1)　縦振動の基本振動の角振動数とモードを求めよ．

(2)　この振動で端 P の振幅が U_0 のとき，端 O でばねが壁に及ぼす力を求めよ．

7 波とその性質

　1点で起こった振動，あるいは一般に ある変化が，ある速度で別の場所に伝わっていく現象が波である．したがって波では，異なる時刻に異なる場所で起こる変化が関連し合っている．本章では，主に1方向に進む波をとり上げて，このような特徴をもった波を数式で表す方法と，そこに登場する基本的な概念を紹介する．なお，本章の演習問題は第8章に合わせて挙げる．

§7.1　波

　静かな水面に水滴が落ちると，それを中心にして円形の波が伝わる．ロープの一方の端を固定し，もう一方の端をロープの長さ方向に対して垂直に動かすと，ロープの上を波が走っていく．同じように，また一端を固定したばねで，他の端を今度はばねに沿って振動させるときには，伸び縮みの波が現れる．これらの場合に，水に浮いている小さい物体，ロープやばねの上の点に付けた目印の運動を見ると，水，ロープ，ばねの各部分は初めの位置の近くで振動していることがわかる．サッカー，ラグビーなどの観客席にウェーブが起こることがある．ウェーブはスタンドに沿って伝わっていくが，一人一人の観客は立ち上がったり腰掛けたりする運動をしているだけで，波と一緒に走っているのではない．

　これらの現象では，変化，すなわち，水面，ロープ，ばねの一部分がつり合いの位置から少し移動する，あるいは人が立ち上がる，ことが伝わってい

る．このように，ある変化が空間を有限の速さで伝わる現象が**波**である．多くの場合，空間を伝わるものはエネルギーあるいは情報である．

ここで変化を担うもの，例えば，水，ロープ，ばね，観客の集団などを波の**媒質**という．別の例を挙げると，音叉やスピーカーのコーンの振動によって，周囲の空気の密度，あるいは圧力が変化し，それが伝わっていくのが音の波である．このときには，空気が音の波の媒質である．媒質は物質であるとは限らない．光の波，あるいは一般に電磁波では，空間そのものの性質である電場（電界），磁場（磁界）の変化が波の主体である．

物理に登場する波では，変化がある量 w によって表される．これを**波の量**とよぶことにする．例えば，ばねやロープの波では，各部分のつり合いの位置からの変位，音の波では空気の圧力あるいは密度の変化，電磁波では電場と磁束密度のベクトルがそれぞれ波の量である．特に w に方向がある場合には，それと波の進む方向との関係が問題になる．両者が一致するときを**縦波**，また垂直であるときを**横波**という．上の例では，ばねの波は縦波，ロープの波は横波である．真空を伝わる電磁波は横波で，電場，磁場が進行方向と垂直な方向に振動している．

波が伝わるのは，媒質の隣り合う部分が作用をおよぼし合っていて，一方での変化がもう一方での変化を引き起こすためである．したがって，媒質の異なる点 r，異なる時刻 t における波の量の間には一定の関係があり，波の量は決まった関数 $w(r, t)$ で表される．この点で，波は場の典型的な例である．

§7.2 正弦波

一端を固定してまっすぐに張ったロープ，あるいは弦の，もう一方の端Oを上下に周期的に動かすとしよう．弦の長さが十分に長ければ，点Oから波がたえず作り出され，ある速さ c で弦を伝わっていく．この波を数式で表すことを考えよう．

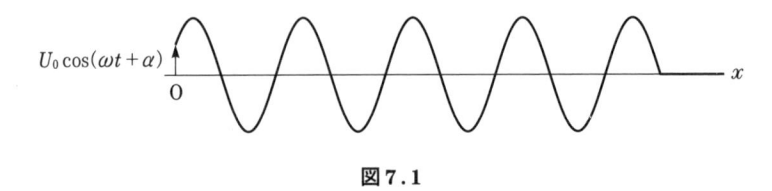

図7.1のように弦のつり合いの位置に沿って x 軸をとり,弦の上の点をその座標 x で表すことにする.最も簡単な場合として,点 O の運動が振幅 U_0,角振動数 ω,周期 $T = 2\pi/\omega$ の単振動

$$\begin{aligned} u_0(t) &= U_0 \cos(\omega t + \alpha) \\ &= U_0 \cos\left(\frac{2\pi t}{T} + \alpha\right) \end{aligned} \tag{7.1}$$

で表せる場合をとり上げる.ここで時刻 t における,弦の任意の点 P の変位 $u^+(x, t)$ を考える.これは,端の点 O $(x = 0)$ の変位が時間 x/c をかけて伝わってきたものだから,「現在」の時刻 t における点 P の変位は,過去の時刻 $t - x/c$ における点 O の変位と同じである(図7.2).

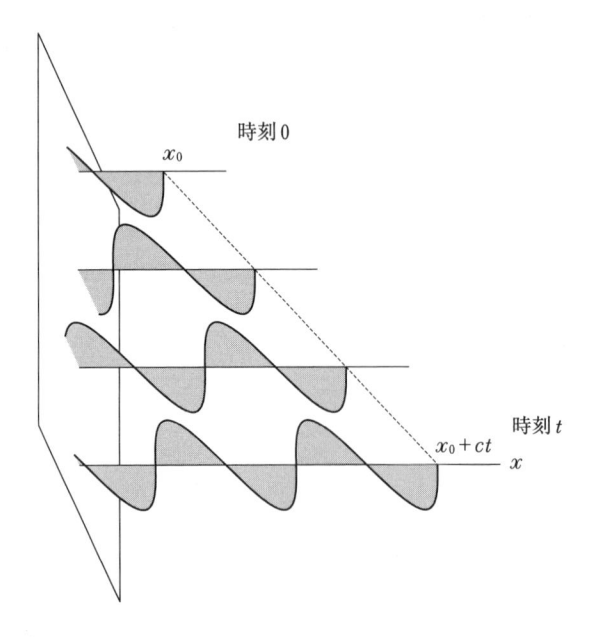

図7.2

こうして，任意の時刻における任意の点の変位 $u^+(x,t)$ は，時刻と位置を表す t と x の2つの独立変数を $t - x/c$ というまとまった形で含む式

$$u^+(x,t) = U_0 \cos\left[\omega\left(t - \frac{x}{c}\right) + \alpha\right]$$
$$= U_0 \cos[\omega t - qx + \alpha]$$
$$= U_0 \cos\left[2\pi\left(\frac{t}{T} - \frac{x}{\lambda}\right) + \alpha\right] \qquad (7.2)$$

で表される．ここで，x に対する変化を表すパラメータとして，

$$q = \frac{\omega}{c} \qquad (7.3)$$

$$\lambda = \frac{2\pi}{q} = cT \qquad (7.4)$$

を使った．q, λ はそれぞれ波数，波長とよばれ，長さの逆数，長さの次元をもつ量である．前者は，§6.2 や §6.4 で振動の形を表すのに導入した q と同じ意味をもっている．また，(7.2)の添字 $+$ は波が $+x$ 方向に進むことを示す．(7.2)を (x を固定して) t で微分すれば，点 x での弦の速度，加速度を求めることができる．前者は波の速さ c とは異なる概念である．

(7.2)の表す波の様子を知るために，独立変数 x, t の一方を固定して，変位ともう一方の変数との関係を調べよう．ある定まった点 $x = x_0$ の変位は

$$u^+(x_0, t) = U_0 \cos\left[\omega\left(t - \frac{x_0}{c}\right) + \alpha\right]$$
$$= U_0 \cos\left(\omega t + \alpha - \frac{\omega x_0}{c}\right) \qquad (7.5)$$

すなわち，点 $x = x_0$ では端の点 O と同じ振幅，角振動数で，位相が $\omega x_0/c = 2\pi(x_0/cT)$ だけ遅れた単振動をしている．一方，$t = t_0$ とおくことは，この時刻での波の全体の形を見ることに当る．それは，

$$u^+(x, t_0) = U_0 \cos\left(\omega t_0 + \alpha - \frac{\omega x}{c}\right)$$

$$= U_0 \cos\left[\frac{\omega x}{c} - (\omega t_0 + \alpha)\right]$$

$$= U_0 \cos\left[\frac{2\pi}{\lambda} x - (\omega t_0 + \alpha)\right] \quad (7.6)$$

で，距離 $\lambda = 2\pi c/\omega = 2\pi/q$ ごとに同じ変位を繰り返す正弦曲線になる．

このように時間の経過とともに1次元の媒質である弦を波が伝わっていく様子は，x-t 平面上の立体図（図 7.3）で表される．縦の切り口がある時刻での波の形，横の切り口は1点の振動の様子を表す．仮にある時刻に波の1点にマークを付けたとすると，波の伝播とともに，この点は x-t 面で傾き $1/c$ の直線

$$t = \frac{x}{c} + 定数 \quad (7.7)$$

の上を移動する．波の上の異なる点ごとに，このような直線を1本ずつ引く

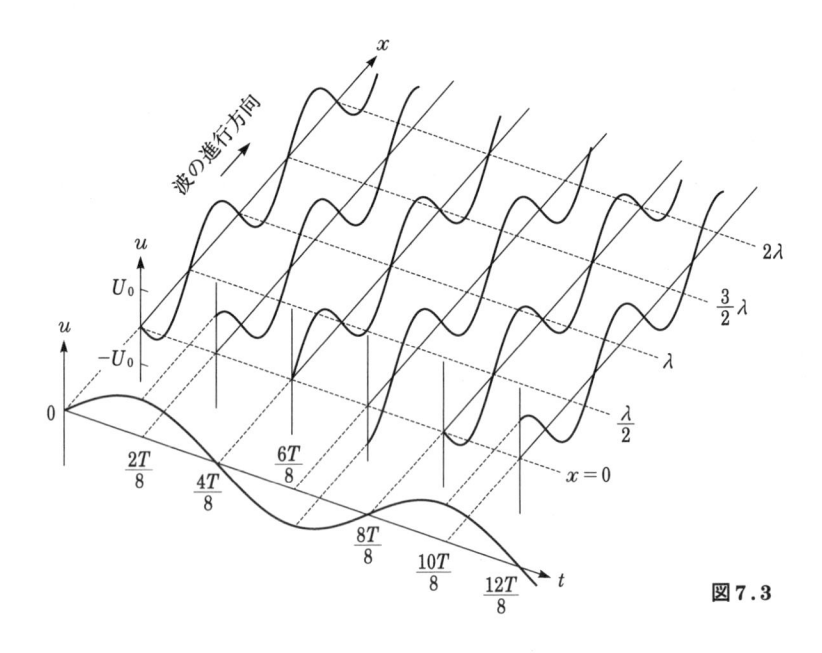

図 7.3

ことができる (図 7.4). これを **波の伝播の線** とよぶことにする.

以上では, 点 O は弦の端の点で, そこに外力がはたらいて, $x > 0$ の側にある弦に波を起こしていると考えた. しかし, $x = 0$ が特殊な点である必要はない. 弦の隣り合う部分は力をおよぼし合っているのだから, 弦上の任意の点を原点 O $(x = 0)$ に選んで, 左側 $(x < 0)$ の部分を「外部」のよう

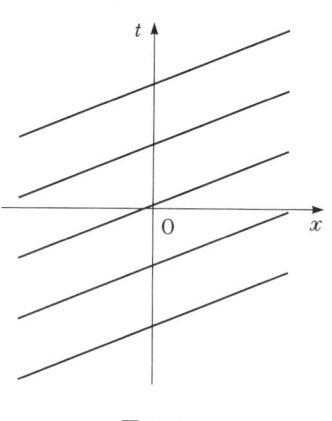

図 7.4

に考えれば, 上の考え方が使える. こうして, 1 つの波については原点を弦の上のどこにとっても, 定数 α が変わるだけで (7.2) の形に本質的な変化は起こらない. このように, 一定の速さ c で弦上を $+x$ 方向に進む正弦曲線の形をした波について, 任意の点 x の変位はいつも (7.2) で与えられる.

一般に, ある物理量 w が直線上の位置 x, 時間 t によって変化し, (7.2) と同じ形の式

$$w^+(x, t) = W_0 \cos(\omega t - qx + \alpha) \qquad (7.8)$$

で表されるとき, w の表す波を, $+x$ 方向に進む, 振幅 W_0, 角振動数 ω, 波数 q の (1 次元の) **正弦波** (サイン波) という. 定数 α をこの波の位相定数とよぶことにする. 電圧, 電流などの単振動型の時間変化を正弦波とよぶことがあるが, これと異なる意味で同じ用語を使う.†

なお, 当面 (7.8) の独立変数 t と x はそれぞれ広い範囲, 数式上は $-\infty$ から ∞ まで変化するものと考える. 変化の様子を支配するのは t と x の 1 次式

---

† (7.8) は余弦関数で表されているが, 正弦波とよぶ. ここで, 位相定数 α の値を $\pi/2$ だけ変えれば, cos は sin に変身する.

$$\phi(t, x) = \omega t - qx + \alpha = \omega\left(t - \frac{x}{c}\right) + \alpha \tag{7.9}$$

である．この量を正弦波 (7.2) あるいは (7.8) の**位相**という．

図 7.4 で導入した波の伝播の線は，位相が一定という関係のグラフである．t が T の整数倍，あるいは x が λ の整数倍だけ変化すると，$\phi(x,t)$ は 2π の整数倍だけ変化するから，波の量に変化はない．したがって，時間的には T，空間的には λ の間隔で同じ現象が繰り返している．すでに述べたように，T, λ はそれぞれ正弦波の周期，波長である．なお，波数を記号 k で表すことが多いが，ばね定数との混乱を避けるために，本書では q を使う．

正弦波の上の 1 点に注目し，この点の伝播の線 $\phi(t, x) =$ 一定 の上で近くにある 2 点を $(x, t), (x + \Delta x, t + \Delta t)$ とすると，

$$\omega t - qx + \alpha = \omega(t + \Delta t) - q(x + \Delta x) + \alpha \tag{7.10}$$

だから，$\Delta x / \Delta t = \omega / q$ である．図 7.5 に示すように，時間 Δt の間に波の上の決まった点が Δx だけ移動したのだから，この比は波の速度 c に他ならない．したがって，

$$c = \frac{\omega}{q} \tag{7.11}$$

である．これは (7.3) に他ならない．次章で示す弦の横波や棒の振動の縦波，あるいは真空中の電磁波では，c は角振動数 ω によらず一定である．このような場合には，c を q と ω の比例定数と考えることができる．

我々は弦の一端の点 O が単振動をするとき，波が有限の速さ c で伝わる

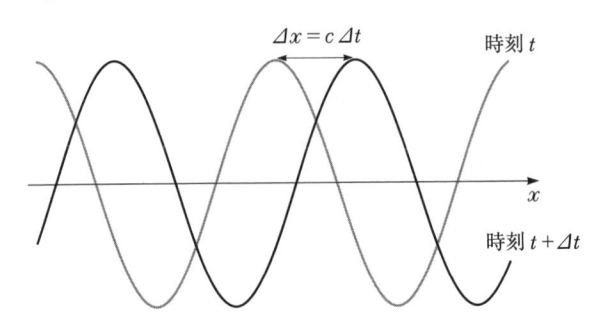

図 7.5

ことを考えて，正弦波の式 (7.2) あるいは (7.8) に到達した．その過程を振り返ると，いくつかの問題に気づく．

まず，現実の弦にはもう一方の端 Q があって，そこで波の反射が起こる．したがって，弦の上には $+x$ 方向だけではなくて，$-x$ 方向に進む波も現れるはずである．さらに，実際には波の源である点 O の振動は過去のある時刻から始まったので，「無限の過去」から続いていたのではない．仮に点 Q が非常に遠くにあったとしても，弦の上のどこかに波の先端があり，そこから先には波は伝わっていない．したがって，実際の波では t と x はある有限の範囲の中に限られる．その意味で，無限に続く正弦波は物理でしばしば現れる理想化された概念の一つである．

次に，$-x$ 方向に進む波を表す式をつくる．$x = L$ にある点 Q に単振動

$$u_L(t) = U_0' \cos(\omega t + \beta) \tag{7.12}$$

をさせると，前と同じように考えて，任意の点の振動は $u^-(x,t) = U_0' \cos\{\omega[t-(L-x)/c]+\beta\} = U_0' \cos[\omega t + qx - (\omega L/c - \beta)]$ となり，$-x$ 方向に進む正弦波は $u^-(x,t) = U_0' \cos(\omega t + qx + \alpha')$，あるいは一般に

$$w^-(x,t) = W_0' \cos(\omega t + qx + \alpha') \tag{7.13}$$

で表される．このような波の伝播の線は，傾き $-1/c$ の直線である．x 方向と $-x$ 方向の入れかえに対応して，(7.11) で $c \to -c$ というおきかえをすると，q あるいは ω のいずれか一方の符号が変わる．x と結び付いている q の符号が変化を受けると考えれば，(7.8) から形式的に (7.13) が導かれる．

複素表示を使うと，変位を表す式は (7.8)，(7.13) の代わりにそれぞれ

$$\begin{aligned}u_c^+(x,t) &= A \exp\left[i\omega\left(t - \frac{x}{c}\right)\right] \\ &= A \exp[i(\omega t - qx)]\end{aligned} \tag{7.14}$$

$$\begin{aligned}u_c^-(x,t) &= A' \exp\left[i\omega\left(t + \frac{x}{c}\right)\right] \\ &= A' \exp[i(\omega t + qx)]\end{aligned} \tag{7.15}$$

になる．ここで複素振幅は $A = W_0 e^{\mathrm{i}\alpha}$ あるいは $A' = W_0' e^{\mathrm{i}\alpha'}$ である．§1.8で注意したように，エネルギーなどの計算ではこれらの複素表示の量をそのまま使うことはできない．

§7.3 一般の1次元の波

前節の議論は，正弦波から任意の形の波に拡張できる．弦の上の1点Oが単振動の代わりに，一般の運動をしているとしよう．変位の時間変化が関数 $G_1(t)$ で表されるならば，これは (7.1) の代わりに，

$$u_0(t) = G_1(t) \tag{7.16}$$

とすることである．特に弦の一端を1回だけ動かしたときのように，$G_1(t)$ が $t = 0$ の近くだけで有限の値をとる，単発パルス型の時間変化 (§3.5参照) をするならば，図7.6のように，時間的にも空間的にも狭い領域の中だけで変化のある波が発生する．このような波を (単発の) **パルス波**とよぶ．これは正弦波と並んで一般の波の考察をする上でとても重要である．第3章で述べたように，一般の振動は単振動の合成によっても，またパルス型の変化の合成によっても表されるからである．

もし波の各部分が同じ速さ c で $+x$ 方向に進むならば，波は形を変えずに伝わる．この場合には前節と同じように考えて，座標 x の点の時刻 t

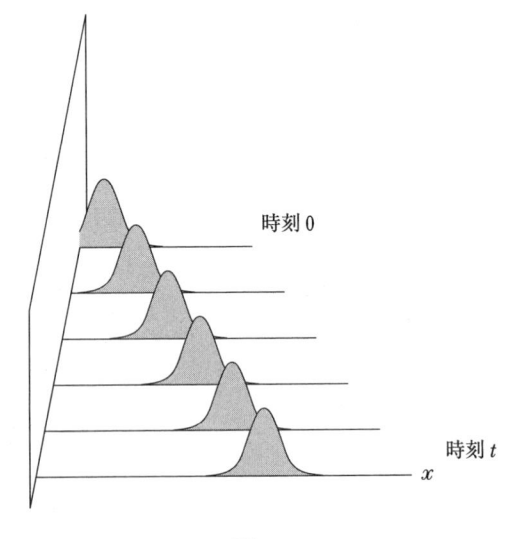

図7.6

における変位は

$$u(x, t) = G_1\left(t - \frac{x}{c}\right) \tag{7.17}$$

で与えられる．ここで x の値を一定値 x_0 とすれば，$u(x_0, t) = G_1(t - x_0/c)$ はこの点の運動を，また t の値を一定値 t_0 とすれば，x の関数 $u(x, t_0) = G_1(t_0 - x/c)$ がこの時刻における波の形（例えば弦の形）を表す．同様にして，一定の速さ c で弦上を $-x$ 方向に進む波は，一般には G_1 とは別の関数 G_2 を使って，

$$u(x, t) = G_2\left(t + \frac{x}{c}\right) \tag{7.18}$$

で表される．

このように，独立変数 t と x とが一つのかたまり $s_+ = t - x/c$，$s_- = t + x/c$（あるいは $z_\pm = x \mp ct$）で現れることは，弦の波に限らず，一定の速さ c で1方向に伝わる（1次元の）波の一般的な特徴である．

[**例題 7.1**] 時刻 $t = 0$ に座標の原点 $x = 0$ を出発して $+x$ 方向に速さ v_0 で走っている波源が，一定の時間間隔 T ごとに，速さ c の単発のパルス波を発生する．図7.4 にならって，x-t 平面で，これらの単発のパルス波の伝播を表す線を描け．また，この図を利用して，隣り合うパルスが x 軸上で原点から十分遠方にある点に到達する時間間隔 T' を求めよ．

[**解**] 波源の運動は原点を通る半直線 $x = v_0 t \ (t \geqq 0)$ で表される．また，最初のパルス波が発生した時刻を t_0 とすると，$n + 1$ 番目のパルスは時刻 $t_n = t_0 + nT$ に点 $x_n = v_0(t_0 + nT)$ から発生して $\pm x$ 方向に伝わるから，その伝播の式は

$$x = \pm c\,[t - (t_0 + nT)] + v_0(t_0 + nT)$$

で，図 7.7 のような一対の半直線で表される．

x 軸上の波源の進行方向の側で，十分遠くの点 $x_0 (> 0)$ に $n - 1$ 番目と n 番目

のパルス波が到達する時刻 t_n' と t_{n+1}' の間隔 T_+' は，図のように，隣り合う伝播の線と縦軸に平行な直線 $x = x_0$ の交点の間隔である．（図では $n = 1, 2, 3$ の場合を示した．）

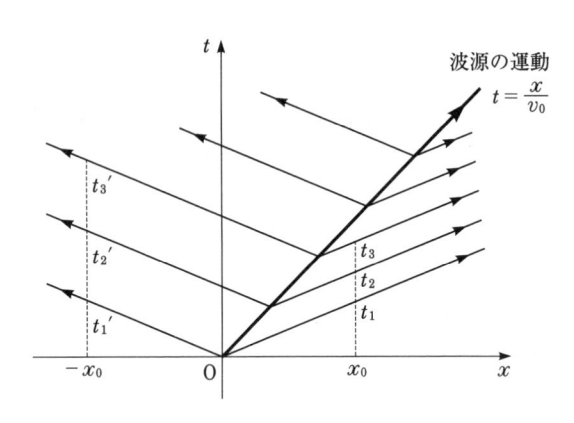

図 7.7

これは，

$$T_+' = t_{n+1}' - t_n'$$
$$= nT\left(1 - \frac{v_0}{c}\right) - (n-1)\,T\left(1 - \frac{v_0}{c}\right)$$
$$= T\left(1 - \frac{v_0}{c}\right) \tag{a}$$

で，波源がパルス波を出す間隔 T より $v_0 T/c$ だけ短い．同様にして，パルス波が到達する点が波源の進行方向と逆の側にある場合の時間間隔は，

$$T_-' = T\left(1 + \frac{v_0}{c}\right) \tag{b}$$

で，今度は T よりも長くなる．

周期 T，角振動数 $\omega\,(= 2\pi/T)$ の波源が速度 v_0 で運動するとき，それが出す正弦波の上で，ある決まった点に注目すれば，同じ議論ができる．この波を波源が近づいて来る位置，あるいは遠ざかっていく位置で受けると，振動の周期は (a) あるいは (b) で与えられる．したがって，角振動数はそれぞれ $\omega_+' = \omega/(1 - v_0/c)$ あるいは $\omega_-' = \omega/(1 + v_0/c)$ となる．この変化は波源の運動によるドップラー効果である．

§7.4 3次元の平面波と波数ベクトル

これまでとり上げてきた弦の横波では，媒質である弦は1次元であり，波として伝わる物理量は変位の1つの成分であった．しかし波には，水面の波のように2次元の波，空間や3次元の媒質の中を伝わる電磁波のように3次元の波もある．また，波の量 w はスカラー，ベクトルなどさまざまである．そこで今までの取扱いを拡張して，より一般の場合を含むようにしよう．w を普通の字体で表すが，問題に応じてベクトルやその1つの成分などを表すものとする．

一番簡単なのは，3次元空間の中をある一定の方向に進む波で，この方向に垂直な平面の中では，波の量がどこでも同じ位相で単振動をする場合である．ここで媒質は十分広く，その境界のことは無視できるものとする．波の進行方向を特に x 軸 (の正の向き)，またこれと垂直な平面 (すなわち波の位相が一定の平面．図7.8(a)参照) に平行に y, z 軸をとると，位置座標 $\boldsymbol{r} = (x, y, z)$ の中で，波を表す関数 $w(\boldsymbol{r}, t)$ に実際に含まれるものは x だけである．したがって，角振動数を ω，波数を q とすると，この波を表す式は，1次元のときと同じ形の

$$w(x, y, z, t) = W_0 \cos(\omega t - qx + \alpha) \tag{7.19}$$

である．各時刻で位相が一定の点は

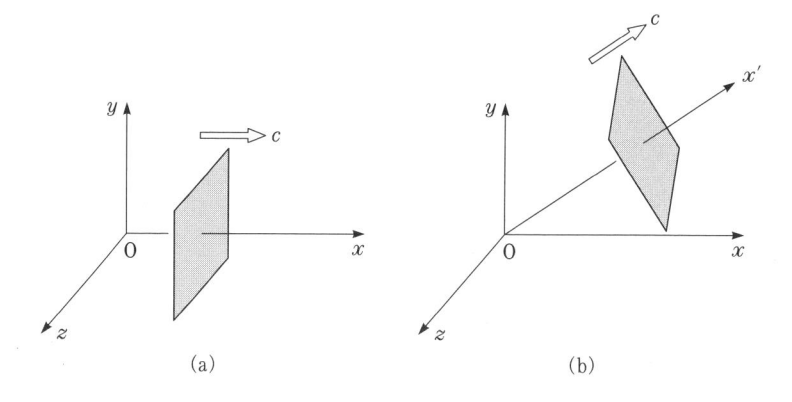

図7.8

188   7. 波とその性質

$$\phi(x, y, z, t) = \omega t - qx + \alpha = 一定 \quad (7.20)$$

という平面の上にある（図7.8）．

　一般に，3次元空間を伝わる単振動の波で，位相が一定の点の集まりを**波面**という．(7.19) の表す波は波面が平面であるので，**平面波**とよばれる．

　(7.19) を手掛かりにして，一般の方向に進む平面波を表す式をつくろう．波の進行方向の単位ベクトルを n とし，座標変換によってこの方向を x' 軸にとる．任意の点 P の位置ベクトル r および n の変換前の座標での成分をそれぞれ $(x, y, z), (\alpha_x, \alpha_y, \alpha_z)$ とすれば $x' = \boldsymbol{n} \cdot \boldsymbol{r} = \alpha_x x + \alpha_y y + \alpha_z z$ だから，波を表す式は

$$w(x, y, z, t) = W_0 \cos(\omega t - q\boldsymbol{n} \cdot \boldsymbol{r} + \alpha) = W_0 \cos(\omega t - \boldsymbol{q} \cdot \boldsymbol{r} + \alpha) \quad (7.21)$$

となる．同様にして，$-\boldsymbol{n}$ 方向に進み，角振動数，波数が (7.21) と同じ波の式は

$$w(x, y, z, t) = W_0' \cos(\omega t + \boldsymbol{q} \cdot \boldsymbol{r} + \alpha') \quad (7.22)$$

である．ここで，

$$\boldsymbol{q} = q\boldsymbol{n} \quad (7.23)$$

は，絶対値が波数 $q = 2\pi/\lambda$ に等しく，波の進行方向を向くベクトルで，**波数ベクトル**とよばれる．その波面は

$$\boldsymbol{n} \cdot \boldsymbol{r} = \alpha_x x + \alpha_y y + \alpha_z z = 一定 \quad (7.24)$$

で表され，$\boldsymbol{n}$ あるいは $\boldsymbol{q}$ に垂直な平面である．

§7.5　波の重ね合わせ

　1つの弦の両側から進んできたパルス波が出会うと，一旦両者が合体して，振幅はそれぞれの波が単独のときの代数和になる．しかし，その後2つの波は何の変化も受けずに，もとの形で分かれていく（図7.9）．これは物体の衝突とは対照的な振舞である．一般にある物理量の波について，それぞ

れ $w_1(x,t)$, $w_2(x,t)$ で表される波が同時に存在すると，全体の波は
$$w(x,t) = w_1(x,t) + w_2(x,t) \qquad (7.25)$$
で表される場合が多い．
このとき，波について**重ね合わせの法則**が成り立つという．第10章で説明するように，波の特徴的な現象である干渉と回折は，この法則が基礎になっている．なお (7.25) で，$w(x,t)$ を**合成波**，$w_1(x,t)$ と $w_2(x,t)$ を**成分波**とよぶことにする．

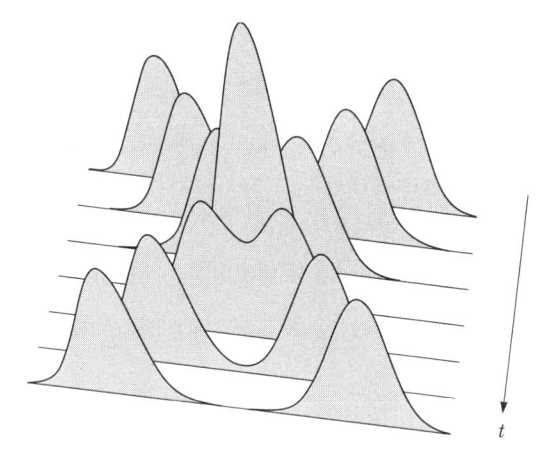

図 7.9

波の重ね合わせの法則が成り立つのは，波が伝わる機構として§7.1で挙げた，媒質の一部分のつり合いからのずれと，それをもとに戻そうとするとなりの部分からの力，及びずれと復元力の関係のそれぞれについて，§3.1あるいは§4.5で述べた重ね合わせが可能だからである．したがって，波の重ね合わせの法則は決して自明のことではない．物理の中でそれが広く成り立っているのは，つり合いからのずれが小さい現象だけをとり上げているからである．

§7.6 うなりの波の伝播

ここまでは正弦波の速度 c が角振動数あるいは波長に依存しない定数であると考えてきたが，このことは必ずしも成り立たない．例えば，物質中を伝わる光の波の速さはその振動数によって変化する．これが光の分散，すなわち光の屈折率が角振動数あるいは波長に依存し，その結果，プリズムによっ

て異なる波長の光に分けられることの基礎である．一般にある物理現象の波について，正弦波の速度が角振動数に依存することを，その波には**分散**があるという．

分散がある場合，正弦波を重ね合わせて得られる波はどのように伝わるだろうか？ 例えば，波源が図 3.18 のように有限の時間 τ の間だけ角振動数 ω_0 の単振動をするとしよう．この波源が発生する正弦波の空間的な広がりは有限の長さに限られる．このような波を**波連**という．§3.9 で示したように，波連は，角振動数が純粋に ω_0 ではなくて，その周りに分布した，さまざまな正弦波の重ね合わせである．この場合には，成分波には，一定時間の間により進む波と遅れる波とがあるから，時間とともに，合成波の空間的な広がりが変化する．

例えば，図 7.10 に定性的に示したように，頭と尻尾の間隔が広がって，波連が段々にぼける，などの現象が起こるはずである．そもそも成分波の速度が一定でないのだから，合成波の速度とはいったい何かが問題になる．

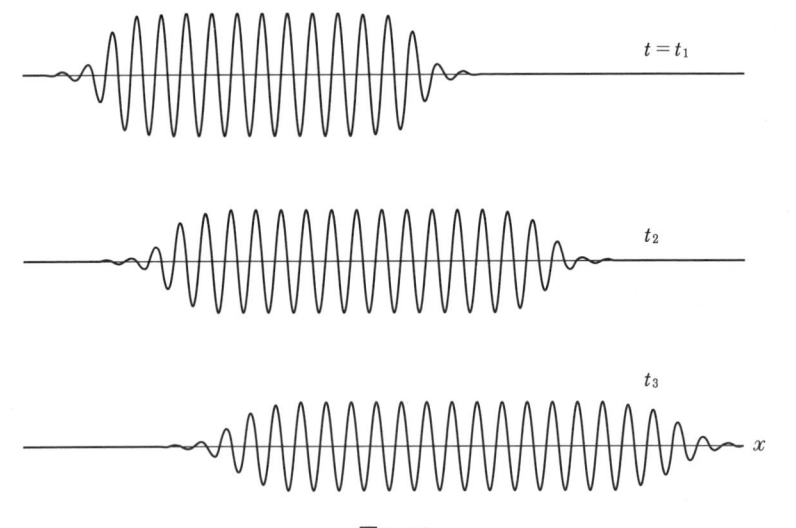

図 7.10

§7.6 うなりの波の伝播　191

このことを念頭において，まず2個の平面波の角振動数が近いとき，それらの合成波の伝わり方を調べよう．なお，図7.10を始め，以下の図では，上側から下側に向かって，時間の経過の順に（$t_1 < t_2 < t_3$）波の形の変化を示す．

§3.3で述べたように，振幅と初期位相が同じで，角振動数 ω_1 と ω_2（$\omega_1 > \omega_2$）が近い2つの単振動を合成すると，平均の角振動数 $\omega_0 = (\omega_1 + \omega_2)/2$ をもった単振動の振幅が角速度 $(\omega_1 - \omega_2)/2$ でゆっくり変化する，うなりの現象が起こる．

原点（$x = 0$）の近くにある2個の波源がこのような振動をするとしよう．例えば，振動数のわずかに異なる2個の音叉を鳴らせて，この音を遠くで聞く場合がこれに当る．合成波の式は，(3.10) と同じようにして

$$u(x, t) = U_0 \cos(\omega_1 t - q_1 x) + U_0 \cos(\omega_2 t - q_2 x)$$
$$= 2 U_0 \cos\left[\frac{(\omega_1 - \omega_2)t}{2} - \frac{(q_1 - q_2)x}{2}\right]$$
$$\times \cos\left[\frac{(\omega_1 + \omega_2)t}{2} - \frac{(q_1 + q_2)x}{2}\right]$$
(7.26)

である．成分波の平均の角振動数と波数をそれぞれ $\omega_0 = (\omega_1 + \omega_2)/2$, $q_0 = (q_1 + q_2)/2$, また $\omega_{\mathrm{mod}} = (\omega_1 - \omega_2)/2 = \delta\omega$, $q_{\mathrm{mod}} = (q_1 - q_2)/2 = \delta q$ とすると，(7.26) は

$$u(x, t) = 2 U_0 \cos(\omega_{\mathrm{mod}} t - q_{\mathrm{mod}} x) \cos(\omega_0 t - q_0 x)$$

となる．添字 mod は変調（modulation）の頭文字をとった．この式は2番目の因子によって表される，角振動数 ω_0，波数 q_0 の正弦波の振幅が，

$$U(x, t) = 2 U_0 \cos(\omega_{\mathrm{mod}} t - q_{\mathrm{mod}} x) = 2 U_0 \cos\left[\omega_{\mathrm{mod}}\left(t - \frac{q_{\mathrm{mod}}}{\omega_{\mathrm{mod}}}\right)x\right]$$
(7.27)

によって，時間的にも空間的にもゆっくり変化していることを示している．すなわち，角振動数 ω_0，波数 q_0 の正弦波が $U(x, t)$ によって変調されて

図 7.11

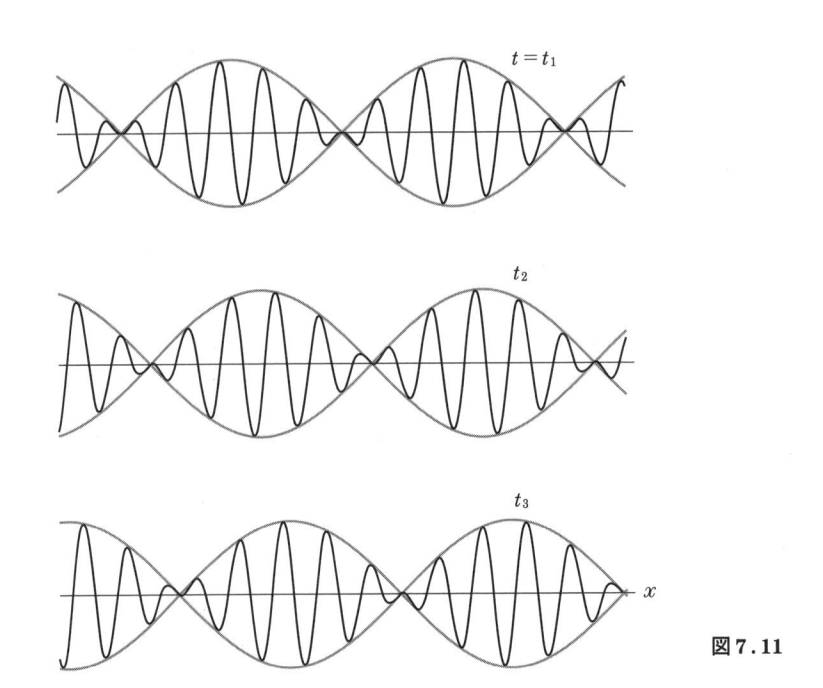

いる．

　結局，うなりの波の伝わる様子は図 7.11 のようになる．うなりを伝えるのは，この $U(x,t)$ による変化であり，その速度は変調波 (7.27) の速度

$$c_{\text{mod}} = \frac{\omega_1 - \omega_2}{q_1 - q_2} = \frac{\delta\omega}{\delta q} \tag{7.28}$$

である．ここでは正弦波の速度が角振動数あるいは波数によって変化し，$c = c(\omega)$ と考えているから，(7.28) は平均の正弦波の速度 $c(\omega_0) = \omega_0/q_0$ とは必ずしも等しくない．

　成分波の角振動数および波数が互いに近く，その結果，平均の値 ω_0, q_0 とも近い，すなわち $q_1 \approx q_2 \approx q_0, \omega_1 \approx \omega_2 \approx \omega_0$ の場合には，

$$\omega_1 \approx \omega_0 + \left.\frac{d\omega}{dq}\right|_{\omega=\omega_0} \delta q, \qquad \omega_2 \approx \omega_0 - \left.\frac{d\omega}{dq}\right|_{\omega=\omega_0} \delta q \tag{7.29}$$

と近似することができる．このとき，うなりの速度は

$$c_{\mathrm{g}} = \frac{1}{\left.\dfrac{dq}{d\omega}\right|_{\omega=\omega_0}} = \left.\frac{d\omega}{dq}\right|_{q=q_0} \tag{7.30}$$

に等しい．これはすぐ後に登場する群速度 (group velocity) に当るので，添字 g を付けた．

一般の波で，正弦波の角振動数 ω と波数 q との関係

$$\omega = \omega(q) \tag{7.31}$$

をその波の**分散関係**という．例えば図 6.3 の模型の分散関係は (6.11) である．その具体的な形は波の伝播を支配する物理法則で決まる．特に (7.31) が比例関係になる場合，例えば弾性体の棒の縦波が分散のない波である．分散のある波では，速度 c_{g} は正弦波の速度 $c_{\mathrm{p}} = \omega/q$ とは別の概念である．前者を**群速度**，後者を**位相速度**とよぶ．例えば $c_{\mathrm{g}} < c_{\mathrm{p}}$ であれば，より速い c_{p} で進む正弦波は後側 (図 7.11 の左側) から，速さ c_{g} のうなりの波に入り，前側 (右側) へ抜けていく．図 7.11 では $c_{\mathrm{p}}/c_{\mathrm{g}} = 1.9$ の場合を示した．

§7.7 波束とその伝播*

本章の最後に，時間的にも空間的にも限られた範囲にある波一般について，その伝播を調べる．そのために，角振動数が，ω_0 を中心として幅 $\varDelta\omega$ の範囲にあり，振幅密度と初期位相 ($=0$) がともに一定 (図 7.12) であるような単振動の重ね合わせを考えよう．§3.5 によると，この合成振動の式は (3.19) で $\omega_0 + \varDelta\omega/2$ を ω_0 にとり直したものである．結果は，定数 U_0 を使って

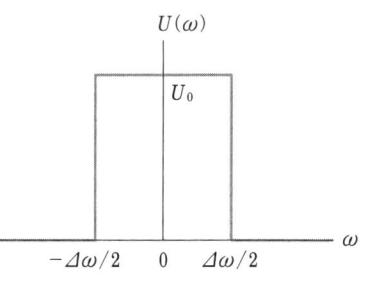

図 7.12

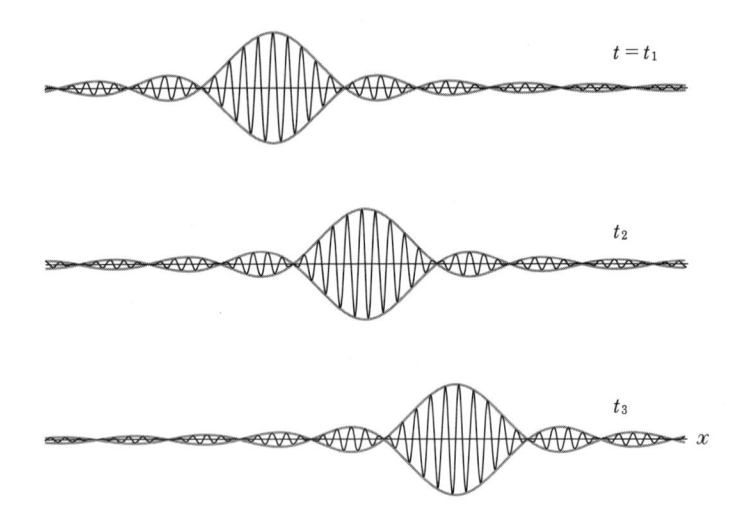

図 7.13

$$u(t) = U_0 D_2(\Delta\omega\, t) \cos\omega_0 t \qquad (7.32)$$

であり，平均の角振動数 ω_0 の単振動が $t = 0$ の付近の幅 $1/\Delta\omega$ 程度の時間だけ大きい値をとる関数 $U_0 D_2(\Delta\omega\, t)$ で変調されたことになる．

波源が (7.32) で表される振動をしていれば，出てくる波は図 7.13 のように，ある範囲の中に集中する．このように，限られた範囲の中だけで有限な関数 $U(x, t)$，例えば $U_0 D_2(\Delta\omega\, t)$ で変調された正弦波

$$u(t) = U(x, t) \cos(\omega_{\mathrm{av}} t - q_{\mathrm{av}} x + \alpha) \qquad (7.33)$$

を一般に **波束** という．図 3.18(a) や図 7.10 の波連は波束の例である．

うなりの場合と同じように，波束の速さはその外形 $U(x, t)$ が伝わる速さである．図 7.11 の波を正弦波に分解して考えてみると，図 7.12(b) のように，角振動数が ω_0 を中心にして対称に分布しているから，$\omega_0 \pm \delta\omega$, $q_0 \pm \delta q$ の正弦波が対になって，同じ振幅で含まれている．ここで $q_0 = q(\omega_0)$ である．q と ω の関係があまり急激ではなくて

$$\delta q \approx \left.\frac{dq}{d\omega}\right|_{\omega=\omega_0} \delta\omega$$

と近似できれば，これら2つの正弦波のうなりは (7.30) の c_g で伝わるが，c_g の値は $\delta\omega$ によらず，すべての対に対して同じになる．したがって，合成波の外形の速度も群速度になる．

上の議論では成分波の振幅分布が図 7.12 の特別な形の場合を考えてきた．しかしより一般の分布でも，分散が弱ければ，中心の角振動数 ω_0 の近くの正弦波を合成してつくった波束の速度は一般に群速度 c_g になることが示される．図 7.10 や図 7.11 で波の特定の点，例えば山の頂上が空間を進む速さは c_g だから，§7.2 で正弦波の速さを決めた考え方をとれば，特定の形をした波の伝わる速さを表すのは群速度である．実際に，群速度が十分意味をもつ場合には，エネルギーが伝わる速さが c_g になる．

c_g と正弦波の位相速度 c_p との関係は，

$$c_g = \frac{d(c_p q)}{dq} = c_p + q\frac{dc_p}{dq} = \frac{c_p}{1 - \frac{\omega}{c_p}\frac{dc_p}{d\omega}} \tag{7.34}$$

である．屈折率 n の物質中の光の波の場合は真空中の光速度を c_0 として $c_p = c_0/n$ だから，

$$c_g = \frac{c_0}{n + \omega\frac{dn}{d\omega}} \tag{7.35}$$

である．普通の物質では可視光に対して $dn/d\omega > 0$ であり，c_g は c_0 より小さい．特に分散がないとき，すなわち位相速度が一定の値 c であるときには c_p と c_g はともに c に等しいから，波の速さにあいまいさは生じない．

上のように一定の群速度を考えることは，分散関係 (7.31) で中心の波数 $q_0 = q(\omega_0)$ の近くの部分を直線で近似することに相当する．より高次の項まで考慮すれば，修正が必要になる．分散があまり強くなければ，群速度が一定ではなくて，成分波の角振動数の関数になると考えることができる．この場合には時間とともに波束の形が段々変化する．さらに分散が強ければ，波束はどんどん形を変えるから，その速度の概念ははっきりしなくなる．

§3.5 で示したように，成分波の位相定数が同じで，その角振動数の分布が例えば図 7.12 のように幅 $\Delta\omega$ 程度の範囲に限られた波束では，一定の点 x における振動が大きくなる時間の幅は $\Delta t \sim 2\pi/\Delta\omega$ の程度である．言いかえれば，波束がこの点を通過する時刻には，Δt 程度のあいまいさがある．Δt の間に波束の進む距離は

$$\Delta x = c_\mathrm{g}\,\Delta t \sim \frac{2\pi}{\Delta\omega}\left.\frac{d\omega}{dq}\right|_{q=q_0}$$

で見積られる．これは上の波束の位置がもつあいまいさといってもよい．

ここで $\Delta\omega$ に対応する波数の分布の幅を $\Delta q \approx dq/d\omega|_{q=q_0}\,\Delta\omega$ とすると，

$$\Delta x \sim \frac{2\pi}{\Delta q} \tag{7.36}$$

となる．ここで使った波束は，成分波の位相定数が同じという特徴をもっていた．一般の波束については，角振動数あるいは波束のあいまいさと時刻あるいは位置のあいまいさの間に，(7.36) を拡張した

$$\Delta t \cdot \Delta\omega \geqq 2\pi, \qquad \Delta x \cdot \Delta q \geqq 2\pi \tag{7.37}$$

という関係が成り立つことがわかっている．

[**例題 7.2**]* 波数 q_0，角振動数 ω_0 の正弦波を長さ L だけ切りとった波連 (図 7.10 参照) がある．この波連の波数のあいまいさを求めよ．

[**解**] 時刻 $t=0$ での波列の形は (3.49) と同じ形

$$u(x,0)=\begin{cases} U_0\cos q_0 x & \left(-\dfrac{L}{2}\leqq x \leqq \dfrac{L}{2}\right) \\ 0 & \left(x<-\dfrac{L}{2}\ \text{または}\ \dfrac{L}{2}>x\right) \end{cases}$$

で表されるから，波数 q は q_0 を中心として幅 $\Delta q \sim 2\pi/L$ の領域に分布する．なお，これに対応する波長 $\lambda = 2\pi/q$ のあいまいさは $|\Delta\lambda| = 2\pi/q^2\,\Delta q \sim \lambda_0^2/L$ となる．ここで $\lambda_0 = 2\pi/q_0$ は波列をつくる正弦波の中心の波数である．

8 波の基本法則

波が媒質を伝わっていく様子を支配するのは，波の量についての物理法則である．特に力学的な波を例にすると，媒質の各部分にはたらく力は，運動の第2法則に従ってその速度を変化させ，それが最終的に変位を変化させる．逆に，この変位は媒質の中ではたらく力の変化を引き起こす．したがって，力学的な波を扱う基本的な手続きは，これら2つの過程を数式で表すことと，それから波の性質を説明することである．本章では，主に弦を伝わる横波に着目して，まずその基本方程式をつくり，続いて波の速さ，媒質の境界での反射と透過，エネルギーなどの性質がこれらの方程式とどのように結び付いているかを明らかにする．これは電磁波を含む多くの波を理論的に扱う場合の代表例になっている．

§8.1 波の速さ

始めに，弦を伝わる横波の速さを簡単な考察によって求める．図8.1のように張力 F でまっすぐに張った弦で，左から右に波の伝わっている小部分 PQ を近似的に半径 R，中心角 2θ の円弧と考える．PQ にはたらく正味の力は円弧の中心 O に向かう方向にはたらき，大きさが

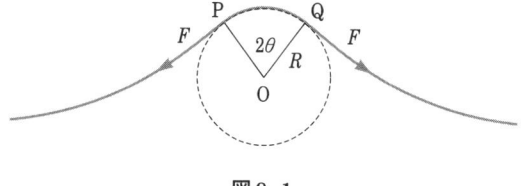

図8.1

8. 波の基本法則

$2F \sin\theta \approx 2F\theta = F(\varDelta l/R)$ である．ここで $\varDelta l$ は PQ の長さであり，また θ は小さい角であるとして，$\sin\theta \approx \theta\ (\approx \tan\theta)$ と近似した．

波と一緒に進みながら見ると，PQ は速さ c で円弧上を右から左へ進行する．弦の単位長さ当りの質量を μ とすれば，この円運動についての加速度と求心力の関係は

$$\mu \varDelta l \frac{c^2}{R} = F \frac{\varDelta l}{R}$$

である．これから波の速度

$$c = \sqrt{\frac{F}{\mu}} \tag{8.1}$$

が得られる．これは弦の性質を表す定数だけで決まり，角振動数にはよらない．

上の議論で，波の速度を決めるものは，弦の慣性とその隣り合う部分が及ぼし合っている復元力である．そこで，波の伝播を考えるときに問題になる弦の特性は，これら2つの性質に関連する定数 μ と F だけである．しかも両者の比 F/μ をつくると，その単位は $[\text{m}^2/\text{s}^2]$ となる．したがって，速度（単位は $[\text{m/s}]$ は (8.1) あるいはその定数倍で表されるはずである．もっとも，この議論では定数の値は決まらない．しかし，次節で示すように，力学的な波の速度は一般に $\sqrt{(\text{復元力に関する定数})/(\text{慣性に関する定数})}$ で表されることがわかっている．このことを使うと，多くの波の速度の式を推定することができる．

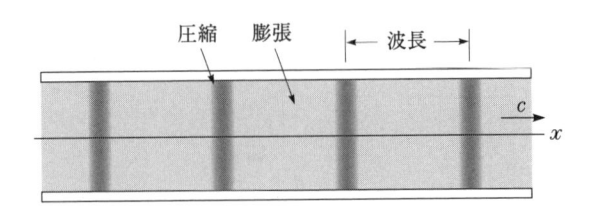

図 8.2

§8.1 波 の 速 さ

例えば，気体を伝わる音は密度あるいは圧力の変化の波である（図8.2）．その速度 c を表す式を推定してみよう．この場合，慣性に関する定数は平均密度 ρ_0，復元力に関する定数は体積弾性率 $B = \rho_0(\partial p/\partial \rho)$（§6.4 参照）である．その速度の式は (8.1) と比較して，

$$c = \sqrt{\frac{B}{\rho_0}} \tag{8.2}$$

と予想される．実際，音波についての基本方程式から (8.2) を導くことができる．ρ_0, B の単位はそれぞれ $[\text{kg/m}^3]$，$[\text{Pa}] = [\text{kg/m·s}^2]$ だから，(8.2) の単位は $[\text{m/s}]$ になる．また，圧縮率 $\kappa = 1/B$ を使えば $c = \sqrt{1/\kappa\rho_0}$ である．なお，大きい固体を伝わる密度の変化の波，例えば地震の P 波の速さも (8.2) で与えられる．

気体の密度が速い変化をするときには (6.34) によって，

$$c = \sqrt{\frac{\gamma p}{\rho_0}} \tag{8.3}$$

である．特に理想気体では 1 mol の質量を M_{mol} とすると，ボイル‐シャルルの法則によって，$p/\rho_0 = (1/M_{\text{mol}})RT$ だから，

$$c = \sqrt{\frac{\gamma RT}{M_{\text{mol}}}} \tag{8.4}$$

が成り立つ．ここで $R = 8.31$ J/mol·K は気体定数である．

大気は，窒素 N_2 ($M_{\text{mol}} = 2.8 \times 10^{-2}$ kg) 78 % と酸素 O_2 ($M_{\text{mol}} = 3.2 \times 10^{-2}$ kg) 22 % の混合気体である．これを $M_{\text{mol}} = 2.9 \times 10^{-2}$ kg，$\gamma = 1.4$ の理想気体と考えると，$c = 2.0 \times 10\sqrt{T}$ m/s となる．例えば，室温 $T = 293$ K では $c = 3.4 \times 10^2$ m/s である．なお，気体分子運動論によると，気体分子の速度の 2 乗平均 $\langle v^2 \rangle$ と温度 T との間には $\langle v^2 \rangle = 3RT/M_{\text{mol}}$ の関係があるから，$c/\sqrt{\langle v^2 \rangle} = \sqrt{\gamma/3}$ が導かれる．したがって，気体の音速は分子の平均速度と同程度の大きさである．

弦の波に戻ると，この波で位置とともに変化するのは変位だけではない．

8. 波の基本法則

弦の各点には波の進行方向と垂直な方向（y 方向とする）の速度，加速度があり，したがってまた，それをつり合いの位置に引き戻そうとする力がはたらいている．このように，波が伝わっている弦，あるいは一般に力学的な振動の波が伝わっている媒質は変位 $u(x, t)$ だけでなく，その速度と加速度，また復元力などの物理量の場になっている．波の性質を決めるものは，これらの場の量を結び付ける法則である．弦の波の場合には，弦の変位が位置によって異なるために，弦の各部分に復元力がはたらくことと，それが運動の第 2 法則に従って加速度を与えることが，法則の内容である．次の 2 つの節では，このような関係を表す数式について説明する．

§8.2　弦の運動の法則

前節の考え方によって，弦の横波の基本法則を数式の形で表し，続いて一般の波で同様の関係が成り立つことを示そう．

弦のつり合いの位置に沿って x 軸，それに垂直な変位の方向に y 軸をとる．波による変位 $u(x, t)$ はいつでもどこでも小さく，また弦の張力の大きさ F は一定であると仮定する．図 8.3 のように，弦の上で x_P と $x_\mathrm{Q} = x_\mathrm{P} + \Delta x$ の間にある特定の微小部分 PQ に注目する．弦の単位長さ当りの質量（線密度）は位置によらず一定の値 μ であるとすると，PQ の質量は $\mu \Delta x$ である．また，その加速度は端の点 P の加速度で代表させ，

$$\alpha(x_\mathrm{P}, t) = \left.\frac{\partial v(x, t)}{\partial t}\right|_\mathrm{P} = \left.\frac{\partial^2 u(x, t)}{\partial t^2}\right|_\mathrm{P} \tag{8.5}$$

とする．

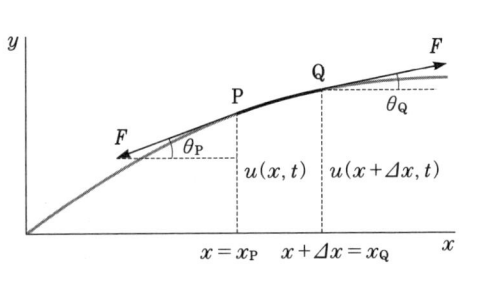

図 8.3

§8.2 弦の運動の法則

　座標 x の位置で弦を2つに分けて考え，左側の部分 (x の小さい側) が右側の部分に及ぼす力の $+y$ 方向の成分を $f(x, t)$ で表すことにする．PQ が外部から受ける力の y 成分は $f(x_P, t) - f(x_Q, t)$ だから，その運動方程式は

$$\mu \, \Delta x \left[\frac{\partial v(x, t)}{\partial t}\right]_P = -[f(x_Q, t) - f(x_P, t)]$$

であり，$\Delta x \to 0 \, (Q \to P)$ の極限をとると，

$$\mu \left[\frac{\partial v(x, t)}{\partial t}\right]_P = -\left[\frac{\partial f(x, t)}{\partial x}\right]_P$$

となる．弦の瞬間的な形を表す曲線 $y = u(x, t)$ に点 P で引いた接線と x 軸とのなす角を θ_P とすれば，$f(x_P, t)$ は，

$$f(x_P, t) = -F \sin \theta_P \approx F \left.\frac{\partial u(x, t)}{\partial x}\right|_P \tag{8.6}$$

となる．ここで始めの仮定によって変位 $u(x_P, t)$ は小さく，θ_P は小さい角となるので，$\sin \theta_P \approx \theta_P \approx \tan \theta_P = \partial u(x, t)/\partial x|_P$ と近似した．

　上の議論では点 P は弦上のどこにとってもよいから，これらの式は任意の時刻 t に，任意の点 x で成り立つ関係である．したがって，

$$\frac{\partial v(x, t)}{\partial t} = -\frac{1}{\mu} \frac{\partial f(x, t)}{\partial x} \tag{8.7}$$

$$f(x, t) = -F \frac{\partial u(x, t)}{\partial x} \tag{8.8}$$

であり，(8.8) の両辺を t で微分すると

$$\frac{\partial f(x, t)}{\partial t} = -F \frac{\partial}{\partial t} \frac{\partial u(x, t)}{\partial x} = -F \frac{\partial v(x, t)}{\partial x} \tag{8.9}$$

を得る．変位 $u(x, t)$ あるいは速度 $v(x, t)$ と弦の垂直方向にはたらく力 $f(x, t)$ を結び付けるこれらの関係式が，力学の法則を弦の横波に当てはめた結果である．特に (8.7) では，加速度の場 $\partial v(x, t)/\partial t$ が力の場 $f(x, t)$

ではなくて，その変化率 $\partial f(x, t)/\partial x$ に比例していることに注意してほしい．

(8.7), (8.9) でどちらかの場，例えば $f(x, t)$ を消去し，(8.1) を使うと，

$$\frac{\partial^2 v(x, t)}{\partial t^2} = -\frac{1}{\mu}\frac{\partial}{\partial t}\left(\frac{\partial f(x, t)}{\partial x}\right) = \frac{F}{\mu}\frac{\partial}{\partial x}\left(\frac{\partial v}{\partial x}\right)$$
$$= \frac{1}{c^2}\frac{\partial^2 v(x, t)}{\partial t^2} \tag{8.10}$$

を得る．同様に，

$$\frac{\partial^2 f(x, t)}{\partial x^2} = \frac{1}{c^2}\frac{\partial^2 f(x, t)}{\partial t^2} \tag{8.11}$$

$$\frac{\partial^2 u(x, t)}{\partial x^2} = \frac{1}{c^2}\frac{\partial^2 u(x, t)}{\partial t^2} \tag{8.12}$$

が成り立つ．

前章で述べたように，速さ c で $+x$ 方向に弦を伝わる波の変位 $u(x, t)$ は，変数 t, x を $s = t - x/c$ というまとまりで含む関数 $G_1(t - x/c)$ で表される．このとき，

$$\frac{\partial^2 u(x, t)}{\partial t^2} = G_1''\left(t - \frac{x}{c}\right), \quad \frac{\partial^2 u(x, t)}{\partial x^2} = \left(-\frac{1}{c}\right)^2 G_1''\left(t - \frac{x}{c}\right)$$

だから，確かに (8.12) が成り立つ．ここで関数 $G_1(s)$ の 1 次と 2 次の導関数をそれぞれ $G_1'(s), G_1''(s)$ で表した．以下でも同様の記号を使う．$-x$ 方向に進む波の変位の場 $u(x, t) = G_2(x + t/c)$ についても同様である．

§8.3 波の基本方程式

弾性体の長い棒の一方の端を長さ方向に振動させると，伸び縮みの波（縦波）が棒に沿って伝わっていくが，この波についても前節と同様の考察ができる．図8.4のように断面積 A の一様な棒の長さ方向に沿って x 軸をとり，x 方向の変位の場とこの方向にはたらく力の場をそれぞれ $u(x, t), f(x, t)$ とする．ただし，§6.5で注意したように，$f(x, t)$ は x 軸に垂直な断面を考えるときに右側が左側に及ぼす力で，右向きをプラスとしている．すなわ

§8.3 波の基本方程式

ち,微小部分 PQ にその外側の部分が加える力が PQ を引き伸ばす向きのときに $f(x, t) > 0$ である.

つり合いの状態での位置が x, $x + \Delta x$ の間にある PQ (波が進んでいるときの位置を P'Q' とする) に注目して,

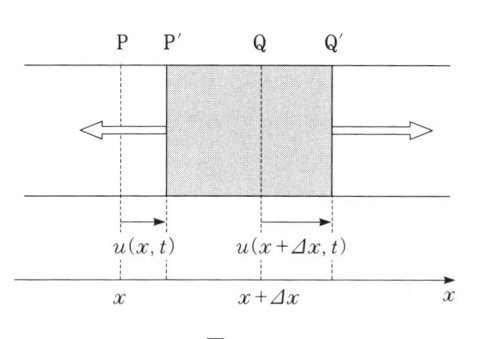

図 8.4

このときの伸び変形 ξ を求め, $\Delta x \to 0$ の極限を考えると

$$\xi = \frac{u(x + \Delta x, t) - u(x, t)}{\Delta x} \longrightarrow \frac{\partial u}{\partial x} \tag{8.13}$$

また,この微小部分の運動方程式

$$\rho A \, \Delta x \, \frac{\partial^2 u}{\partial t^2} = f(x + \Delta x, t) - f(x, t)$$

は,同じく $\Delta x \to 0$ の極限で

$$\frac{\partial^2 u}{\partial t^2} = \frac{1}{\rho A} \frac{\partial f}{\partial x} \tag{8.14}$$

となる. §6.4 で説明したように,引っ張り応力は $\sigma(x, t) = f(x, t)/A$ だから,ヤング率を E とすると,伸び変形 ξ と引っ張り応力の関係 (6.37) は

$$\sigma(x, t) = E \frac{\partial u(x, t)}{\partial x} \tag{8.15}$$

となる. さらに変位速度の場 $v(x, t) = \partial u / \partial t$ を使うと, (8.14), (8.15) はそれぞれ

$$\frac{\partial v(x, t)}{\partial t} = \frac{1}{\rho} \frac{\partial \sigma(x, t)}{\partial x} \tag{8.16}$$

$$\frac{\partial \sigma(x, t)}{\partial t} = E \frac{\partial v(x, t)}{\partial x} \tag{8.17}$$

となる.

(8.15)(またはそれと等価な (8.17))と (8.16)が，棒の縦波の基本的な性質を表す式である．これらはそれぞれ，棒の基準振動について以前に導いた式 (6.41)(または (6.43))と (6.44) に他ならない．弦の横波についての式 (8.1) と比較すれば，波の速さは

$$c = \sqrt{\frac{E}{\rho}} \tag{8.18}$$

となる．右辺は $\sqrt{(復元力に関する定数)/(慣性に関する定数)}$ の形になっていて，[m/s] の単位をもつ量である．通常の金属材料では，ρ, E の大きさはそれぞれおよそ $(3 \sim 20) \times 10^3 \,\text{kg/m}^3$, $(5 \sim 20) \times 10^{10}\,\text{Pa}$ の程度だから，音速 c は数 km/s のオーダーの値になる．例えば鋼 ($\rho = 7.8 \times 10^3\,\text{kg/m}^3$, $E = 21 \times 10^{10}\,\text{Pa}$ (組成などによって異なる)) では，$c = 5.2\,\text{m/s}$ である.

弦の横波，棒の縦波に対する式 (8.7) 〜 (8.9)，あるいは (8.15) 〜 (8.17) を導いた手続きを振り返ってみよう．これらはいずれも，媒質の小部分について，

(1) つり合いの状態からのずれと復元力の関係
(2) ずれの加速度と復元力の関係

を数式で表すことが内容である．特に (1) は，復元力を表す量がつり合いからのずれを表す量の勾配に比例するという線形の関係であり，変位が小さいという仮定を使っていたことを注意しておこう．一方，(2) は小部分についての運動の第 2 法則である．要するに，これらの式の導出は，媒質の任意の点とその近くで成り立つ関係だけを使っていて，例えば棒の一端から波を送り込んでいる，棒の各点をいっせいに振動させる，などという個々の現象に固有の事情とは関係しない．したがって，§6.5 で説明した棒の基準振動の議論からも同じ関係式が得られたのは，納得のいくところである．

このようにして，前節とこの節で弦の横変位あるいは棒の縦変位について

導いた式は，媒質がつり合いの状態から少しずれたときの一般的な性質を表す基本方程式で，そこで起こる現象を支配する．その中には，すでに第6章でとり上げた（空間的には移動しない）振動も，また一定の速さ c で進む波も含まれる．

このような立場から，代表的な波について，波を表す場，波の速さ，および §8.6 で導入する波に対するインピーダンスとを章末の表に示してある．

§8.4 波動方程式とそれを満たす波

この節では弦や棒を伝わる波を離れて，(8.12) などと同じ形の関係式

$$\frac{\partial^2 w(x,\ t)}{\partial x^2} = \frac{1}{c^2}\frac{\partial^2 w(x,\ t)}{\partial t^2} \tag{8.19}$$

に注目する．数学の言葉でいうと，これは変数 $x,\ t$ の関数 $w = w(x,\ t)$ に対する偏微分方程式で，それを満足する関数 $w(x,\ t)$ は解である．これまで，具体的な波の変位，速度などの場が満たす条件として (8.19) を導いたが，立場を逆転して，この関係を満たす関数はどんな性質をもつかを問題にする．

偏微分方程式 (8.19) は，一般に次のような性質をもっている．((8.21)，(8.23) の証明を含めて，より詳しい説明は他書に譲る．例えば，本シリーズの「物理数学(II)」（中山恒義 著，第 7 章）を参照．）

(1) この方程式は線形，すなわち未知関数 w の 2 次以上の項を含まない．その結果，2 つの関数 $w_1(x,\ t)$ と $w_2(x,\ t)$ が (8.19) を満たせば，それらの和あるいは一般に線形結合

$$c_1\,w_1(x,\ t) + c_2\,w_2(x,\ t) \quad (c_1,\ c_2 \text{ は定数}) \tag{8.20}$$

も，この方程式を満足する．したがって，$w_1(x,\ t),\ w_2(x,\ t)$ で表される 2 つの場が (8.19) を満たすならば，(8.20) の場も同じ関係を満たす．このことが，§7.5 で述べた波に対する重ね合わせの法則の数学による裏づけである．

(2) この方程式の解は，

$$w(x, t) = G_1\left(t - \frac{x}{c}\right) + G_2\left(t + \frac{x}{c}\right)$$

あるいは

$$w(x, t) = H_1(x - ct) + H_2(x + ct)$$

(8.21)

という形に表される．ここで $G_1(s)$, $G_2(s)$, あるいは $H_1(z)$, $H_2(z)$ は 1 変数 s あるいは z の任意の関数である．§7.3 で説明したように，位置を表す x と時刻を表す t とが独立ではなくて，$s = t \pm x/c$ あるいは $z = x \pm ct$ のまとまりで現れることが波を表す式の特徴である．これらはある物理量 $w = w(x, t)$ の場が (8.19) を満たせば，この量は速さ c の波となって $\pm x$ 方向に伝わることを表す．この意味で (8.19) を (1 次元の) **波動方程式** という．これまでの議論で，c は波の具体的な形を表す $G_1(s)$, $G_2(s)$ などと無関係に決まっているので，(8.21) が (8.19) の解になるのは，分散のない波の場合に限られる．

(3) 特に時刻 $t = 0$ における変位と速度が与えられていて，条件

$$u(x, 0) = u_0(x), \qquad \left.\frac{\partial u}{\partial t}\right|_{t=0} = v_0(x) \qquad (8.22)$$

を満たす解は

$$u(x, t) = \frac{1}{2}[u_0(x - ct) + u_0(x + ct)] + \frac{1}{c}\int_{x-ct}^{x+ct} v_0(z')\, dz'$$

(8.23)

である．$u(x, t)$ を変位の場と考えると，速度の場 $v(x, t) = \partial u/\partial t$ は (8.23) の両辺を t で微分して次のようになる．

$$v(x, t) = \frac{c}{2}[-u_0'(x - ct) + u_0'(x + ct)]$$
$$+ \frac{1}{2}[v_0(x - ct) + v_0(x + ct)] \quad (8.24)$$

波動方程式を応用する例として，長い弦の上の点 $x=0$ をつまんで持ち上げ，静かに放した後にできる波の形を調べよう．両端は十分遠くにあって，その影響は無視できるものとする．単純な模型として，時刻 $t=0$ での弦の形を図 8.5 のような三角形,

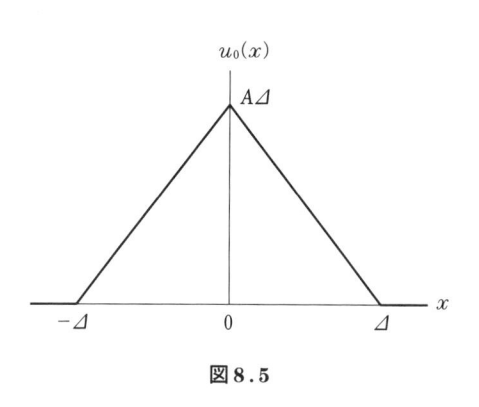

図 8.5

$$u_0(x) = \begin{cases} A(\Delta - x) & (0 < x < \Delta) \\ A(\Delta + x) & (-\Delta < x < 0) \\ 0 & (x < -\Delta \text{ または } x > \Delta) \end{cases} \quad (8.25)$$

また，弦の上の点の速度を $v_0(x) = 0$ とすると，(8.23) は

$$u(x, t) = \frac{1}{2}[u_0(x - ct) + u_0(x + ct)] \quad (8.26)$$

となる．(この図では変位を大きく誇張している．以後の図についても同様である．) すなわち，図 8.6 のように，始めに与えた変位の半分の高さをもった三角形のパルス波

$$u_1(x, t) = \frac{1}{2} u_0(x - ct), \qquad u_2(x, t) = \frac{1}{2} u_0(x + ct) \quad (8.27)$$

が左右に分かれて，それぞれ速さ c で弦の上を伝播する．図で T_0 は，それぞれのパルス波が距離 Δ を進む時間である．

$t=0$ が特別な時刻ではなくて，それ以前 ($t<0$) にも解が意味をもつと考えると，(8.26) は，2 つのパルス波 (8.27) がそれぞれ弦の上の左側，あるいは右側から近づいてきて，時刻 $t=0$ に両者が合わさり，再び離れてい

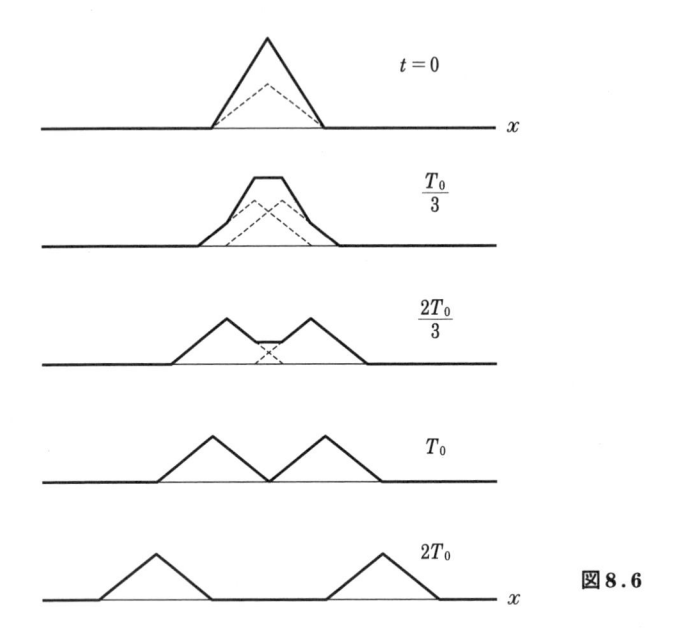

く過程を表している．なお，速度と力の場の式はそれぞれ

$$v(x, t) = \frac{c}{2}[-u_0'(x-ct) + u_0'(x+ct)]$$

$$f(x, t) = -\frac{F}{2}[u_0'(x-ct) + u_0'(x+ct)]$$

である．ここで u_0' は u_0 の導関数を表す．

[**例題 8.1**] 静止した長い弦に衝撃力を加え，波を発生させる．衝撃力を加えた瞬間 $t=0$ に，変位の場が $u_0(x) = u(x, 0) = 0$，また速度の場 $v(x, 0)$ が図 8.7 にグラフを示した関数

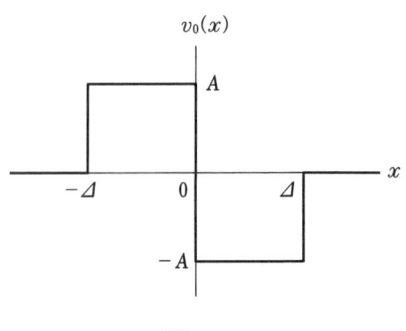

§8.4 波動方程式とそれを満たす波　209

$v(x, 0) = v_0(x)$ であったとして，その後に現れる波の形を調べよ．

［解］ (8.23) によって，

$$u(x, t) = \frac{1}{2c} \int_{x-ct}^{x+ct} v_0(z') \, dz'$$

である．ここで $v_0(z)$ の不定積分の $2/c$ 倍を $u_1(z) = \frac{2}{c} \int v_0(z') \, dz'$ と表すと

$$u(x, t) = -\frac{1}{2}[u_1(x - ct) - u_1(x + ct)]$$

となる．実際に積分をすればわかるように，$u_1(x)$ は図 8.6 と同じ山型である．したがって，全体の波は逆符号のパルス波

$$u(x, t) = \begin{cases} -\dfrac{1}{2} u_1(x - ct) \\ \dfrac{1}{2} u_1(x + ct) \end{cases} \quad (8.28)$$

の対で表される．いくつかの異なる時刻における波の形を図 8.8 に示した．

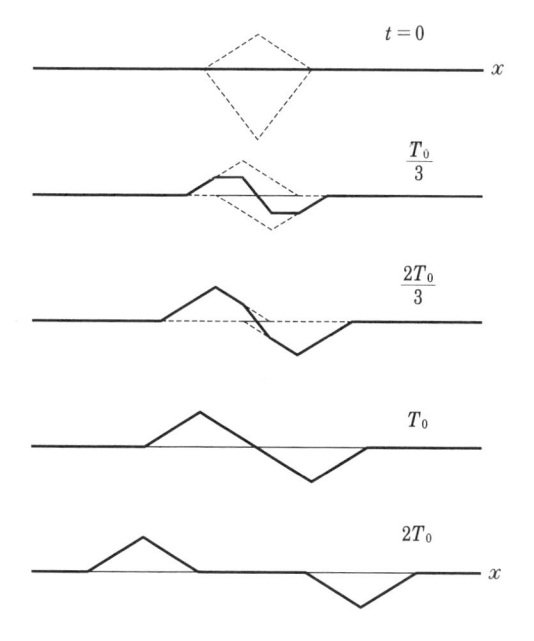

図 8.8

8. 波の基本法則

次節で弦の端による反射を考える際には，(8.27) あるいは (8.28) の表す一対の波が入射波と反射波を表す．このときには，実際に弦があるのは点 $x=0$ の片側，例えば $x \geqq 0$ の領域だけだが，仮想的に $x<0$ の部分にも波が伝わると考えるとわかりやすくなる．

§8.5 媒質の境界と波の反射

これまでは媒質，例えば弦は波の進行方向に無限に長いとして，端あるいは一般に境界の点を考えなかった．しかし，普通の媒質の広がりは有限だから，端の効果を考察から外すことはできない．この節では弦の横波を例にして，波の伝播に対する境界の影響を調べる．

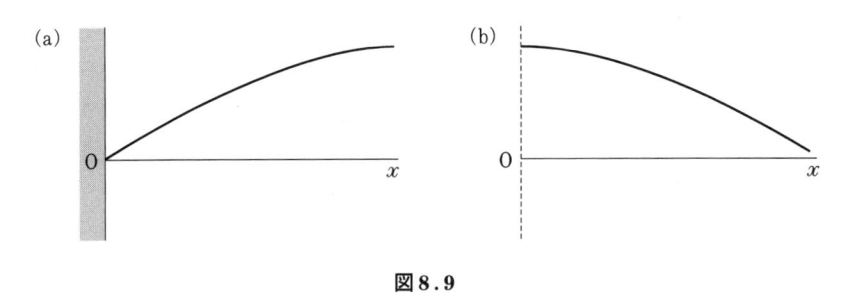

図 8.9

波源は弦の右端にあるとして，左端の点 O で何が起こるかを考えよう．始めに点 O で弦が壁に固定されている場合（図 8.9(a)）をとり上げる．これを**固定端**の場合という．点 O では変位 $u(0, t)$，速度 $v(0, t)$ は常にゼロであるが，弦をつり合いの位置に戻そうとする力 $f(0, t)$ はゼロにならない．図のように弦に沿って右向きに x 軸，またそれに垂直に y 軸をとる．変位が $+y$ 方向のパルス波（これを正のパルス波といい，変位が $-y$ 方向の波を負のパルス波ということにする）が $-x$ 方向を向いて進んできたとき，弦が壁に及ぼす力の y 成分は正である．したがって，壁は弦に $-y$ 方向の力をおよぼす．この力が $+x$ 方向に進む負のパルス波をつくり出す．こうして，点 O で波の反射が起こる．

一方，図8.9(b) のように，端の点Oが弦に垂直な方向に自由に運動できるとすると，$f(0, t)$ は常にゼロになるが，$u(0, t), v(0, t)$ はゼロではないので，それが波源となって，$+x$方向に進む正のパルス波ができる．これを**自由端**の場合という．現実の弦で自由端をつくることは難しいが，他の媒質の波，例えば§9.2で扱うように，同軸ケーブルの電磁波では，自由端に対応する条件を容易に実現できる．このように，端の点では状況に応じた反射波が発生して，$+x$方向に進む．

入射波と反射波の関係を定量的に調べるために，点Oを座標の原点 $x = 0$ にとり，入射波と反射波の変位の場をそれぞれ，

$$u_\text{i}(x, t) = H_1(x + ct) \tag{8.29}$$

$$u_\text{r}(x, t) = H_2(x - ct) \tag{8.30}$$

とする．添字は incident, reflected (それぞれ，"入射した"，"反射した"，を意味する) の頭文字をとった．このとき，実際の弦があるのは $x \geq 0$ の部分だけだが，波を表す関数 $H_1(x + ct), H_2(x - ct)$ を仮想的に $x < 0$ の領域まで拡張して考えると便利になる．

Ⅰ．固定端の場合

点Oの変位は常にゼロだから，

$$u(0, t) = u_\text{i}(0, t) + u_\text{r}(0, t) = H_1(-ct) + H_2(ct) = 0 \tag{8.31}$$

が，t によらずに成り立つ．したがって，一般に H_1 と H_2 の間には

$$H_2(z) = -H_1(-z) \quad (z:\text{任意の変数}) \tag{8.32}$$

の関係があり，反射波を表す関数と入射波を表す関数の間には

$$u_\text{r}(x, t) = H_2(x - ct) = -H_1(-x + ct)$$

$$= -H_1\left(x + c\left(t - \frac{2x}{c}\right)\right)$$

$$= -u_\text{i}\left(x, t - \frac{2x}{c}\right) \tag{8.33}$$

の関係が成り立つ．$2x/c$ は点 P を通過した入射波の上の1点が点 O に進み，反射して再び点 P に戻るまでの時間である．したがって (8.33) は，入射波が点 O で変位の向きを $\pm y$ 方向から $\mp y$ 方向に変えて，反射波となることを示している．

弦の張力を F とすると，反射波の速度の場および力の場 (8.8) はそれぞれ

$$v_\mathrm{r}(x,\ t) = \frac{dv_\mathrm{r}}{dt}$$
$$= -c\,H_2'(x-ct) = -c\,H_1'(-x+ct)$$
$$= v_\mathrm{l}\!\left(x,\ t - \frac{2x}{c}\right) \qquad (8.34)$$

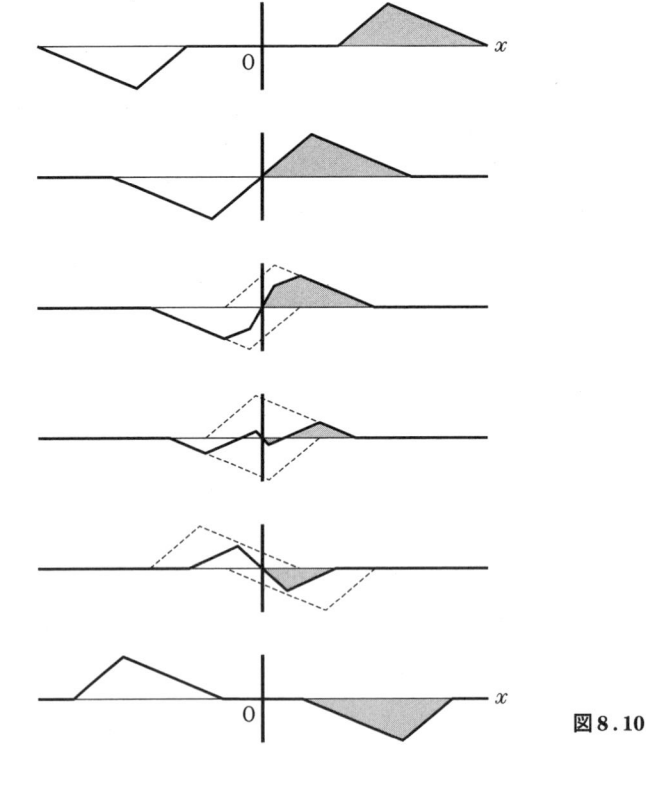

図 8.10

$$f_\mathrm{r}(x,\ t) = -F\frac{du_\mathrm{r}}{dx} = -F\,H_2'(x-ct) = F\,H_1'(-x+ct)$$
$$= f_\mathrm{i}\!\left(x,\ t-\frac{2x}{c}\right) \tag{8.35}$$

で，反射の際に速度は向きを変え，一方，復元力は向きを変えない．左右非対称の山型のパルス波が反射される様子を図 8.10 に示した．この図では，右側にある実際の波（影を付けてある），x 方向，$-x$ 方向に進む仮想的な波（点線），および両者の合成波（実線）を，時間の経過に合わせて上側から下側に図示している．

II．自由端の場合

点 O では弦に力がはたらかないから，

$$f(\mathrm{O},\ t) = -T\frac{d}{dx}[u_\mathrm{i}(x,\ t)+u_\mathrm{r}(x,\ t)]$$
$$= -T\,[H_2'(ct)+H_1'(-ct)]$$
$$= 0 \tag{8.36}$$

である．この場合の検討は読者の演習に残すが（演習問題 [7] 参照），結果は，点 O で入射波が変位の向きを変えず，そのまま反射波になる．また，点 O の全変位は入射波が単独にあるときの 2 倍である（図 8.11）．

実際の弦は長さ L が有限だから，もう一方の端の点 P $(x=L)$ でも反射が起こる．一例として，点 O，P がともに固定端の場合に，両端での反射の影響を調べる．このときは (8.31) に加えて，$u(\mathrm{P},\ t) = H_1(L+ct) + H_2(L-ct) = 0$，したがって

$$H_2(z) = -H_1(2L-z) \qquad (z：任意の変数) \tag{8.37}$$

の条件がある．(8.32) と (8.37) から

$$\left.\begin{array}{l} H_1(z) = H_1(z+2L) \\ H_2(z) = H_2(z+2L) \end{array}\right\} \tag{8.38}$$

となり，入射波 H_1，反射波 H_2 はそれぞれ位置 x について周期 $2L$（時間については周期 $2L/c$）の周期関数である．これは，波が点 O あるいは P での

図 8.11

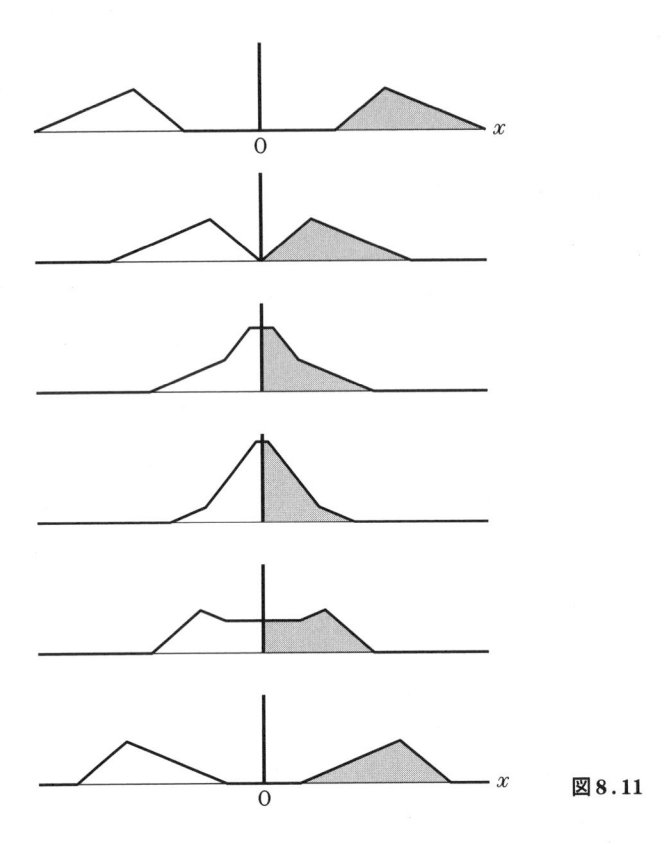

反射を繰り返すために，1つの波が距離 $2L$ あるいは時間 $2L/c$ ごとに同じ向きに進むことの結果である．

例えば $t = 0$ での弦の形が図 8.12(a) の実線のような対称の山型をしていて，$u(x, 0) = 2H_1(x)$ で表されるとしよう．(8.38) によって波を表す関数の定義域を拡大して考えると，同じ図の (b) の点線のように，

$$u_1(x,\ t) = H_1(x - ct), \qquad u_1(x,\ t) = H_2(x + ct) = -H_1(-ct - x)$$

の2つの波が存在して，それぞれ $\pm x$ 方向に進んでいると考えることができる．弦の変位はこれらの和

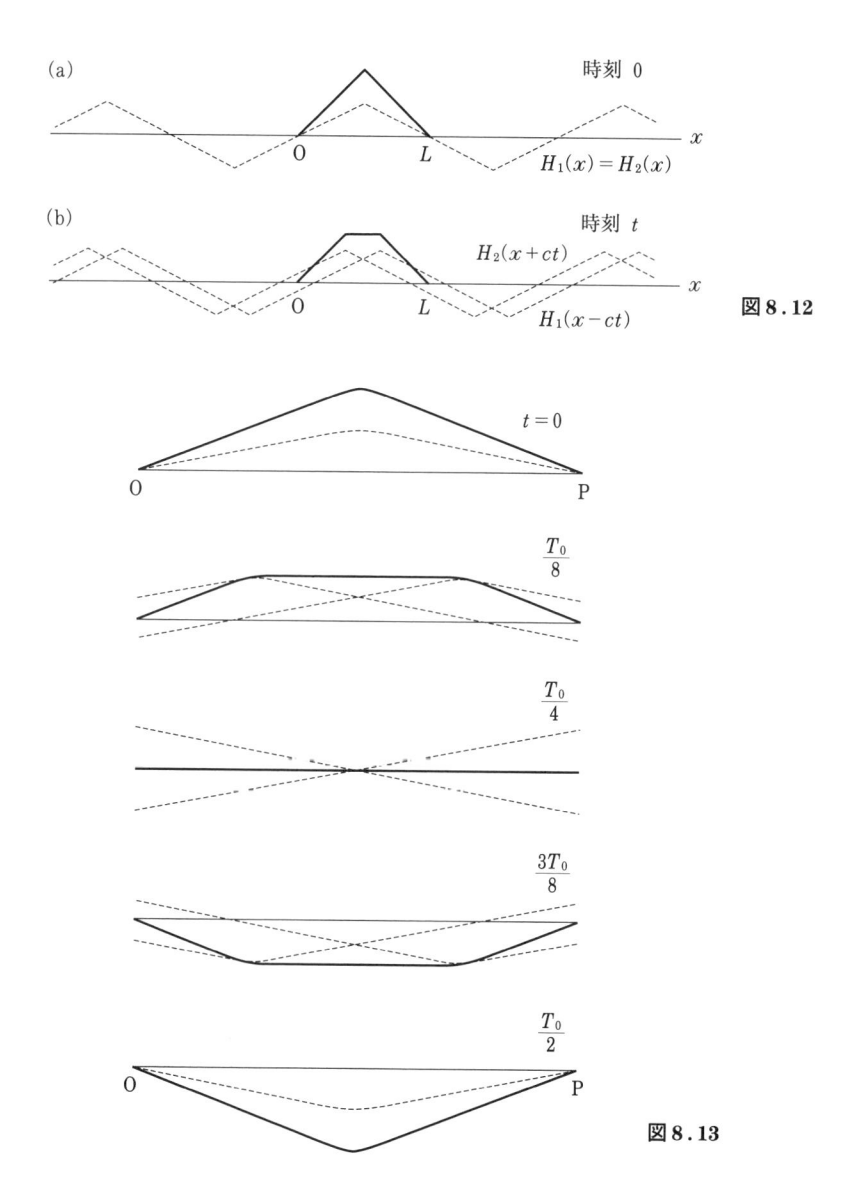

§8.5 媒質の境界と波の反射　215

(a)　時刻 0

$H_1(x) = H_2(x)$

(b)　時刻 t

$H_2(x+ct)$

$H_1(x-ct)$

図 8.12

$t=0$

$\dfrac{T_0}{8}$

$\dfrac{T_0}{4}$

$\dfrac{3T_0}{8}$

$\dfrac{T_0}{2}$

図 8.13

8. 波の基本法則

$$u(x,\ t) = H_1(x - ct) + H_2(x + ct)$$
$$= H_1(x - ct) - H_1(-ct - x) \qquad (8.39)$$
$$(= H_2(x + ct) - H_2(-x + ct))$$

で与えられる (図の実線). その時間変化を図 8.13 に示した. ここで, T_0 は弦の形がもとに戻るまでの時間である.

上の例で $H_1(z)$ (と $H_2(z)$) は, (8.38) からわかるように, 周期 $2L$ の周期関数だから, フーリエ展開をすると

$$H_1(z) = a_0 + \sum_{n=1}^{\infty}\left(a_n \cos\frac{n\pi z}{L} + b_n \sin\frac{n\pi z}{L}\right)$$

と表すことができる. このとき, (8.37) によって

$$H_2(z) = -\left[\frac{a_0}{2} + \sum_{n=1}^{\infty}\left\{a_n \cos\frac{n\pi(2L-z)}{L} + b_n \sin\frac{n\pi(2L-z)}{L}\right\}\right]$$
$$= -\frac{a_0}{2} + \sum_{n=1}^{\infty}\left(a_n \cos\frac{n\pi z}{L} - b_n \sin\frac{n\pi z}{L}\right)$$

である. これを (8.39) に代入して,

$$q_n = \frac{n\pi}{L}, \qquad \omega_n = cq_n = \frac{n\pi c}{L} \qquad (n = 1,\ 2,\ 3,\ \cdots) \qquad (8.40)$$

とすると,

$$u(x,\ t) = \left[\frac{a_0}{2} + \sum_{n=1}^{\infty}\left\{a_n \cos\frac{n\pi(x-ct)}{L} + b_n \sin\frac{n\pi(x-ct)}{L}\right\}\right]$$
$$- \left[\frac{a_0}{2} + \sum_{n=1}^{\infty}\left\{a_n \cos\frac{n\pi(x+ct)}{L} - b_n \sin\frac{n\pi(x+ct)}{L}\right\}\right]$$
$$= 2\left[\sum_{n=1}^{\infty} a_n \sin q_n x \sin \omega_n t + \sum_{n=1}^{\infty} b_n \sin q_n x \cos \omega_n t\right]$$
$$= 2\left[\sum_{n=1}^{\infty} a_n \sin q_n x \cos\left(\omega_n t - \frac{\pi}{2}\right) + \sum_{n=1}^{\infty} b_n \sin q_n x \cos \omega_n t\right]$$
$$(8.41)$$

となる. 最後の形の各項は弦の各点が一定の振幅が $a_n \sin q_n x$ あるいは $b_n \sin q_n x$ で, 角振動数 ω_n, 初期位相が $-\pi/2$ あるいはゼロの単振動をすることを表している. これは両端が固定された弦の基準振動への分解に他な

らない．

a_n, b_n を適当に選べば，任意の振動を (8.41) の右辺で表すことができる．そこで，(8.41) を逆にみると，任意の振動が逆方向に進む，同じ速度の波の重ね合わせ $H_1(x - ct) + H_2(x + ct)$ によって表されることになる．これは有限の大きさの媒質について広く成り立つ．この考え方によると，特に基準振動は，各点の振幅と角振動数が同じで，波数が逆符号の正弦波の重ね合わせとみることができる．このように基準振動をエネルギーの流れのない，止まった波と考えて，**定在波**あるいは**定常波**とよぶことがある．

§8.6 波のエネルギーとその移動

力学的な波が伝わっているとき，媒質の運動をしている部分はつり合いの状態に比べて余分のエネルギーをもっている．したがって，波の伝播はエネルギーが媒質を移動する過程でもある．この見地から波を見直そう．

例として，張力 F でまっすぐに張った弦の横波を再びとり上げ，位置 x, $x + \Delta x$ の 2 点の間の部分 PQ に注目する (図 8.3 参照)．弦の線密度を μ とすると，PQ の運動エネルギー $\Delta K(x, t)$ は

$$\Delta K(x, t) = \mu \Delta x \frac{[v(x, t)]^2}{2} = \mu \left(\frac{\partial u}{\partial t}\right)^2 \Delta x \tag{8.42}$$

で与えられる．一方，§8.2 でみたように，この部分にはたらく復元力は $-(F \partial^2 u/\partial x^2) \Delta x = -(\partial/\partial x)[F(\partial u/\partial x)^2/2] \Delta x$ で，ポテンシャル $[F(\partial u/\partial x)^2/2] \Delta x$ から導かれる．したがって，PQ の位置エネルギー $\Delta V(x, t)$ は

$$\Delta V(x, t) = \frac{F}{2}\left(\frac{\partial u}{\partial x}\right)^2 \Delta x = \frac{\mu c^2}{2}\left(\frac{\partial u}{\partial x}\right)^2 \Delta x \tag{8.43}$$

で与えられる．ここで (8.1) によって $F = \mu c^2$ であることを使った．同様の変形は，これからしばしば現れる．

$+ x$ 方向に進む波 $u(x, t) = G_1(t - x/c)$, $v(x, t) = G_1'(t - x/c)$ に対

しては

$$\Delta K(x,\ t) = \Delta V(x,\ t)$$
$$= \frac{\mu}{2}\left[G_1'\left(t - \frac{x}{c}\right)\right]^2 \Delta x = \frac{F}{2c^2}\left[G_1'\left(t - \frac{x}{c}\right)\right]^2 \Delta x \tag{8.44}$$

となる．したがって，点 P 付近で弦のもっている全力学的エネルギーは単位長さ当り

$$\varepsilon(x,\ t) = \frac{\Delta K}{\Delta x} + \frac{\Delta V}{\Delta x}$$
$$= \mu\left[G_1'\left(t - \frac{x}{c}\right)\right]^2 = \mu\,[v(x,\ t)]^2 \tag{8.45}$$

である．最後の表式 $\mu\,[v(x,\ t)]^2$ は $-x$ 方向に進む波 $u = G_2(t + x/c)$ についても成り立つ．

時刻 t に続く短い時間 δt を考えると，波のうちで長さ $c\,\delta t$ の部分が点 P を通過するから，この間に $\varepsilon(x,\ t) \times c\,\delta t$ の力学的エネルギーが点 P を通って移動する．したがって，単位時間当りのエネルギーの移動量，すなわちエネルギーの流れの強さは

$$s(x,\ t) = c\,\varepsilon(x,\ t)$$
$$= \mu c\left[G_1'\left(t - \frac{x}{c}\right)\right]^2 = \mu c\,[v(x,\ t)]^2 \tag{8.46}$$

で表され，同様に $-x$ 方向に進む波については $s(x,\ t) = -\mu c\,[v(x,\ t)]^2$ である．

弦の微小部分 PQ についてエネルギーの収支を考えよう．この部分にあるエネルギーは $\varepsilon(x,\ t)\,\Delta x$ であり，Δt の間のこの部分へのエネルギーの出入りは

位置 x で左側から流れ込むエネルギー $= s(x)\,\Delta t$
位置 $x + \Delta x$ で右側に流れ出すエネルギー $= s(x + \Delta x)\,\Delta t$

§8.6 波のエネルギーとその移動   219

である．エネルギー保存の条件は

$$\left[\frac{d}{dt}\varepsilon(x,\ t)\varDelta x\right]\varDelta t \quad (\text{PQ のエネルギーの増加量})$$

$$= [s(x,\ t) - s(x + \varDelta x,\ t)]\varDelta t \quad (\text{エネルギーの流入量})$$

すなわち，

$$\frac{\partial \varepsilon(x,\ t)}{\partial t} = -\frac{\partial s(x,\ t)}{\partial x} \tag{8.47}$$

である．実際に代入してみればわかるように，(8.45)，(8.46)(あるいは$-x$方向に進む波についての式)はこの条件を満たしている．

ある時刻 t をとると，$\varepsilon(x,\ t), s(x,\ t)$ がゼロになる位置では $G_1'(t-x/c)=0$ であり，$v(x,\ t)=0$ であるばかりではなく，(8.6) によって，$f(x,\ t)=-F\,\partial u(x,\ t)/\partial x=(F/c)G_1'(t-x/c)$ もゼロになる．波の伝わっている弦の上にはエネルギーの濃い所と薄い所があり，いわば団子になって移動している．

[例題 8.2]　棒の縦波について，単位体積当りの力学的エネルギー $\varepsilon_{\text{vol}}(x,\ t)$ とその流れの強さ $s_{\text{vol}}(x,\ t)$ を表す式をつくれ．棒の断面積，密度，ヤング率をそれぞれ A, ρ, E とする．

[解]　x と $x+\varDelta x$ の間にある長さ $\varDelta x$ の部分 PQ (図 8.4) の体積は $A\,\varDelta x$ だから，その運動エネルギーは

$$\varDelta K = \rho A\,\varDelta x\,\frac{[v(x,\ t)]^2}{2} = \frac{A\,\varDelta x\,\rho}{2}\left(\frac{\partial u}{\partial t}\right)^2 \tag{a}$$

である．

一方，(8.13)，(8.15) によって，この部分の伸び，およびそこにはたらく引っ張り力はそれぞれ $\xi\,\varDelta x = (\partial u/\partial x)\varDelta x$, $A\sigma = EA(\partial u/\partial x)$ だから，その位置エネルギーは

$$\varDelta V(x,\ t) = \frac{1}{2}EA\left(\frac{\partial u}{\partial x}\right) \times \left(\frac{\partial u}{\partial x}\right)\varDelta x$$

$$= \frac{1}{2}A\,\varDelta x\,E\left(\frac{\partial u}{\partial x}\right)^2 \tag{b}$$

である．単位体積当りの全力学的エネルギー，および単位時間に単位面積を通過するエネルギーは

$$\varepsilon_{\text{vol}}(x,\,t) = \frac{\rho}{2}\left(\frac{\partial u}{\partial t}\right)^2 + \frac{E}{2}\left(\frac{\partial u}{\partial x}\right)^2, \qquad s_{\text{vol}}(x,\,t) = c\,\varepsilon_{\text{vol}}(x,\,t)$$

であり，$+x$ 方向に進む進行波 $u = G_1(t - x/c)$ に対して，

$$\varepsilon_{\text{vol}}(x,\,t) = \rho\left[G_1'\!\left(t - \frac{x}{c}\right)\right]^2 = \rho\,[v(x,\,t)]^2 = \frac{E}{c^2}[v(x,\,t)]^2 \qquad (\text{c})$$

$$s_{\text{vol}}(x,\,t) = \rho c\left[G_1'\!\left(t - \frac{x}{c}\right)\right]^2 = \rho c\,[v(x,\,t)]^2 = \frac{E}{c}[v(x,\,t)]^2 \qquad (\text{d})$$

となる．

一般に1方向に進む波を $u = G_1(t - x/c)$ あるいは $G_2(t + x/c)$ で表すと，そのエネルギー密度，エネルギーの流れの強さに対して，それぞれ (8.45)，(8.46) の形の式が成り立つ．これらの量を決めるのは変位の速度 $v(x,\,t)$ であり，変位 $u(x,\,t) = G_1(t - x/c)$ あるいは $G_2(t + x/c)$ ではない．エネルギー密度が最小（ゼロ）になる位置は，$G_1'(z)$ あるいは $G_2'(z)$ がゼロ，すなわち波の変位を表す関数 $G_1(z)$，$G_2(z)$ のグラフが山あるいは谷となる点で，媒質の上を速度 c で $\pm x$ 方向に移動している．これらの点では，変位の速度 $v(x,\,t)$ および復元力 $f(x,\,t)(= G_1'(t - x/c)/c)$ はともにゼロとなる．

[**例題 8.3**] 2個の同じ形の単発パルス波が，張力 F でまっすぐに張られた，長い弦の上を伝わるときのエネルギーの移動を調べよう．

（1）変位が同じ向きの2つのパルス波 $u_1{}^+(x,\,t) = G_1(t - x/c)$，$u_1{}^-(x,\,t) = G_1(t + x/c)$ が弦の上をそれぞれ左あるいは右側から近づいてきて重なり，続いて右と左に遠ざかっていくとき（図8.14(a)），エネルギーの線密度 $\varepsilon(x,\,t)$ を求めよ．

（2）また，変位が逆向きの2つのパルス波（図8.14(b)）$u_2{}^+(x,\,t) = G_1(t - x/c)$，$u_2{}^-(x,\,t) = -G_2(t + x/c)$ の場合も同様に調べよ．

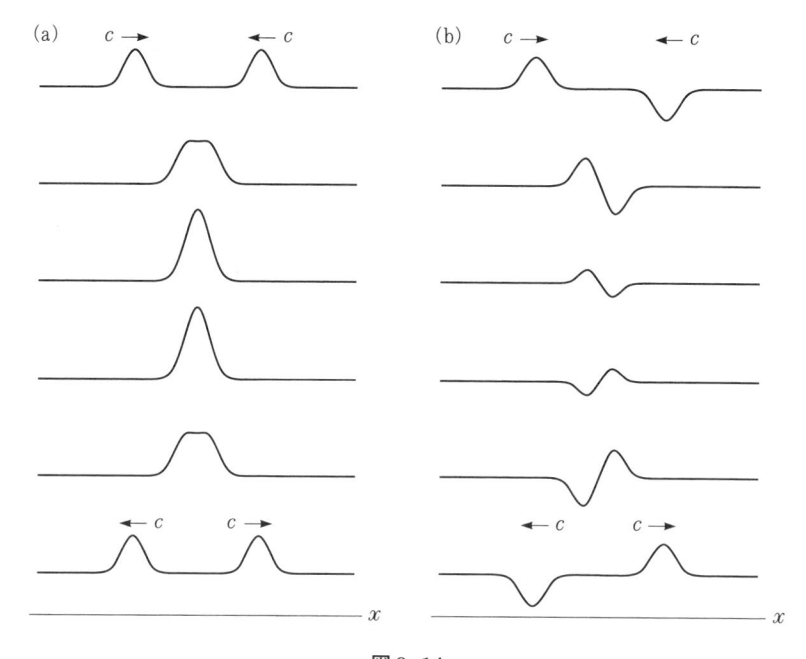

図 8.14

[解] 変位,速度の場はそれぞれ,

$$u(x,\ t) = G_1\left(t - \frac{x}{c}\right) \pm G_1\left(t + \frac{x}{c}\right)$$

$$v(x,\ t) = \frac{\partial u}{\partial t} = G_1{}'\left(t - \frac{x}{c}\right) \pm G_1{}'\left(t + \frac{x}{c}\right)$$

である.ただし,複号はそれぞれ(1),あるいは(2)に対してとる.

(8.42),(8.43)によって,運動エネルギーおよび位置エネルギーの線密度はそれぞれ

$$\frac{K(x,\ t)}{\varDelta x} = \frac{\mu}{2}\left[v(x,\ t)\right]^2$$

$$= \frac{\mu}{2}\left[G_1{}'\left(t - \frac{x}{c}\right) \pm G_1{}'\left(t + \frac{x}{c}\right)\right]^2$$

$$\frac{V(x,\ t)}{\varDelta x} = \frac{F}{2}\left(\frac{\partial u}{\partial x}\right)^2 = \frac{F}{2}\left[-\frac{1}{c}\,G_1{}'\left(t - \frac{x}{c}\right) \pm \frac{1}{c}\,G_1{}'\left(t + \frac{x}{c}\right)\right]^2$$

222　8. 波の基本法則

$$= \frac{F}{2c^2}\left[G_1{'}\left(t-\frac{x}{c}\right) \mp G_1{'}\left(t+\frac{x}{c}\right)\right]^2$$

であり，$F = \mu c^2$ を考慮すると，(1)，(2) どちらの場合も

$$\varepsilon(x,\ t) = \mu \left\{\left[G_1{'}\left(t-\frac{x}{c}\right)\right]^2 + \left[G_1{'}\left(t+\frac{x}{c}\right)\right]^2\right\} \tag{a}$$

になる．これは，パルス波が単独にある場合のエネルギー密度の単純な和である．

(8.46) や [例題 8.2] の (d) が示すように，一般に，エネルギーの流れの大きさと変位速度の 2 乗の比

$$Z = \frac{|s(x,\ t)|}{[v(x,\ t)]^2} \tag{8.48}$$

は，一様な媒質に対しては位置によらない定数となる．Z は波の伝播について基本的に重要な量で，波に対する**インピーダンス**とよばれる．いままで明らかにしたように，弦の横波，棒の縦波ではそれぞれ

$$Z = \sqrt{\mu F} = \mu c = \frac{F}{c} \tag{8.49}$$

$$Z = \sqrt{\rho E} = \rho c = \frac{E}{c} \tag{8.50}$$

である．章末の表に代表的な波の性質とともに，Z の表式を示しておいた．

(8.49) あるいは (8.50) を使うと，力または応力の場の式 (8.8)，(8.15) はそれぞれ

$$f(x,\ t) = -F\frac{\partial u(x,\ t)}{\partial x} = \pm \frac{F}{c}\frac{\partial u(x,\ t)}{\partial t} = \pm \frac{F}{c}v(x,\ t)$$

$$= \pm Z\,v(x,\ t) \tag{8.51}$$

$$\sigma(x,\ t) = E\frac{\partial u(x,\ t)}{\partial x} = \mp \frac{E}{c}\frac{\partial u(x,\ t)}{\partial t} = \mp \frac{E}{c}v(x,\ t)$$

$$= \mp Z\,v(x,\ t) \tag{8.52}$$

となる．ここで，複号は $+x$ 方向，あるいは $-x$ 方向に進む波に対して，上または下の符号をとる．これらの関係は，力を表す量の場と（加速度では

なくて) 速度の場が比例し，その比例定数 (の絶対値) が Z であることを示している．これも一般的な関係である．

力学で学習したことを振り返ってみると，このように力と速度が比例するのは，速度に比例する抵抗力を受ける物体の定常的な運動のように，外力のする仕事がそのまま散逸し，エネルギーの収支がつり合うときである．いまの場合には抵抗力による力学的エネルギーの損失はない．しかし弦の小部分に注目すると，例えば $+x$ 方向に進む波でいえば，左側から供給されたエネルギーはそっくり右側に出て行って，貯蔵されない．この点でエネルギーの収支がつり合っている (演習問題 [9] を参照)．

§8.7 2次元，3次元の波動方程式*

2次元，3次元の媒質については，§8.2 で説明したのと同様に

$$\Delta_2\, w(x,\ y,\ t) = \frac{1}{c^2}\frac{\partial^2 w(x,\ y,\ t)}{\partial t^2} \tag{8.53}$$

$$\Delta w(x,\ y,\ z,\ t) = \frac{1}{c^2}\frac{\partial^2 w(x,\ y,\ z,\ t)}{\partial t^2} \tag{8.54}$$

が波動方程式であり，これらを満たす量 w は速さ c の波として伝わることが示される．ここで，$\Delta_2 = \partial^2/\partial x^2 + \partial^2/\partial y^2$ あるいは $\Delta = \partial^2/\partial x^2 + \partial^2/\partial y^2 + \partial^2/\partial z^2$ は，2次元あるいは3次元の**ラプラシアン**である．

[**例題 8.4**] 3次元の平面波の式 (7.21) は波動方程式 (8.54) を満たすことを示せ．

[**解**] (7.21) を (8.55) の両辺に代入する．

$$\frac{\partial^2}{\partial x^2}[U_0 \cos(\omega t - \boldsymbol{q}\cdot\boldsymbol{r} + \alpha)] = -q_x^2\, U_0 \cos(\omega t - \boldsymbol{q}\cdot\boldsymbol{r} + \alpha)$$

($y,\ z$ 成分については，x をそれぞれ $y,\ z$ とした式)

$$\frac{\partial^2}{\partial t^2}[U_0 \cos(\omega t - \boldsymbol{q}\cdot\boldsymbol{r} + \alpha)] = -\omega^2\, U_0 \cos(\omega t - \boldsymbol{q}\cdot\boldsymbol{r} + \alpha)$$

である．したがって，

$$\text{左辺} = -(q_x^2 + q_y^2 + q_z^2)\, U_0 \cos(\omega t - \boldsymbol{q}\cdot\boldsymbol{r} + \alpha)$$

224　8. 波の基本法則

$$\text{右辺} = -\frac{\omega^2}{c^2} U_0 \cos(\omega t - \boldsymbol{q}\cdot\boldsymbol{r} + a)$$

となる．ここで，q_x, q_y, q_z はそれぞれ波数ベクトル $\boldsymbol{q}$ の x, y, z 成分である．正弦波の速度 c と角振動数 ω の関係 (7.11) に注意すれば，

$$\sqrt{q_x{}^2 + q_y{}^2 + q_z{}^2} = q = \frac{\omega}{c} \tag{8.55}$$

であり，(7.21) は (8.54) を満たす．

　次に，1 点 O から出て空間に広がっていく波を考えよう．波面は波源 O を中心とする球面 (図 8.15) で，その上では波の量 w が同じ値をとるはずである．波の伝わる空間の任意の点 P と O の距離を $r = \sqrt{x^2 + y^2 + z^2}$ として，この波を

$$w(\text{P}, t)(= w(r, t)) = \frac{R(r, t)}{r} \tag{8.56}$$

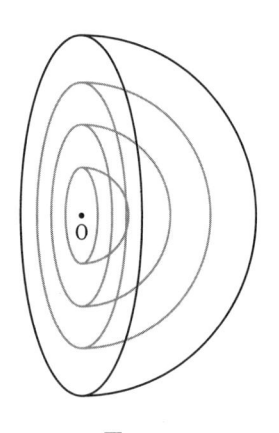

図 8.15

と表してみよう．波の進行とともに波面はだんだん大きくなるから，エネルギーの保存を考えると，点 O から遠い点ほど振幅は小さくなるはずである．(8.56) で因子 $1/r$ を付けたのは，そのことをとり込むためである．ここで $\partial^2 w/\partial x^2 = (\partial/\partial x)[(x/r)\partial w/\partial r] = (1/r - x^2/r^3)\partial w/\partial r + (x^2/r^2)\partial^2 w/\partial r^2$ などを使うと，3 次元の波動方程式 (8.55) は

$$\Delta w - \frac{1}{c^2}\frac{\partial^2 w}{\partial t^2} = \frac{\partial^2 w}{\partial r^2} + \frac{2}{r}\frac{\partial w}{\partial r} - \frac{1}{c^2}\frac{\partial^2 w}{\partial t^2}$$
$$= 0 \tag{8.57}$$

となる．これに (8.56) を代入すると，1 次元の波動方程式と同じ形

$$\frac{\partial^2 R}{\partial r^2} - \frac{1}{c^2}\frac{\partial^2 R}{\partial t^2} = 0 \tag{8.58}$$

になる．したがって，任意の関数 G^+, G^- を使って，

$$w_{\text{out}}(\text{P},\ t) = \frac{1}{r} G^+\left(t - \frac{r}{c}\right) \tag{8.59}$$

あるいは

$$w_{\text{in}}(\text{P},\ t) = \frac{1}{r} G^-\left(t + \frac{r}{c}\right) \tag{8.60}$$

で表される2種類の波が存在し，一般の波はこれらの重ね合わせになる．このように，波面が球面である波を**球面波**という．特に (8.59)，(8.60) はそれぞれ，速度 c で波源Oから出て外へ広がっていく波，遠方から吸収体Oに集まってきて吸収される波を表す．

以下では，(8.59) の波だけをとり上げ，簡単のために添字 out を省略する．特に波の量が角振動数 ω の単振動をする場合には，

$$w(\text{P},\ t) = \frac{U_0}{r} \cos(\omega t - qr + \alpha) \tag{8.61}$$

となる．これが正弦波型の球面波の表式である．特に波源から遠い距離 r_0 にある点の近くだけをみれば，波面がほぼ平行で，振幅は一定値 U_0/r_0 で近似できる．平面波はこの波で波源から遠方の極限の場合と考えることができる．同様に，細長い波源から出る波は，近似的に円筒状の波面をもって伝わる．この波を**円筒波**ということにする．球面波と円筒波は，第10章で波の回折を取扱うときに中心的な役割をする．

演習問題

おもりは質点とする．

[1] 単位長さ当りの質量 1.0×10^{-3} kg/m の弦を張力 100 N でまっすぐに張ってある．この弦の一方の端Oに，変位が $u(0,\ t) = 1.0 \times 10^{-2} \cos 50\pi t$ で表される横振動をさせる．

(1) 1 m 離れた点 P の変位，速度，加速度の時間変化を表す式をつくれ．

(2) この弦を伝わるエネルギーの時間平均値 $\langle s \rangle$ を求めよ．

[2] 自然の長さ l_0，断面積 A の細長い金属棒に力を加えて長さを l にし，両端を固定する．棒の材料のヤング率を E とするとき，この棒に伝わる縦波および横波の速度 c_v, c_t を求めよ．

[3]* 長さ l，線密度 μ の一様な弦を鉛直に吊るし，その上の端に衝撃力を加えて，横波のパルス波を発生させる．この波が下端に到達するまでの時間を求めよ．
 (ヒント： 張力が弦上の位置によって異なることに注意．)

[4] 長さ l，質量 m の一様な弦の両端を固定し，張力 T でまっすぐに張る．波動方程式 (8.12) を利用して，この弦の基準振動の角振動数と各点の変位を表す式をつくれ．

[5] 単位長さ当りの質量が 4.5×10^{-4} kg/m で全長 0.65 m の一様な弦がある．この弦の両端を固定して，横振動をさせる．

(1) 基本振動の角振動数を $330 \times 2\pi$ Hz にするには，張力をいくらにすればよいか．

(2) このとき，他の基準振動の角振動数を求めよ．

[6]* 長さ l，単位長さ当りの質量 μ のひもがある．その一端を固定して吊るし，鉛直面内で振幅の小さい横振動させるとき，変位 $u(x, t)$ に対して

$$\frac{\partial^2 u}{\partial t^2} = g\left(\frac{\partial}{\partial x}(l-x)\frac{\partial u}{\partial x}\right)$$

が成り立つことを示せ．g は重力加速度，上端から鉛直下向きに x 軸をとった．

[7] 左右非対称の山型パルス波が弦の自由端で反射される様子は，図 8.11 のようになることを確かめよ．

[8] 単位長さ当りの質量が μ の一様な弦の上の 1 点に質量 m のおもりが付いている．この弦が一定の張力 F でまっすぐに張られていて，一方から角振動数 ω の横波が伝わってくると，おもりで波の反射が起こる．このとき，入射波と反射波のエネルギーの流れの強さ ((8.46) 参照) の比を求めよ．

[9] 密度 ρ，ヤング率 E の材料でできた断面積 A の長い棒がある．この棒の一

端 O に外力 $f_{ex} = f_{ex}(t)$ を加えて縦波を発生させるとき，次の問に答えよ．ただし O を原点として，棒に沿って x 軸をとる．

(1) 波が $u(x, t) = U_0 \cos[\omega(t - x/c)]$ で表されるとき，$f_{ex}(t)$ を求めよ．

(2) 外力が単位時間にする仕事の1周期当りの平均値を求めよ．

(3) この仕事は何に形を変えたか．

[10] 図 6.3 の模型を伝わる波数 q，角振動数 ω の縦波に対するインピーダンスの式をつくれ．

[11]* 波長に比べて深い液体の表面に現れる波の角振動数と波数の関係は $\omega^2 = gq + \gamma q^3/\rho$ で表される．ここで，$g = 9.8\,\mathrm{m/s^2}$ は重力の加速度，ρ と γ は密度と表面張力である．深い水面の波について，

(1) 位相速度と群速度が等しくなるのは，波長がどれだけのときか．水では $\rho = 1.0 \times 10^3\,\mathrm{kg/m^3}$，$\gamma = 7.3 \times 10^{-3}\,\mathrm{N/m^3}$ である（温度によって変化するが，ここでは室温での値をとった）．

(2) これよりずっと波長の長い波では位相速度が群速度の2倍となることを示せ．

代表的な波の性質

波の種類	速度に対応する場*	復元力に対応する場*	波の速度 c	インピーダンス Z	記号の説明
一様な張力のはたらいている弦の横波	横方向の速度 $v(x,t) = \dfrac{\partial u_{横}}{\partial t}$	横方向の復元力 $= -F \times \left(\dfrac{\partial u_{横}}{\partial x}\right)_{x,t}$	$\sqrt{\dfrac{F}{\mu}}$	$\sqrt{\mu F}\left(= \mu c = \dfrac{T}{c}\right)$	μ：単位長さ当りの質量 F：一様な張力
弾性体の棒の縦波	縦方向の速度 $v(x,t) = \dfrac{\partial u_{縦}}{\partial t}$	引っ張り応力 $\sigma(x,t)$	$\sqrt{\dfrac{E}{\rho}}$	$\sqrt{\rho E}$	ρ：密度，E：ヤング率
ばねの縦変位の波	縦方向の速度 $v(x,t) = \dfrac{\partial u_{縦}}{\partial t}$	張力 $f(x,t)$	$\sqrt{\dfrac{e}{\mu}} = L\sqrt{\dfrac{K}{m}}$	$\sqrt{\mu e} = \sqrt{Km}$	m：質量，K：ばね定数，L：長さ $\mu = m/L$，$e = KL$
流体中の音波	流体の変位の速度 $v(x,t) = \dfrac{\partial u}{\partial t}$	圧力の変化 $\delta\rho(x,t)$	$\sqrt{\dfrac{B}{\rho_0}} = \sqrt{\dfrac{1}{\kappa \rho_0}}$	$\sqrt{\rho_0 B} = \sqrt{\dfrac{\rho_0}{\kappa}}$	ρ_0：（静止状態の）流体の密度，B：体積弾性率，$\kappa = 1/B$：圧縮率
真空中の電磁波	磁束密度／μ_0 $B_z(x,t)/\mu_0$	電場の強さ $E_y(x,t)$	$\sqrt{\dfrac{1}{\varepsilon_0 \mu_0}} (= c_0)$	$\sqrt{\dfrac{\mu_0}{\varepsilon_0}} (= Z_0)$	ε_0：真空の誘電率，μ_0：真空の透磁率，c_0：真空中の光速度，Z_0：真空のインピーダンス
一様な誘電体中の電磁波	磁束密度／μ_0 $B_z(x,t)/\mu_0$	電場の強さ $E_y(x,t)$	$c_0\sqrt{\dfrac{1}{\varepsilon_r \mu_r}}$	$Z_0\sqrt{\dfrac{\mu_r}{\varepsilon_r}}$	ε_r：誘電体の比誘電率，μ_r：誘電体の比透磁率（多くの場合，1としてよい）
同軸ケーブルの電磁波	電流 $i(x,t)$	電圧 $v(x,t)$	$\sqrt{\dfrac{1}{L_0 C_0}}$	$\sqrt{\dfrac{L_0}{C_0}}$	L_0：単位長さ当りのインダクタンス，C_0：単位長さ当りの電気容量

* 電磁気的な波については一意的ではない．一つの考え方を示す．

9 電 磁 波

物理の世界に現れる波のうちで最も重要なものの一つは，電場と磁場の変化の波，すなわち電磁波である．本章では，電磁波を伝える装置として広く使われている同軸ケーブル，および真空の空間の電磁波について，最も基本的な性質をとり上げる．それらは前の2章で紹介した考え方や方法を応用する典型的な例にもなっている．

§9.1 同軸ケーブルを伝わる電磁波

テレビのアンテナと受信機，パソコンの本体と周辺機器などの間をつないで，高周波の電気信号を伝える線には，図9.1(a)の同軸ケーブルが広く使われている．これは金属の中空の円筒ともう一つの細い金属円筒とを中心が一致するように配置して，その間の空間を誘電体で満たした構造(図

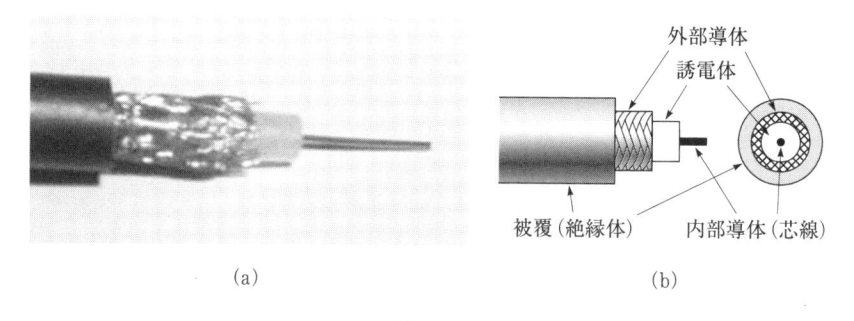

(a) (b)

図9.1

9.1(b)) をもっている．これらをそれぞれ**外部導体**，**内部導体**とよぶことにする．2つの導体に沿って電圧，電流の変化が進むのだから，それらの間の空間を，電場と磁場の変化が伝わるといってもよい．このように，電磁気の法則に従って，電場と磁場の変化が空間を伝わる現象が電磁波である．

電磁波の基本方程式を導くために，同軸ケーブルを一定の長さ Δl の微小部分に分けて，その各部分について，内部導体と外部導体の間の電気容量を $C = C_0 \Delta l$，またこの部分のもつ自己インダクタンスを $L = L_0 \Delta l$ とする．C_0, L_0 はそれぞれ単位長さ当りの電気容量と自己インダクタンスである．なお，抵抗は小さいとして無視する．このようにして，同軸ケーブルを図9.2のように自己インダクタンス L のコイルと電気容量 C のコンデンサーとを繰り返して接続した回路で置き換えることができる．これは，弾性体の棒の振動を調べるのに，図6.3のおもりとばねの模型から出発した第6章と同じ考え方である．

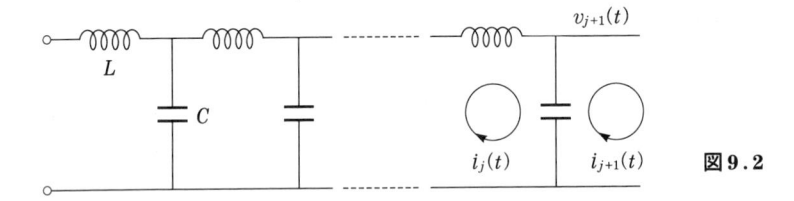

図9.2

j 番目のコンデンサーの電荷，電圧をそれぞれ $q_j(t)$, $v_j(t)$，また j 番目のコイルの電流を $i_j(t)$ とすると，端の部分 $(j=0)$ を除いて，

$$L \frac{di_j(t)}{dt} = L_0 \Delta l \frac{di_j(t)}{dt} = v_j(t) - v_{j+1}(t) \tag{9.1}$$

$$q_j(t) = C_0 \Delta l \, v_j(t) = C \, v_j(t) \tag{9.2}$$

$$\frac{dq_j(t)}{dt} = C_0 \Delta l \frac{dv_j(t)}{dt} = i_{j-1}(t) - i_j(t) \tag{9.3}$$

である．ここで電流は図で右向き，すなわち j 番目から $j+1$ 番目のコンデンサーに向かう向きを正とした．

§9.1 同軸ケーブルを伝わる電磁波

連続的なケーブルに戻るために，j 番目の部分の位置を $x_j = j\,\Delta l$ とし，$\Delta l \to 0$ の極限で，

$$x_j \to x, \quad v_j(t) \to v(x,t), \quad i_j(t) \to i(x,t) \tag{9.4}$$

とすると，$v(x,t)$, $i(x,t)$ はそれぞれ座標 x の位置での導体の間の電圧，あるいはこの位置での（例えば内側の導体を $+x$ 方向に流れる）電流である．（このとき，外側の導体には $-x$ 方向に強さ $i(x,t)$ の電流が流れる）．(9.1)，(9.3) から，同軸ケーブルを伝わる電磁波の基本方程式

$$L_0 \frac{\partial i}{\partial t} = -\frac{\partial v}{\partial x} \tag{9.5}$$

$$C_0 \frac{\partial v}{\partial t} = -\frac{\partial i}{\partial x} \tag{9.6}$$

が得られる．これらは

$$v(\text{電圧}) \leftrightarrow f, \quad i \leftrightarrow v(\text{変位速度}), \quad L_0 \leftrightarrow \mu, \quad C_0 \leftrightarrow \frac{1}{F} \tag{9.7}$$

という対応によって，弦の横波の基本法則 (8.7)，(8.9) になる．したがって，電圧，電流の変化 $v(x,t)$, $i(x,t)$ は

$$c = \sqrt{\frac{1}{L_0 C_0}} \tag{9.8}$$

の波となってケーブルを伝わることがわかる．

$v(x,t)$ は $t - x/c$ の関数

$$v(x,\ t) = G_1\!\left(t - \frac{x}{c}\right) \tag{9.9}$$

あるいは，$-x$ 方向に進む波では

$$v(x,\ t) = G_2\!\left(t + \frac{x}{c}\right) \tag{9.10}$$

で表され，(8.51) に対応する関係

$$v(x, t) = \sqrt{\frac{L_0}{C_0}}\, i(x, t) = Z\, i(x, t) \tag{9.11}$$

が成り立つ．電圧と電流の比

$$Z = \sqrt{\frac{L_0}{C_0}} = cL_0 = \frac{1}{cC_0} \tag{9.12}$$

は，この同軸ケーブルの特性インピーダンスとよばれる量である．c, Z の単位がそれぞれ [m/s]，[Ω]（オーム）となることはすぐに確かめられる（演習問題 [1] 参照）．

図 9.3 のようにこの同軸ケーブルの一端 O $(x=0)$ に交流電圧 $v_s(t) = V_0 \cos\omega t$ を発生する電源が付いていて，もう一方の端がずっと遠方にあれば，

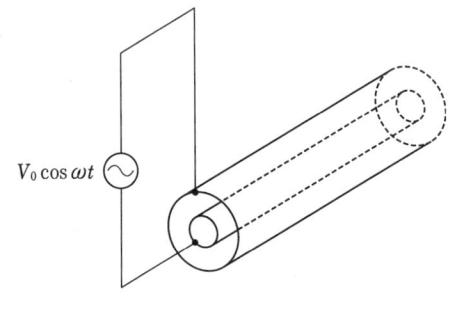

図 9.3

$$v(x, t) = V_0 \cos\omega\left(t - \frac{x}{c}\right), \quad i(x, t) = ZV_0 \cos\omega\left(t - \frac{x}{c}\right) \tag{9.13}$$

で表される波が $+x$ 方向に進む．§8.6 を振り返って，弦の横波のエネルギー密度とその流れの強さの式 (8.45)，(8.46) で (9.7) の対応を考えると，この場合のエネルギー密度とエネルギーの流れの強さは，それぞれ

$$\varepsilon(x, t) = L_0\, [i(x, t)]^2 = C_0\, [v(x, t)]^2 \tag{9.14}$$

$$s(x, t) = c\, \varepsilon(x, t) = Z\, [i(x, t)]^2 \tag{9.15}$$

となる．前章で波のエネルギーの流れと変位速度に対応する量の比例係数 Z をインピーダンスとよんだのは，この特性インピーダンスの一般化に当るからである．

電磁気学によると，外部導体の (内) 半径を r_1，内部導体の半径を r_2 ($< r_1$)，真空の誘電率と透磁率をそれぞれ ε_0, μ_0，また誘電体の比誘電率を ε_r として，単位長さ当りのインダクタンスと電気容量はそれぞれ $L_0 = (\mu_0/2\pi) \log(r_1/r_2)$, $C_0 = 2\pi\varepsilon_r\varepsilon_0/\log(r_1/r_2)$ である．ここで誘電体の比透磁率 μ_r を 1 とした．これは実際の誘電体材料について広く成り立つことである．したがって，

$$c = \frac{1}{\sqrt{\varepsilon_r \varepsilon_0 \mu_0}} = \frac{c_0}{\sqrt{\varepsilon_r}} \qquad (9.16)$$

である．

$$c_0 = \frac{1}{\sqrt{\varepsilon_0 \mu_0}} = 2.998 \times 10^8 \,\mathrm{m/s} \qquad (9.17)$$

は，物理全体に関わる基本定数の一つで，**真空中の光速度**とよばれる．§9.3 で述べるように，これは文字通り真空中の光の速さに等しい．

普通の同軸ケーブルで使われている誘電体の材料はポリエチレンで，その比誘電率は 2.2〜2.4 くらいだから，同軸ケーブルを伝わる電磁波の速さは真空中に比べて 2/3 程度に遅くなっている．一方，特性インピーダンス (9.12) は

$$Z = \frac{\sqrt{\frac{\mu_0}{\varepsilon_r \varepsilon_0}}}{2\pi} \log \frac{r_1}{r_2} = \frac{Z_0}{2\pi\sqrt{\varepsilon_r}} \log \frac{r_1}{r_2} \qquad (9.18)$$

で与えられる．

$$Z_0 = \sqrt{\frac{\mu_0}{\varepsilon_0}} = 376.7\,\Omega \qquad (9.19)$$

は，電磁波の伝播に関係する大切な定数で，**真空のインピーダンス**とよばれる．市販の多くの同軸ケーブルの特性インピーダンスは 50 Ω である．

234   9. 電磁波

[**例題9.1**]　負荷のない状態で交流電圧 $v_S(t) = V_S \cos \omega t$ を発生する交流電源があり，その内部インピーダンスの実部（内部抵抗）は R_S，また虚部はゼロであるとする．図9.3のように，特性インピーダンス Z の長い同軸ケーブルの一端にこの電源を付けて交流電圧を加えるとき，ケーブル上の電圧，電流およびエネルギーの流れを求めよ．また，単位時間当りに電源が供給するエネルギーの平均値が最大になるのはどのような場合か．

[**解**]　交流電源Sとケーブルとをつなぐ点Oを原点とし，ケーブルに沿う座標を x とすると，ケーブル上の電圧，電流は $v(x, t) = V_0 \cos \omega(t - x/c)$，$i(x, t) = (V_0/Z) \cos \omega(t - x/c)$ と表せる．一方，$v(0, t) = V_0 \cos \omega t$，$i(0, t) = (V_0/Z) \cos \omega t$ は，Sの出口での電流，電圧でもあるから $v(0, t) = v_S(t) - R_S i(0, t)$ がどの時刻 t でも成り立つ．これから，$V_0 = V_S - RV_0/Z$ であり，

$$v(x, t) = \frac{ZV_S}{R_S + Z} \cos \omega \left(t - \frac{x}{c}\right), \quad i(x, t) = \frac{V_S}{R_S + Z} \cos \omega \left(t - \frac{x}{c}\right)$$

を得る．ここで (9.15) を使うと，エネルギーの流れは

$$s(x, t) = \frac{ZV_S^2}{(R_S + Z)^2} \cos^2 \omega \left(t - \frac{x}{c}\right) = \frac{ZV_S^2}{2(R_S + Z)^2} \left[1 + \cos 2\omega \left(t - \frac{x}{c}\right)\right]$$

である．その時間平均値 $ZV_S^2/2(R_S + Z)^2$ が最大になるのは，$R_S = Z$ のときである．

§9.2　ケーブルの接続と反射

インピーダンスの異なる2つの同軸ケーブルをつないだとき，その接点で波の一部分は透過し，他の部分は反射する．このときの透過波と反射波を求めることは§8.5のよい応用問題である．

例えば，図9.4のように x 軸に沿って同軸ケーブルがあり，$x > 0$ の部分 (A) および $x < 0$ の部分 (B) の特性インピーダンスはそれぞれ Z_A，Z_B，

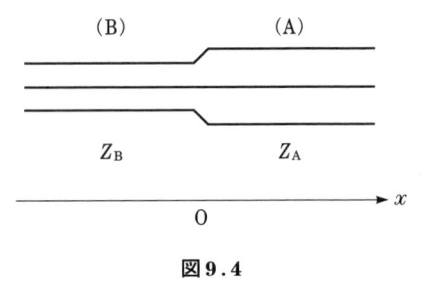

図9.4

§9.2 ケーブルの接続と反射

また電磁波の速さは c_A, c_B であるとする．

いま，$-x$ 方向へ進む電磁波

$$v_i(x,\ t) = G_1\!\left(t + \frac{x}{c_A}\right), \qquad i_i(x,\ t) = \frac{1}{Z_A}\,G_1\!\left(t + \frac{x}{c_A}\right) \quad (9.20)$$

が A の部分から O にやってくると，反射波（A 上を $+x$ 方向に進む波）

$$v_r(x,\ t) = G_2\!\left(t - \frac{x}{c_A}\right), \qquad i_r(x,\ t) = -\frac{1}{Z_A}\,G_2\!\left(t - \frac{x}{c_A}\right)$$
$$(9.21)$$

と透過波（B 上を $-x$ 方向に進む波）

$$v_t(x,\ t) = G_3\!\left(t + \frac{x}{c_B}\right), \qquad i_t(x,\ t) = \frac{1}{Z_B}\,G_3\!\left(t + \frac{x}{c_B}\right) \quad (9.22)$$

が現れる．[†] ここで，添字 t は transmitted（透過した）の頭文字である．つなぎ目の点 O では両側の電圧の場と電流の場とが一致するから

$$v_i(0,\ t) + v_r(0,\ t) = v_t(0,\ t) \qquad (9.23)$$

$$i_r(0,\ t) + i_i(0,\ t) = i_t(0,\ t) \qquad (9.24)$$

である．これらの式で左辺と右辺はそれぞれ A および B の量を表す．これらから，

$$G_1(t) + G_2(t) = G_3(t) \qquad (9.25)$$

$$\frac{G_1(t)}{Z_A} - \frac{G_2(t)}{Z_A} = \frac{G_3(t)}{Z_B} \qquad (9.26)$$

が常に成り立たなければならない．したがって，反射波，透過波を表す関数は

$$G_2(t) = \frac{Z_B - Z_A}{Z_A + Z_B}\,G_1(t) \qquad (9.27)$$

$$G_3(t) = \frac{2Z_B}{Z_A + Z_B}\,G_1(t) \qquad (9.28)$$

となる．

[†] 厳密にいうと，§9.3 で述べるように，速さ c_A, c_B, インピーダンス Z_A, Z_B は正弦波の角振動数 ω によって変わる．しかし，実際に同軸ケーブルを伝わる電磁波ではその影響は小さい．

点 O におけるエネルギーの流れは，$+x$ 方向への流れの符号を正として

入射波のエネルギーの流れ　$s_\mathrm{i} = Z_\mathrm{A}\,[i_\mathrm{i}(0,\,t)]^2 = \dfrac{[G_1(t)]^2}{Z_\mathrm{A}}$

反射波のエネルギーの流れ　$s_\mathrm{r} = -Z_\mathrm{A}\,[i_\mathrm{r}(0,\,t)]^2$

$$= -\dfrac{1}{Z_\mathrm{A}}\left[\dfrac{Z_\mathrm{A}-Z_\mathrm{B}}{Z_\mathrm{A}+Z_\mathrm{B}}G_1(t)\right]^2$$

透過波のエネルギーの流れ　$s_\mathrm{t} = Z_\mathrm{B}\,[i_\mathrm{trs}(0,\,t)]^2$

$$= \dfrac{1}{Z_\mathrm{B}}\left[\dfrac{2Z_\mathrm{B}}{Z_\mathrm{A}+Z_\mathrm{B}}G_1(t)\right]^2$$

であり，エネルギー反射率 R，エネルギー透過率 T はそれぞれ

$$R = -\dfrac{s_\mathrm{r}}{s_\mathrm{i}} = \dfrac{(Z_\mathrm{A}-Z_\mathrm{B})^2}{(Z_\mathrm{A}+Z_\mathrm{B})^2} \tag{9.29}$$

$$T = \dfrac{s_\mathrm{t}}{s_\mathrm{i}} = \dfrac{4Z_\mathrm{A}Z_\mathrm{B}}{(Z_\mathrm{A}+Z_\mathrm{B})^2} \tag{9.30}$$

となる．両者の和が 1 であることはすぐに確かめられる．ここでは導体の抵抗をゼロとして，エネルギーが失われる過程を考えていないのだから，これは当然の結果である．

以上は，A から B に向かって波が入射するときであるが，逆方向に波が進むときも，$R,\,T$ は同じ値をとる．また，$Z_\mathrm{A}=Z_\mathrm{B}$ であれば $R=0,\,T=1$ で，つなぎ目での反射は起こらない．このときには，A と B は電磁気的には同じケーブルである．

(9.7) の対応を考えると，上の議論をそのまま，弦の横波に適用できる．さらに，同じようなアナロジーを使って，一般に異なる媒質の境界での波の反射と透過を扱うことができる．特にエネルギーの反射率，透過率を媒質のインピーダンスで表した式 (9.29)，(9.30) は広く成り立つ関係である．

[例題9.2]　線密度 μ_A の弦 A と線密度 μ_B の弦 B をつないで，張力 F でまっすぐに張る．A から B に向かって横波が入射するとき，そのエネルギーの反射率と透過率を求めよ．

§9.2 ケーブルの接続と反射　237

[解] 横波に対するインピーダンスの式 (8.49) を使うと，すぐに

$$\text{エネルギー反射率} = \frac{(\sqrt{\mu_A} - \sqrt{\mu_B})^2}{(\sqrt{\mu_A} + \sqrt{\mu_B})^2}$$

$$\text{エネルギー透過率} = \frac{4\sqrt{\mu_A \mu_B}}{(\sqrt{\mu_A} + \sqrt{\mu_B})^2}$$

を得る．

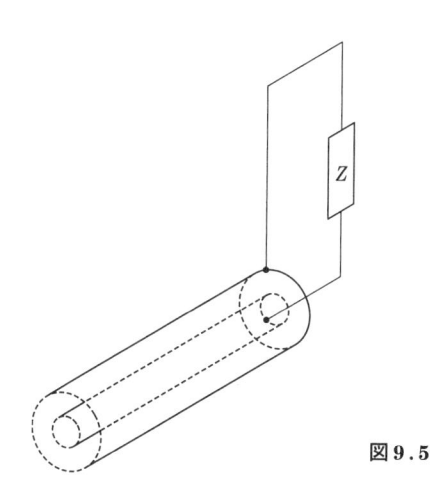

図 9.5

点 O でケーブル A が B の代わりにインピーダンス Z の負荷（ここでは純抵抗 R とする）につながれている場合（図 9.5）にも，同じ考え方を適用できる．負荷を流れる電流を $i(t)$ とすると，(9.23), (9.24) に代わって，

$$v_i(0, t) + v_r(0, t) = Z\, i(t) = Z\,[i_i(0, t) + i_r(0, t)]$$

$$i_i(0, t) + i_r(0, t) = i(t)$$

が成り立たなければならない．$(-x$ 方向に進む) 入射波と $(+x$ 方向に進む) 反射波をそれぞれ (9.20), (9.21) で表すと，これらから，

$$\left.\begin{aligned} v_r(x, t) &= \frac{Z - Z_A}{Z + Z_A} G_1\!\left(t - \frac{x}{c}\right) \\ i_r(x, t) &= -\frac{Z - Z_A}{Z_A(Z + Z_A)} G_1\!\left(t - \frac{x}{c}\right) \\ i(t) &= \frac{2}{Z + Z_A} G_1(t) \end{aligned}\right\} \quad (9.31)$$

である.特別な場合をいくつかとり上げよう.

Ⅰ.$Z = 0$,すなわち,2つの導体を抵抗ゼロの電線でつないだとき,(8.30)と同様に考えて,

$$\left.\begin{aligned} v_\mathrm{r}(x,\ t) &= -G_1\Bigl(t - \frac{x}{c_\mathrm{A}}\Bigr) = -v_\mathrm{l}\Bigl(x,\ t - \frac{2x}{c_\mathrm{A}}\Bigr) \\ i_\mathrm{r}(x,\ t) &= \frac{1}{Z_\mathrm{A}} G_1\Bigl(t - \frac{x}{c_\mathrm{A}}\Bigr) = i_\mathrm{l}\Bigl(x,\ t - \frac{2x}{c_\mathrm{A}}\Bigr) \\ i(t) &= \frac{2}{Z_\mathrm{A}} G_1(t) = 2i_\mathrm{l}(0,\ t) \end{aligned}\right\} \quad (9.32)$$

Ⅱ.$Z \to \infty$,すなわち,2つの導体がつながっていないとき

$$\left.\begin{aligned} v_\mathrm{r}(x,\ t) &= G_1\Bigl(t - \frac{x}{c_\mathrm{A}}\Bigr) = v_\mathrm{l}\Bigl(x,\ t - \frac{2x}{c_\mathrm{A}}\Bigr) \\ i_\mathrm{r}(x,\ t) &= -\frac{1}{Z_\mathrm{A}} G_1\Bigl(t - \frac{x}{c_\mathrm{A}}\Bigr) = -i_\mathrm{l}\Bigl(x,\ t - \frac{2x}{c_\mathrm{A}}\Bigr) \\ i(t) &= 0 \end{aligned}\right\} \quad (9.33)$$

電圧を変位に対応させると,Ⅰ,Ⅱはそれぞれ弦の固定端,自由端に当る.

Ⅲ.点Oで2つの導体をインピーダンスZ_Aの負荷につないだとき

$$\left.\begin{aligned} v_\mathrm{r}(x,\ t) &= i_\mathrm{r}(x,\ t) = 0 \\ i(t) &= i_\mathrm{r}(0,\ t) \end{aligned}\right\} \quad (9.34)$$

である.すなわち反射は起こらないで,ケーブルを流れてきたエネルギーはすべて負荷で消費される.したがって,電圧,電流の様子はケーブルが無限に続いているときと変わらない.弦では,Ⅱ,Ⅲの状況を実現しにくい.

§9.3 真空および一様な誘電体の中の電磁波

一般に,電場と磁場の変化が互いに他方を生み出しながら伝わっていく現象が**電磁波**である.変化の主体が空間の電磁気的な状態で,弦の波や音波のように媒質の力学的な変位ではないから,電磁波は真空の中でも伝わる.その性質は角振動数ω,あるいは波数qによってさまざまに異なる.おおざっぱに言って,低い振動数側から順に電波(振動数$\nu = \omega/2\pi$が$10^{12} \sim 10^{13}$

§9.3 真空および一様な誘電体の中の電磁波   239

Hz 以下), 光 (ν が $10^{12} \sim 10^{13}$ Hz から $10^{17} \sim 10^{18}$ Hz). 放射線 (ν が $10^{17} \sim 10^{18}$ Hz 以上) と分類される．この節では広い空間，あるいは一様な媒質の中を伝わる角振動数一定の平面電磁波への入門をする．

電磁波の発生源は電荷の運動である．例として，電波を放出するアンテナをとり上げよう．図9.6のように一定の長さをもった2本の導体に交流の電圧を加えて，電流を流すと，それをとり巻くように磁場ができる．また，導体はとぎれているので，それぞれの先端付近に逆符号の電荷が溜って，それが周りの空間に双極子型の電場をつくる．これらの場はアンテナに流れる電流と同じ角振動数で変化をする．

ところで，電磁気学の法則によって変化をする磁場は電場を，また変化する電場は磁場を生み出すから，これらの変化が再生産されて，空間を伝わる．こうしてアンテナから次々と場の変化が周りの空間に送り出される．これが電磁波である．より波長の短い電磁波では，発生源の大きさはより小さくなる．特に光では，原子内の電荷の運動がその源泉である．

電流のつくる磁場の磁束線，双極子の電場の電気力線の形を思い出してみると，このときの電場の方向はそれぞれ電荷の運動の方向を含む平面内にあり，一方，磁場はこの平面に垂直である．また，電場，磁場の強さを考え

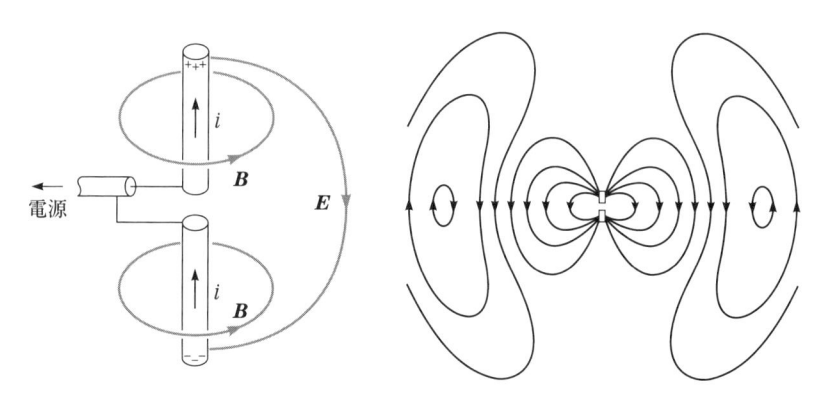

図9.6

ると，アンテナに垂直，言いかえれば電荷の移動と垂直な平面内とその近くでは強く，アンテナの方向，すなわち電荷の運動の延長線方向では弱い．こうしてアンテナから出る電磁波は，それに垂直な平面内により多くのエネルギーを運ぶという指向性をもっている．

このようにして発生する電磁波は，波源から遠方では近似的に平面波とみることができる（§8.7参照）．以下では正弦波の平面電磁波を扱う．出発点になるのは，真空すなわち電荷密度 ρ_e，電流密度 i_e をともにゼロとしたマクスウェルの方程式である．むろん電磁波の発生源には電荷も電流も存在しているが，それはずっと遠くの系外にあると考えて，変化する電場，磁場が新たに磁場，電場を再生産する過程だけに注目するのである．このとき，波の進行方向を x 方向，波面，すなわち電場，磁場が一様であるような平面を $x = y, z$ 一定の平面とすると，電場 $\boldsymbol{E}(x, y, z, t)$，磁束密度 $\boldsymbol{B}(x, y, z, t)$ の各成分に対して，

(a1) $\dfrac{\partial B_y}{\partial t} = \dfrac{\partial E_z}{\partial x}$, (a2) $\dfrac{\partial B_z}{\partial t} = -\dfrac{\partial E_y}{\partial z}$, (a3) $\dfrac{\partial B_x}{\partial t} = 0$

(b1) $\varepsilon_0 \dfrac{\partial E_y}{\partial t} = -\dfrac{1}{\mu_0}\dfrac{\partial B_z}{\partial x}$, (b2) $\varepsilon_0 \dfrac{\partial E_z}{\partial t} = \dfrac{1}{\mu_0}\dfrac{\partial B_y}{\partial x}$, (b3) $\dfrac{\partial E_x}{\partial t} = 0$

である．時間変化をする y, z 成分だけに注目すると，$E_y(x, t)$ と $B_z(x, t)$（(a2) と (b1)），$E_z(x, t)$ と $B_y(x, t)$（(a1) と (b2)）がそれぞれ独立して1つの組になっている．

まず，$E_y(x, t)$ と $B_z(x, t)$ の組を考える．yz 平面内に特定の方向はないから，こうしても一般性を失わない．方程式 (b1), (a2) で

$$\begin{aligned}
E_y &\to f(\text{力の場}), & \dfrac{B_z}{\mu_0} &\to v(\text{変位速度の場}) \\
\dfrac{1}{\varepsilon_0} &\to F(\text{一定の張力}), & \mu_0 &\to \mu(\text{弦の線密度})
\end{aligned}\Bigg\}$$

(9.35)

と対応させると，(a2) と (b1) は弦の横波の基本方程式 (8.7) と (8.9) に対

§9.3 真空および一様な誘電体の中の電磁波

応する.したがって,電場,磁束密度の変化 $E_y(x,\ t)$, $B_z(x,\ t)$ は波となって,電場,磁場の振動方向に垂直な x 方向に進む.すなわち,真空の広い空間を伝わる電磁波は横波である.

弦の横波に対する式 (8.1), (8.49) で (9.7) の対応を考えると,この波の速さは $c_0 = 1/\sqrt{\varepsilon_0\mu_0} = 3.00 \times 10^8\,\mathrm{m/s}$,それに対するインピーダンスは (9.12) で導入した真空のインピーダンス $Z_0 = \sqrt{\mu_0/\varepsilon_0} = 367.6\,\Omega$ である.また,(8.51) からは

$$E_y(x,\ t) = Z_0 \frac{B_z(x,\ t)}{\mu_0} = \sqrt{\frac{1}{\varepsilon_0\mu_0}}\, B_z(x,\ t) = \frac{B_z(x,\ t)}{c_0} \tag{9.36}$$

が得られる.角振動数 ω の正弦波を表す式は,進行方向を x 軸,電場の方向を y 軸に選ぶと

$$\begin{aligned}
E_y(x,\ t) &= E_0 \cos(\omega t - qx + \alpha) \\
&= E_0 \cos\left[\omega\left(t - \frac{x}{c_0}\right) + \alpha\right] \\
B_z(x,\ t) &= \frac{E_0}{c_0} \cos(\omega t - qx + \alpha) \\
&= \frac{E_0}{c_0} \cos\left[\omega\left(t - \frac{x}{c_0}\right) + \alpha\right]
\end{aligned} \tag{9.37}$$

である.したがって,ある時刻における電場と磁場の様子を図示すると図

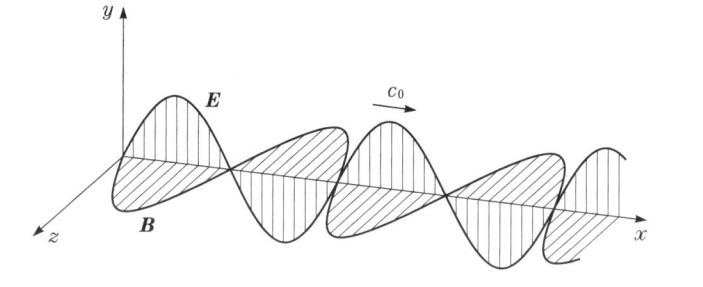

図9.7

9.7のようになる．

同様にして，マクスウェルの方程式でもう一つの組 (a1) と (b2) をとると，$+x$方向に進み，電場，磁場の方向がそれぞれ (9.37) の波と直交する横波の式

$$\left.\begin{aligned}E_z(x,\ t) &= E_0' \cos(\omega t - qx + \alpha') = E_0' \cos\left[\omega\left(t - \frac{x}{c_0}\right) + \alpha'\right] \\ B_y(x,\ t) &= -\frac{E_0'}{c_0} \cos(\omega t - qx + \alpha') = -\frac{E_0'}{c_0} \cos\left[\omega\left(t - \frac{x}{c_0}\right) + \alpha'\right]\end{aligned}\right\}$$
(9.38)

が得られる．

一般の正弦波は (9.37) の波と (9.38) の波の重ね合わせで表される．1点での電場の時間変化は これら2つの波の振幅比 E_0'/E_0 と位相差 $\varDelta\alpha = \alpha' - \alpha$ によって異なる．このとき電場ベクトル $\boldsymbol{E}(x,\ t) = (0,\ E_y(x,\ t),\ E_z(x,\ t))$（および磁束密度ベクトル $\boldsymbol{B}(r,\ t)$）は，図3.10に示したように一般に楕円上を運動する．このような電磁波を**楕円偏波**という．特に $E_0 = E_0'$ で $\varDelta\alpha = 0$ あるいは $\varDelta\alpha = \pm \pi/2$ のとき，$\boldsymbol{E}(x,\ t)$ はそれぞれ直線，円に沿って変化し，電磁波は**直線偏波**，あるいは**円偏波**となる．

直線偏波では電場の方向と波の進行方向を含む面，例えば図9.7では xy 面を**偏波面**という．また円偏波，楕円偏波では次のように，偏波の回転の向きを約束する．つまり，1点で波源に背を向け，波の進む方向に向かって $\boldsymbol{E}(x,\ t)$ の時間変化をみるとき，$\boldsymbol{E}(x_0,\ t)$ が時計回り，反時計回りに回転するのに応じて，右回りあるいは左回りの偏波と決める．[†]

§10.5で述べるように，1つのアンテナから送信される電波と違って，通常の光は1つの波ではない．いろいろな偏波の波連がランダムに集まった，

---

† IEEE（アメリカに本部を置く電気電子学会）の定義 (IEEE *Standards Definitions of Terms for Radio Wave Propagation*, IEEE, Inc., Std. 211-1977, 1977.) による．これは約束ごとだから，著者によって異なることがある．本や論文を読むときには，そこでの定義を確かめておかなければならない．特に同じ波でも一定時刻での波の形を見ることにすると回転の向きは逆になることに注意．

§9.3 真空および一様な誘電体の中の電磁波　243

波の集まりである．ポラロイドや特別な結晶からつくった偏光プリズムを使うと，このような光から一定の偏波の波連だけを選び出すことができる．このような波連の集まりが直線偏光や円偏光の光である．

次に，電磁波のエネルギー密度とその流れの強さを調べる．空間には特定の方向がなく，楕円偏波は直線偏波の重ね合わせで表せるから，(9.37)のように電場が y 軸に平行な直線偏波をとり上げれば一般性を失わない．単位体積当りのエネルギー密度は (8.45) で v を B/μ_0 とおきかえると

$$\begin{aligned}\varepsilon(x,\ t) &= \mu_0 \left[\frac{B_z(x,\ t)}{\mu_0}\right]^2 \\ &= \frac{\varepsilon_0}{2}[E_y(x,\ t)]^2 + \frac{1}{2\mu_0}[B_z(x,\ t)]^2 \\ &= \frac{1}{2\mu_0}\left[\left\{\frac{E_y(x,\ t)}{c_0}\right\}^2 + \{B_z(x,\ t)\}^2\right]\end{aligned} \quad (9.39)$$

となり，電磁気学で学んだ結果に一致する．(9.36) によって，第1項と第2項は同じ大きさである．うっかりすると，分母に c_0 がある電場の項の方が小さいと思うかも知れないが，それは単位の決め方に問題があるためである．

エネルギーの流れは $+x$ 方向に向かう．その大きさは (8.46) との対応によって

$$s(x,\ t) = Z_0\left[\frac{B_z(x,\ t)}{\mu_0}\right]^2 = \frac{E_y(x,\ t)\,B_z(x,\ t)}{\mu_0} = \frac{[E_y(x,\ t)]^2}{Z_0}$$

$$(9.40)$$

である．正弦波 (9.37) の場合，$\varepsilon(x,\ t)$ と $s(x,\ t)$ の時間平均値は

$$\langle \varepsilon \rangle = \frac{\varepsilon_0}{2}E_0{}^2 = \frac{1}{2\mu_0}B_0{}^2 \quad (9.41)$$

$$\langle s \rangle = c_0 \langle \varepsilon \rangle = \frac{c_0 \varepsilon_0}{2}E_0{}^2 = \frac{c_0}{2\mu_0}B_0{}^2 \quad (9.42)$$

となる．電磁気学によると，一般に電場と磁場とがあるときにはポインティングベクトル $s = E \times (B/\mu_0)$ で表されるエネルギーの流れがあると考えることができる．(9.40)は，その特殊な場合である．

[**例題9.3**] 電磁場の人体に対する安全基準についての日本産業衛生学会案 (1998年) によると，2 GHz のマイクロ波の許容限度は磁束密度の振幅にして 4.5×10^{-7} T である．(「生体と電磁界」(上野照剛，他編，学会出版センター，2003) による．) これに対応する電場の強さの振幅はいくらか．また，エネルギーの流れの平均値はいくらか．

[**解**]
$$E_0 = c_0 B_0 = 1.35 \times 10^2 \text{ V/m}$$
$$\langle s \rangle = \frac{c_0 B_0^2}{2\mu_0} = 24 \text{ J/m}^2 \cdot \text{s}$$

以上で導いた，真空の広い空間を伝わる平面電磁波についての結果は，媒質が一様な誘電体の場合にも使うことができる．それには，媒質の比誘電率を ε_r，比透磁率を μ_r として，式の中の ε_0, μ_0 を $\varepsilon_r \varepsilon_0, \mu_r \mu_0$ でおきかえればよい．したがって，電磁波の速さとインピーダンスはそれぞれ

$$c = \frac{c_0}{\sqrt{\varepsilon_r \mu_r}} \tag{9.43}$$

$$Z = \sqrt{\frac{\mu_r}{\varepsilon_r}} Z_0 = \mu_r \mu_0 c \tag{9.44}$$

である．

物質の比誘電率 ε_r は，電場の角振動数 ω によって変化する量である．(例えば，「固体物理学」(花村榮一著，第6章，裳華房) を参照．) 一方，普通の物質では，μ_r はあらゆる振動数の磁場に対してほぼ1である．強磁性体では，いわゆる電波の領域の振動数以下では μ_r が大きい値をとることがあるが，可視光以上の領域ではやはり1の程度になる．したがって，光の速度，光の波に対するインピーダンスは実際上 $c = c_0/\sqrt{\varepsilon_r}$, $Z = Z_0/\sqrt{\varepsilon_r}$ であり，角

振動数 ω の関数である．

インピーダンスの値と，弦の横波や同軸ケーブルの電磁波との対応とを使うと，多くの結果を直接導くことができる．例えば，真空と比誘電率 ε_r の媒質とが広い平面で接している場合に，真空の側から角振動数 ω の平面電磁波が境界面に垂直に入射するとき，エネルギー反射率 R，エネルギー透過率 T は，(9.29)，(9.30) とのアナロジーによって，

$$R = \frac{\left(Z_0 - \dfrac{Z_0}{\sqrt{\varepsilon_r}}\right)^2}{\left(Z_0 + \dfrac{Z_0}{\sqrt{\varepsilon_r}}\right)^2} = \frac{(\sqrt{\varepsilon_r} - 1)^2}{(\sqrt{\varepsilon_r} + 1)^2}$$

$$T = \frac{\dfrac{4Z_0 Z_0}{\sqrt{\varepsilon_r}}}{\left(Z_0 + \dfrac{Z_0}{\sqrt{\varepsilon_r}}\right)^2} = \frac{4\varepsilon_r}{(\sqrt{\varepsilon_r} + 1)^2}$$

である．

§9.4　はしご回路とフィルター特性*

図 9.2 のように，同じ素子の組み合わせが繰り返す回路を一般に**はしご回路**という．はしご回路を伝わる波はそれ自身面白い性質をもっている．本章の最後にその一端に触れておこう．なお，簡単のために，以下では j 番目の部分をはしごの j 段目とよぶことにする．

例として，図 9.2 の回路をとると，その基本方程式は前に導いた (9.1) と，(9.3) あるいは $v_j(t)$ だけの形にした

$$\frac{d^2 v_j(t)}{dt^2} = \frac{1}{LC}[v_{j-1}(t) - 2v_j(t) + v_{j+1}(t)] \quad (j = 2, 3, 4, \cdots)$$

(9.45)

である．左端に付けた電源の電圧を $v_0(t)$ で表せば，この式は $j = 1$ についても成り立つ．

いま，電源が振幅 V_0，角振動数 ω の交流電圧 $v_0(t) = v_0 \cos \omega t$ を発生し

ている場合を考えよう．これは図6.3の模型で一端に単振動をする外力を加える場合に相当する．定常状態では，電圧，電流の変化が角振動数 ω の波となって右向きに伝わり，はしごを1段進むごとに，電圧，電流の位相が一定の大きさ Δ だけ遅れる．したがって，j 段目の電圧は，

$$v_j(t) = V_0 \cos(\omega t - j\Delta) \tag{9.46}$$

で表せる．ここで，$0 \leq \Delta < 2\pi$ としても一般性を失わない．(9.46)によると，一定の時刻 t では，j が $2\pi/\Delta$ の整数倍だけ変化するごとに電圧の値が同じになるから，この式は角振動数 ω，(空間的な)繰り返しの周期 $(2\pi/\Delta)$ 段のはしご上の波を表す．

複素表示を使って，j 段目の電圧，電流の変化を

$$v_{jc}(t) = V_0 e^{\mathrm{i}(\omega t - j\Delta)} \tag{9.47}$$

$$i_{jc}(t) = I_0 e^{\mathrm{i}(\omega t - j\Delta)} \tag{9.48}$$

で表し，(9.1)，(9.45)に代入して整理すると，それぞれから

$$\left.\begin{aligned} I_0 &= \frac{V_0}{\mathrm{i}\omega L}(1 - e^{-\mathrm{i}\Delta}) = \frac{2e^{-\mathrm{i}\Delta/2}}{\omega L}\sin\frac{\Delta}{2} \\ \omega^2 &= -\frac{1}{LC}(e^{\mathrm{i}\Delta} - 2 + e^{-\mathrm{i}\Delta}) = 2\omega_0^2(1 - \cos\Delta) = 4\omega_0^2 \sin^2\frac{\Delta}{2} \end{aligned}\right\} \tag{9.49}$$

を得る．ここで $\omega_0 = 1/\sqrt{LC}$ はコンデンサー1個とコイル1個の LC 回路の固有角振動数(4.7)である．

2番目の式によって，隣り合う段の位相差 Δ と角振動数 ω の関係は，

$$\omega = 2\omega_0 \sin\frac{\Delta}{2} \tag{9.50}$$

である．(9.49)の1番目の式と(9.48)から，各段の電流は

$$i_j(t) = \frac{2V_0 \sin\frac{\Delta}{2}}{\omega L}\cos\left[\omega t - \left(j + \frac{1}{2}\right)\Delta\right] = \frac{V_0}{\omega_0 L}\cos\left[\omega t - \left(j + \frac{1}{2}\right)\Delta\right] \tag{9.51}$$

である．結局，

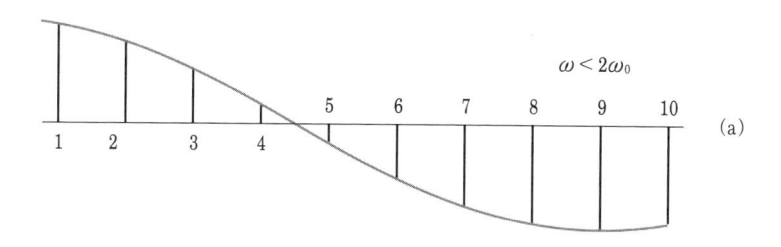

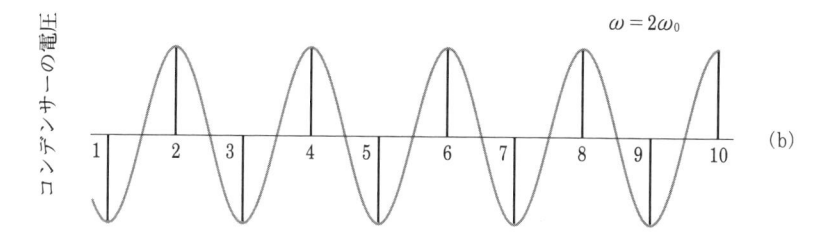

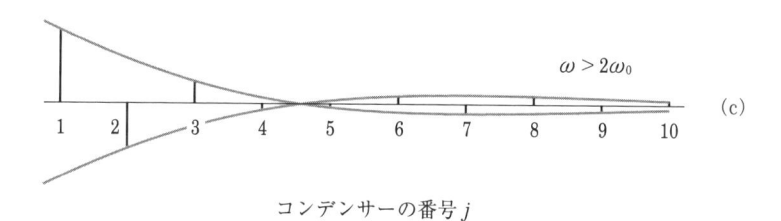

§9.4 はしご回路とフィルター特性 247

図 9.8

$$\omega \leqq \frac{2}{\sqrt{LC}} \tag{9.52}$$

であれば，角振動数 ω，(9.50) を満たす位相差 Δ の波が現れ，その電圧，電流は (9.46)，(9.51) で表される．電圧の波を図 9.8 (a) に示した．

図 6.3 の模型に対する (6.11) あるいは図 6.4 で (4.6) のアナロジーを考えると，(9.52) はこのはしご回路での基準振動の角振動数が存在する範囲に他ならない．しかも，ここでは段の数は非常に大きいと考えているから，

この範囲の中には，基準振動が密に分布している．外部から送り込んだ波がはしごを伝わるのは，それが基準振動のどれか一つと共振する場合である．特に，限界の角振動数 $\omega = 2\omega_0$ のときは $\varDelta(2\omega_0) = \pi/2$ で，図9.8(b) のように，段ごとに電圧（および電流）は逆向きになる．これは空間的な繰り返しの周期が最小の場合である．

$\omega > 2\omega_0$ のときには (9.50) を満たす $\varDelta$ は複素数となって，電圧，電流の振幅は j とともにどんどん減小する（図9.8(c)）．すなわち，電源電圧の変化が波として遠くまで伝わることはない．このように角振動数が一定の範囲の波だけを伝える系を**フィルター**，限界の角振動数 ω_0 を**カットオフ角振動数**という．これは繰り返し構造をもつ系で一般的に見られる特性である．図9.2の回路は $2\omega_0$ 以下の角振動数の振動のみを伝える**ローパスフィルター**の代表的な例である．逆に，ある一定の角振動数以上の波だけを伝える系を**ハイパスフィルター**とよぶ．その一例を演習問題［4］に挙げる．

演習問題

［1］ $c_0 = \sqrt{1/L_0 C_0}$, $Z_0 = \sqrt{\mu_0/\varepsilon_0}$ の単位がそれぞれ [m/s], [Ω] となることを確かめよ．

［2］ インピーダンス Z の同軸ケーブルを，2つの電圧の波 $v_1(x, t) = V_0 \cos(\omega t - kt)$, $v_2(x, t) = 2V_0 \cos(\omega t - kt - \pi/3)$ が伝わっている．複素表示を使って，次の問に答えよ．

 （1） それぞれの波の複素表示での振幅を表す式をつくれ．
 （2） 重ね合わせで得られる波を表す式をつくれ．
 （3） それぞれの波が単独に伝播しているときのエネルギーの流れを求めよ．
 （4） 合成波のエネルギーの流れを求めよ．

［3］ ケーブルの電磁波についての式 (9.27) との対応によって，下記の場合，媒

質 A から B に正弦波が入射するときの振幅反射率 $r=$ 反射波の振幅/入射波の振幅 を求めよ．ただし，反射面で反射波と入射波の位相が一致するときは $r>0$，また，位相が π だけ変化するときは $r<0$ とする．

（1） 20°C, 1気圧 $(=1.01\times10^5\,\mathrm{Pa})$ の空気 (A) からガラス平板 (B：密度 $3.0\times10^3\,\mathrm{kg/m^3}$, 圧縮率 $5.0\times10^{10}\,\mathrm{Pa}$) に，平面波の音波が垂直に入射するとき．

（2） ［例題6.2］のアルミニウム棒 (A) と鋼の棒 (B) を接合し，縦波を伝えるとき．それぞれの密度を $2.7\times10^3\,\mathrm{kg/m^3}$ (A)，$7.9\times10^3\,\mathrm{kg/m^3}$ (B) とする．

（3） 単位長さ当りの質量 $1.0\times10^{-3}\,\mathrm{kg/m}$ の弦 (A) と $1.0\times10^{-4}\,\mathrm{kg/m}$ の弦 (B) をつなぎ，まっすぐに張って横波を伝えるとき．

[**4**]* 図のように，図9.2のコイルとコンデンサーを入れかえた回路は，$\omega \geqq 2\omega_0$ の変化だけを伝えることを示せ．ここで $\omega_0=1/\sqrt{LC}$ である．

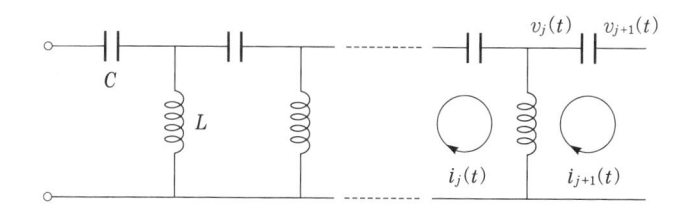

10 干渉と回折

波に関わる現象のうちで最も特徴的なものは干渉と回折，すなわち重ね合わせによって合成波の強さに大小が現れること，および波が障害物に当たると影の部分まで回り込む現象である．本章では，特に光の波への応用を念頭において，干渉，回折の数式による取扱いへの入門をする．具体的な波と比較するために，高校の物理や大学の基礎科目の実験で学習した，光や音の性質を思い出しながら読んで欲しい．本章の結果は，そのまま現実の光波，音波に当てはめるには，多くの点で不十分である．しかしどちらについても，より厳密な取扱いへの出発点になっている．

§10.1 波の干渉

角振動数，波数の等しい2つの正弦波が同じ場所にやって来ると，重ね合わせによって強め合ったり，打ち消したりする結果，空間的に強さの分布ができる．これは現実の波で広く見られることである．例えば，同じ光源から出て2つの近接したスリットを通った光は離れたスクリーンの上に明暗の模様をつくる（図10.1）．なお，明暗の図形の例を図10.15に示した．この場合には光源にレーザ

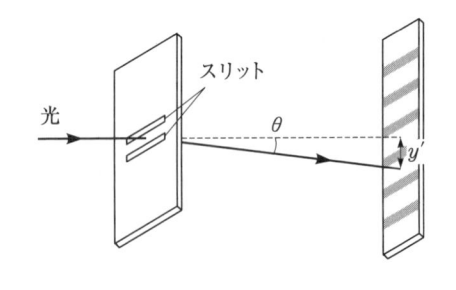

図10.1

ーを用いたので，図形は（縞状ではなくて）明るい点の列になっている．また，同じ発振器につないだ 2 個のスピーカーを少し離しておき，スピーカー同士を結ぶ方向と平行にその前をゆっくり移動すると，音の強弱を感じることができる．

上に挙げたピンホールやスリットを通り抜けた光，広い場所に置かれたスピーカーから出た音などのように，波源の広がりが波の伝わる領域に比べて小さい場合を理想化して，点状の波源を考えることができる．本節では近接した点状の波源が出す波の合成の例を 3 つ取り上げる．そこから波の干渉の一般的な性質を引き出すのがそのねらいである．

まず第 3 章の復習を兼ねて，ある 1 つの直線に沿って，同方向に進む波の合成を調べよう．1 つの管の中に 2 個のスピーカーを接近して置いたときがこれに当る．図 10.2 のように，x 軸上で原点 O の近くにある 2 個の波源 S_1, S_2 が同じ角振動数 ω，波数 q の平面波

$$w_1(x,\ t) = W_1 \cos(\omega t - qx + \alpha_1), \qquad w_2(x,\ t) = W_2 \cos(\omega t - qx + \alpha_2)$$
(10.1)

を出しているとする．S_1, S_2 の位置のずれは原点における初期位相の差 $\alpha_2 - \alpha_1$ の中に含めることができる．合成波の式 $w(x,\ t)$ は §3.2 で考えた

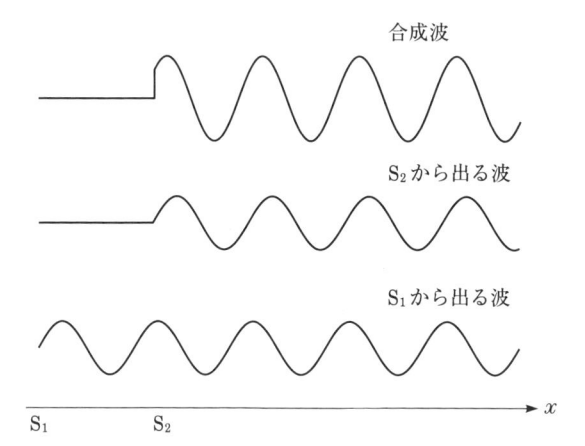

図 10.2

単振動の合成によって求められ，

$$w(x, t) = w_1(x, t) + w_2(x, t) = W_0 \cos(\omega t - qx + \alpha) \tag{10.2}$$

とすると，

$$W_0 = \sqrt{W_1^2 + W_2^2 + 2W_1 W_2 \cos(\alpha_2 - \alpha_1)} \tag{10.3}$$

$$\tan \alpha = \frac{W_1 \sin \alpha_1 + W_2 \sin \alpha_2}{W_1 \cos \alpha_1 + W_2 \cos \alpha_2} \tag{10.4}$$

である．すなわち，合成波は成分波と同じ角振動数 ω，波数 q の正弦波であり，その振幅 W_0 は成分波の位相差 $\Delta\alpha = \alpha_2 - \alpha_1$ に依存し，特に $\Delta\alpha = 0$，$\pi/2$ のとき，それぞれ $W_0 = W_1 + W_2$ あるいは $|W_1 - W_2|$ となる．

これらは，それぞれ W_0 の最大値あるいは最小値に当る．これに応じて波の強さ，すなわちエネルギーの流れの平均値は $k(W_1 + W_2)^2/2$ から $k(W_1 - W_2)^2/2$ まで変化し，成分波がそれぞれ単独にあるときの値の和 $k(W_1^2 + W_2^2)/2$ とは等しくない．ここで比例定数 k は波を表す量 $w(x, t)$ のとり方に依存し，特に w が変位，あるいはそれに対応する量ならば，インピーダンスの逆数 $1/Z$ である．このように波の重ね合わせは，ただ複数個の波が同時に存在することではなくて，それらが集まって「1つの波」をつくる現象である．この点で複数個の粒子が同時に存在することとは違う．

次に，前の例を一般化して，平面内で点波源 S_1, S_2 が出す波の合成を考えよう．これは，2つの平行なスリットを通り抜けた光の干渉に当てはめるこ

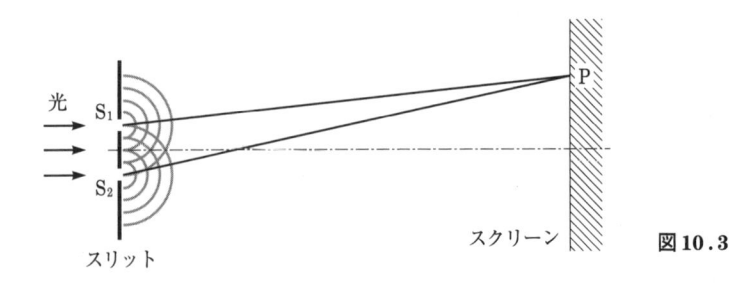

図10.3

とができる（図 10.3）．例えば，両スリットに垂直で，それぞれの中心 S_1，S_2 を通る平面上の任意の点 P では，2 つの円筒波の量をそれぞれ，

$$w_1(P, t) = W_0\, a(r_1) \cos\left[\omega\left(t - \frac{r_1}{c}\right)\right] \\ w_2(P, t) = W_0\, a(r_2) \cos\left[\omega\left(t - \frac{r_2}{c}\right)\right] \quad (10.5)$$

で表せる．ここで r_1, r_2 はそれぞれ P と S_1, S_2 の距離，c は波の速さである．波が広がるにつれて振幅が減少するが，それを表すのが波源からの距離の関数 $a(r)$ である．このとき，合成波を表す式は

$$w(P, t) = w_1(P, t) + w_2(P, t) \\ = W_0\, a(r_1)\left[\cos \omega\left(t - \frac{r_1}{c}\right) + \frac{a(r_2)}{a(r_1)} \cos \omega\left(t - \frac{r_2}{c}\right)\right] \quad (10.6)$$

となり，[ ] の部分に干渉の効果が含まれている．

ここで，$a(r_2)/a(r_1)$ が近似的に 1 でおきかえられるとしよう．これは一見乱暴な仮定にみえるが，例えば S_1 と S_2 の間隔が 0.5 mm のときに，これらから 50 cm 離れた点では，$|r_1 - r_2|/r_1 \leqq 0.001$ である．したがって，普通の光の干渉の実験に対して現実的な近似といえる．特に波源の正面に近い方向では，近似がより正確である．この近似の下で (10.6) は

$$w(P, t) \approx 2 W_0\, a(r_1) \cos \omega\left(t - \frac{r_1 + r_2}{2c}\right) \cos \omega \frac{r_2 - r_1}{2c} \\ = 2 W_0\, a(r_1) \cos \frac{q(r_2 - r_1)}{2} \cos\left[\omega t - \frac{q(r_1 + r_2)}{2}\right] \quad (10.7)$$

となり，合成波の振幅は $|2 W_0\, a(r_1) \cos q(r_2 - r_1)/2|$ で表される．波の強さは振幅の 2 乗に比例するから，その大きさを決めるのは 2 つの波の位相差

$$\Delta = q(r_2 - r_1) = \frac{2\pi(r_2 - r_1)}{\lambda} \quad (10.8)$$

であり，特に振幅最大の位置（腹）あるいはゼロの位置（節）では，それぞれ Δ が π の偶数倍あるいは奇数倍である．ここで波長を $\lambda (= 2\pi/q)$ で表した．

波の強さ一定の点，例えば節は $r_2 - r_1 =$ 一定を満たす曲線，すなわち S_1, S_2 を焦点とする双曲線の集まりの上にある．これは，浅い水面の波で近似的に見られる（図10.4：高等学校「物理Ⅰ」（三省堂）より転載）．

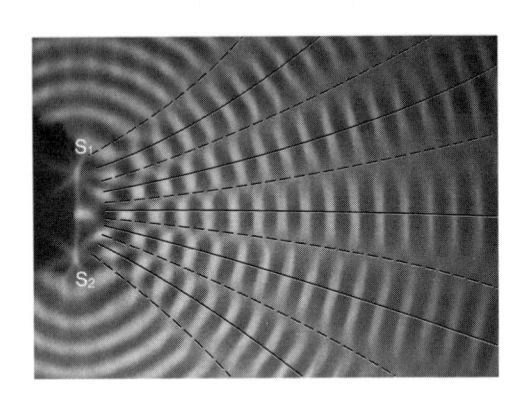

図10.4

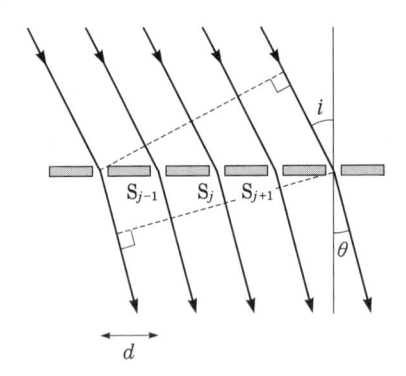

図10.5

3番目に，平行な光がスリットに斜めに入射する場合を想定して，多数の平行なスリット，…, S_{-2}, S_{-1}, S_0, S_1, S_2, … に平面波が入射する場合をとり上げる．前の例と同じように，スリットに垂直な平面の中で考えることにして，間隔 d で平行に並んだ細いスリットの列に，振幅 W_0，角振動数 ω，波数 q の平面波が角度 i の方向から入射する（図10.5）としよう．この平面内で入射波の波面は，例えば図中の破線で表される．ある瞬間における，各スリットの上での波の量は，S_0 に入射する波を位相の基準として

$$\cdots, \quad W_0 \cos \omega \left[t - q\left(-\frac{d \sin i}{c} \right) \right] = W_0 \cos \left[\omega t - q(-d \sin i) \right],$$

$$W_0 \cos \omega t, \quad W_0 \cos \left[\omega t - q(d \sin i) \right], \quad W_0 \cos \left[\omega t - q(2d \sin i) \right], \cdots$$

である．これは，同じ波面が隣り合うスリットに到達するまでの時間は $d \sin i / c = (qd \sin i) / \omega$ だけ異なり，その結果，2 つのスリットでの振動の位相が $\Delta' = qd \sin i$ ずれるからである．

さて，スリットを透過した波の干渉を調べるには，隣り合うスリット，例えば S_0 と S_1 を前の例の波源と考え，それらの振動の位相が始めから Δ' だけずれているとして，合成波を求めればよい．S_0 と S_1 から出た波が遠方の点 P に達するまでの距離の差 $r_0 - r_1$ を，前の例と同じように，$d \sin \theta$ で近似すると，それによって遠方の点では $\Delta = q(r_2 - r_1) = qd \sin \theta$ の位相差が現れる．したがって，S_0 と S_1 を通った波の遠方の点での全位相差は

$$\Delta - \Delta' = qd (\sin \theta - \sin i) = \frac{2\pi d}{\lambda} (\sin \theta - \sin i) \quad (10.9)$$

となる．これが合成波の振幅を決める量である．隣り合うスリットを通過した波の合成波の振幅が最大になる場合には，各スリットを通った波が次々と強め合って，スリット全体からの合成波の振幅，したがって強さも最大になる．このための条件は $\Delta - \Delta'$ が π の偶数倍，すなわち

$$d(\sin \theta - \sin i) = \lambda \times 整数 \quad (10.10)$$

である．すなわち，入射方向 i に対して，干渉によって強い波が進む方向 θ を決める条件は，隣り合うスリットを通る経路の長さの差が波長の整数倍である．なお，§10.8 で示すように，スリットの数が多いときには，これ以外の方向に進む波の強さは実質上ゼロになる．

以上に述べた干渉を光の波で起こすには，透過率あるいは反射率を周期的に変化させた物体を使う．通常は不透明な平面状の物体に，細い直線状の透明な部分，あるいは光を反射しやすい部分を平行に並べた構造を利用する．これらを**回折格子**という．その性質は一定の幅 D（例えば 1 cm）の間にある

透明な部分の本数 N_L で決まる．このとき $d = D/N_L$ である．N_L を**格子定数**という．

[**例題 10.1**] コンパクトディスク（CD）の表面には，小さなくぼみ（ピット）が渦巻き状に並んで，その有無で 0/1 のディジタル情報を記録している（図 10.6(a)）．渦巻きの一周り分をほぼ円周と考えると，その間隔は 1.6×10^{-6} m である．ピットが並んでいる部分（トラック）では，凹凸があるために，その間の部分よりも平均反射率が低い．CD のトラックに垂直な平面内で斜め 45°の方向から，波長 6.33×10^{-7} m のレーザー光を入射させたとき，光の進む方向を求めよ．

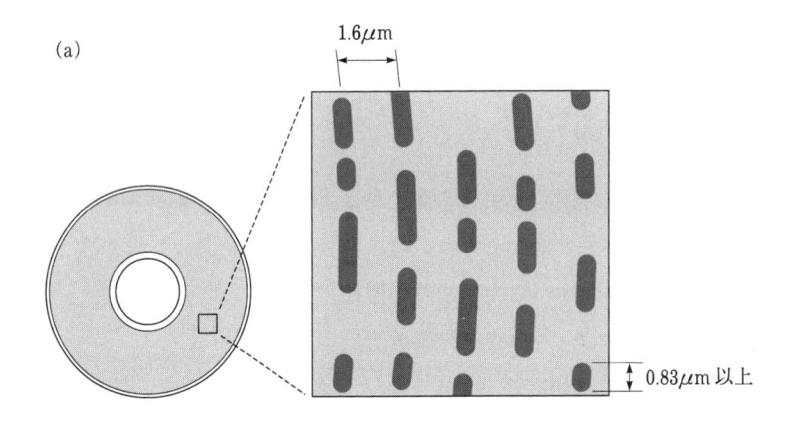

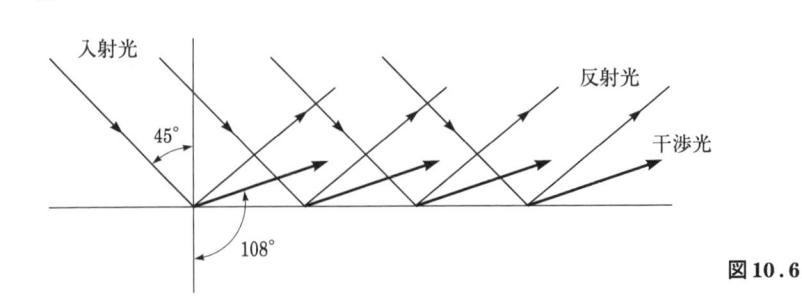

(a)

1.6μm

0.83μm 以上

(b)

入射光

45°

反射光

干渉光

108°

図 10.6

[解] (10.10) で $d = 1.6 \times 10^{-6}$ m, $\lambda = 6.33 \times 10^{-7}$ m, $\sin i = 0.707$ とすると, $\sin \theta = 0.707 + 0.396\, n$ である. 回折の起こる方向は $n = -1$ に相当する. これを図 10.6(b) に示す.

以上 3 つの例でみたように, 同じ角振動数の正弦波を複数個重ね合わせるとき, 合成波の振幅は主にそれらの位相の差に依存して, 場所ごとにさまざまな値をとる. 特に合成波の振幅が最大になるのは成分波の位相がすべて一致するときで, その最大値は成分波の振幅 U_0 と個数 N の積になる. このことは図 10.7 のベクトル図で合成ベクトルをつくれば理解しやすい. なお, 一般の形の波を重ね合わせるときには, それぞれをフーリエ分解して角振動数と波数が等しい成分波同士での合成を考えればよい.

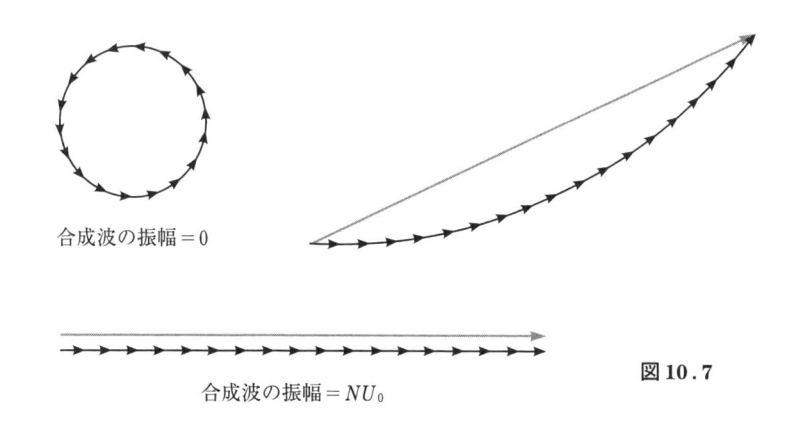

合成波の振幅 = 0

合成波の振幅 = NU_0

図 10.7

前述のように, 正弦波の位相の差に応じて合成波の振幅が異なる現象を**波の干渉**という. 干渉は, 空間的にも時間的にも一定の関係を保った振動が起こっているという, 波の基本的な性質と結び付いている. したがって, ある物理的な現象を担うものが波か否かを判定するのは, 干渉, あるいは干渉によって起こる現象である回折の実験である. 例えば電子が波の性質をもつことは, 電子線の干渉, 回折の実験によって確かめられる.

[**例題10.2**] 図10.8のように，途中で2つの部分 p_1, p_2 に分かれる管があって，後者の長さは変えられるようになっている．また，管の断面積 A はどこでも同じである．入口Aから，角振動数 ω，(圧力変化の)振幅 P_0 の正弦波の音波を送るとき，出口Bに達する音波の振幅は，p_1, p_2 の長さの差 ΔL によってどのように変化するか．ただし，パイプの曲がりは音波の伝播に影響を与えないものとする．

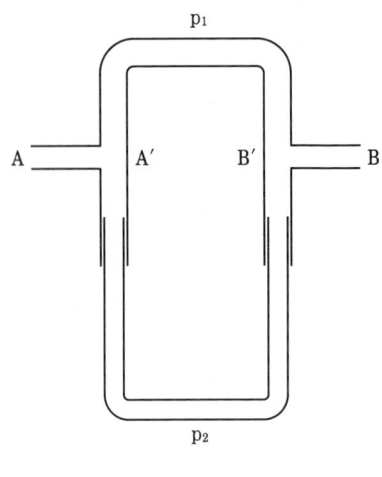

図10.8

[**解**] ここでは，複素表示を使って解いてみる．Aでの圧力変化を $P_0 \cos \omega t$ とすると，2つの経路 Ap_1B, Ap_2B を通った音波のBにおける振動は，それぞれ $p_{1c}(t) = P_0 e^{-i\alpha} e^{i\omega t}$, $p_{2c}(t) = P_0 e^{-i(\alpha + \omega \Delta L/c)} e^{i\omega t}$ で表される．ここで c は音波の速さ，音波の伝播による位相の遅れ $\alpha = Ap_1B$ の管の長さ$/c$ である．

Bにおいて，音波の複素振幅は，

$$P_B = P_0 e^{-i\alpha} + P_0 e^{-i(\alpha + \omega \Delta L/c)} = 2P_0 e^{-i(\alpha + \omega \Delta L/2c)} \cos \frac{\omega \Delta L}{2c}$$

したがって，その振幅は $P_B = 2P_0 \cos(\omega \Delta L / 2c)$ である．特に

I. $\dfrac{\omega \Delta L}{2c} = n\pi$, すなわち

　　波長 $\lambda = \dfrac{\Delta L}{n}$ $(n = 0, 1, 2, \cdots)$ のとき，$P_B = \pm 2P_0$

II. $\dfrac{\omega \Delta L}{2c} = \left(n + \dfrac{1}{2}\right)\pi$, すなわち

　　波長 $\lambda = \dfrac{\Delta L}{n + \dfrac{1}{2}}$ $(n = 0, 1, 2, \cdots)$ のとき，$P_B = 0$

である．Iの場合，B側の分岐点 B′ で，p_1 を通った波と，p_2 を通った波の位相が

そろっているから，この点の振動の様子は，仮に管が p_1 だけで，断面積が $2A$ であるときと同じである．一方，II の場合には，2 つの管を通った波は B′ で打ち消す．

§10.2　2 個の小さい波源から出る波の干渉

前節の例からわかるように，干渉の基礎になるのは，複数個の波の合成である．特に，波の間の位相差が合成波の強弱に大きく影響する．この位相差が現れるのは，波源の振動の位相が互いにずれている場合の他に，1 つの波源から出発した波を分けて，異なる経路を通らせる場合である．§10.5 で説明するように，光の干渉は第 2 の場合に相当する．こうして，干渉を定量的に扱うには，波の合成の計算が必要になる．

本章の以下の部分では，簡単な配置での光の回折の説明を目標として，数式による干渉の取扱いの初歩を紹介する．その基礎になるのは，第 3 章の振動の合成である．また，前章の例でベクトル図が理解を助けたことが示すように，複素表示による方法が位相差の取扱いに便利である．

まず始めに，小さい波源 S_1, S_2 があるとき，遠方にある任意の位置 P での干渉を考えよう．これは遠方にある 1 つの光源から出て，近接した 2 個のピンホールを通る光の干渉に相当する．また次節で述べるように，2 個の平行なスリットの場合にも応用することができる．

S_1, S_2 が角振動数 ω，波数 q，波源の位置での初期位相（ゼロとする）の等しい球面波

$$w_1(\mathrm{P},\ t) = \frac{W_0}{r_1}\cos(\omega t - qr_1), \qquad w_2(\mathrm{P},\ t) = \frac{W_0}{r_2}\cos(\omega t - qr_2)$$

(10.11)

を出しているとする．ここで，r_1 と r_2 はそれぞれ波源の位置 S_1, S_2 から場の任意の点までの距離を表す（図 10.9(a)）．(10.11) を複素表示で

260   10. 干渉と回折

(a)

(b)

図10.9

$$w_{1c}(P, t) = \frac{W_0 e^{i(\omega t - qr_1)}}{r_1} = W(r_1)\, e^{i\omega t} \\ w_{2c}(P, t) = \frac{W_0 e^{i(\omega t - qr_2)}}{r_2} = W(r_2)\, e^{i\omega t} \Bigg\} \quad (10.12)$$

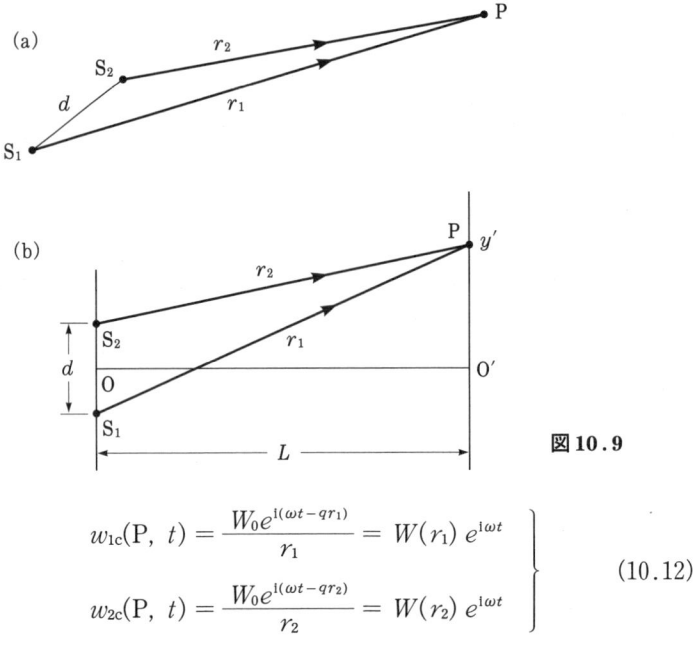

と表すことにする．

(10.12) で

$$W(r) = \frac{W_0 e^{-iqr}}{r} \quad (10.13)$$

は，各点の複素振幅を表す関数である．本書では，このように波の複素振幅を表す位置の関数を**波動関数**とよぶ．量子力学に現れる（時間を含まない）波動関数に当るからである．波の重ね合わせの法則によって，合成波の波動関数は

$$W(r, q) = \frac{W_0}{r_1} e^{-iqr_1} + \frac{W_0}{r_2} e^{-iqr_2} = \frac{W_0}{r_1} e^{-iqr_1} \left[1 + \frac{r_1}{r_2} e^{-iq(r_2 - r_1)} \right]$$
$$(10.14)$$

となる．波源 S_1, S_2 から P までの距離 r_1, r_2 が異なることが成分波の位相差の原因で，干渉の効果は主に $e^{iq(r_2 - r_1)}$ で表される．

§10.2 2個の小さい波源から出る波の干渉

Pにおける波の強さ，すなわちエネルギーの流れの強さは $|W(r, q)|^2$ に比例し，

$$s(\mathrm{P}) = S_0(r_1)\left[1 + \left(\frac{r_1}{r_2}\right)^2 + 2\left(\frac{r_1}{r_2}\right)\cos q(r_2 - r_1)\right] \quad (10.15)$$

で表される．ここで

$$S_0(r_1) = \frac{k}{2}\left(\frac{W_0}{r_1}\right)^2 \quad (10.16)$$

は，波源が1個のときに，それからの距離が r_1 の点での球面波の強さである．

図10.9(b)のように，2個の波源 S_1, S_2 と P を含む平面内で考えることとして，直線 $S_1 S_2$ と平行で，距離 L だけ離れた直線上での波の強さを (10.15) によって計算すると図10.10のようになる．この図は，距離 L，波長 $\lambda (= 2\pi/q)$，および波源の間隔 d の異なる値に対して，(10.15) の [ ] の部分を O' からの変位 y の関数として求めた結果である．光の干渉の実験で，スリットから x だけ離れたスクリーン上での光の強さの変化を表している．したがって，このようなグラフの横軸をスクリーン上の位置と記すことにする．

合成波の強さは真正面の点 O' ($y' = 0$) で最大となる．最大値は $4S_0(x)$ で，波源が1個だけあるときの値 $S_0(x)$ の4倍である．この主ピークの両側では，極大と極小が繰り返し，弱い副ピークが現れる．定性的には，図10.1の明暗の縞も同様にして説明される．波源の遠方で見ると，波源の間隔と波長の比 $d/\lambda = qd/2\pi$ が大きいほどピークは鋭い．(10.14) に戻ってみると，ここでも合成波の強さを決めるのは主に成分波の位相の差

$$\Delta = q(r_2 - r_1) = \frac{2\pi(r_2 - r_1)}{\lambda}$$

で，波の強さがおよそ極大あるいは極小になる位置はそれぞれ

$$r_2 - r_1 = \frac{\lambda}{2} \times 偶数，あるいは 奇数$$

を満たす点である．

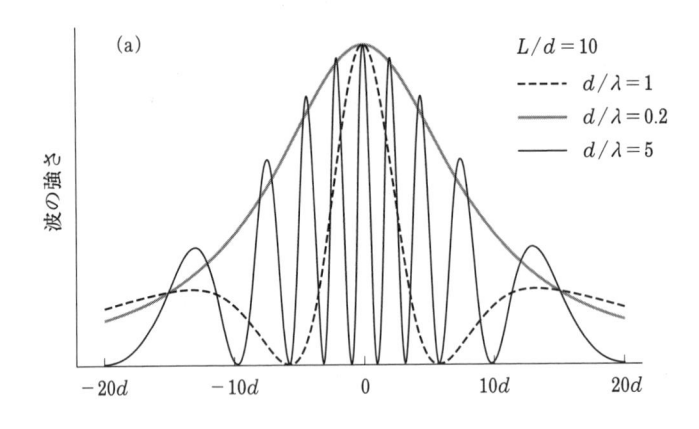

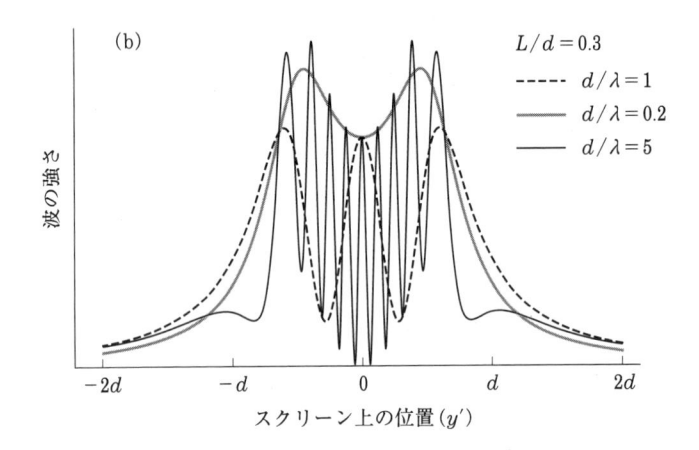

図 10.10

(a) $L/d = 10$
- - - - $d/\lambda = 1$
―― $d/\lambda = 0.2$
―― $d/\lambda = 5$

(b) $L/d = 0.3$
- - - - $d/\lambda = 1$
―― $d/\lambda = 0.2$
―― $d/\lambda = 5$

スクリーン上の位置 (y')

§10.3　遠方の波の近似と現実の波

　干渉による波の強さの変化を詳しく調べるには，波動関数，例えば (10.14) を取扱いやすい数式で表さなければならない．これは一般に難しい問題で，通常は近似を必要とする．前節の例でもみたとおり，困難の原因は (10.14) での r_1, r_2 のように，波源ごとにわずかに異なる距離が現れることである．波源が 3 個以上のときには，問題はさらに難しくなる．

同じような問題は，電磁気学で複数個の点電荷がつくる電場や電位を計算するときにも現れる．その場合には，例えば絶対値の等しい一対の正負の電荷を遠方から見て，1点Oにある電気双極子と見なし，点Pの場の様子をOPの長さと方位で表す一方，これらの電荷が分離していることを，有限の大きさをもつ双極子モーメントで表現した．ここでも同じように，波源の集まり全体の位置は1点で代表し，その中での1個1個の波源の配置はもう一つ別の量で表すことにする．次に，前節でみた2個の点波源の問題を再びとり上げて，具体的なやり方を示そう．

　図10.11のように，波源の中点Oを上で述べた代表点に選び，OとPの距離をr, $S_2 S_1$に垂直な方向OXとOPの間の角をθとする．これらはOを原点，OXを基準の方向とするPの極座標である．△S_1PO, △S_2POに余弦定理を使い，さらにPが遠方にあって，rは波源の間隔d，および波長λよりずっと大きいことを考慮して，d/rで展開すると

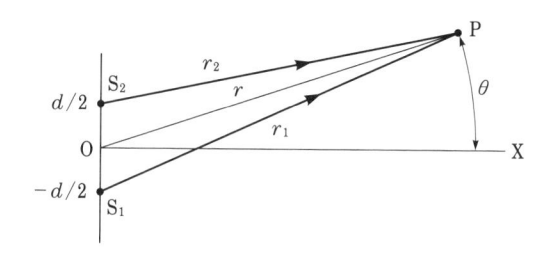

図 10.11

$$r_1 = \sqrt{r^2 + \left(\frac{d}{2}\right)^2 + rd\sin\theta}$$
$$= r\left[1 + \frac{1}{2}\frac{d}{r}\sin\theta + \frac{1}{8}\left(\frac{d}{r}\right)^2\cos^2\theta + \frac{1}{16}\left(\frac{d}{r}\right)^3\sin\theta\cos^2\theta + \cdots\right]$$
$$r_2 = \sqrt{r^2 + \left(\frac{d}{2}\right)^2 - rd\sin\theta}$$
$$= r\left[1 - \frac{1}{2}\frac{d}{r}\sin\theta + \frac{1}{8}\left(\frac{d}{r}\right)^2\cos^2\theta - \frac{1}{16}\left(\frac{d}{r}\right)^3\sin\theta\cos^2\theta + \cdots\right]$$

$$(10.17)$$

264　10. 干渉と回折

となる．

r, θ を使って (10.8) を書き表すために，まず $q(r_2 - r_1)$ と r_1/r_2 に (10.12) を代入し，d/r について一番次数の低い項だけを残して，

$$q(r_2 - r_1) \approx - qd \sin \theta \left[-q \frac{q}{8} \left(\frac{d}{r} \right)^3 \sin \theta \cos^2 \theta \right]$$

$$= - \frac{2\pi d}{\lambda} \sin \theta \left[- \frac{\pi}{4} \left(\frac{d}{r} \right)^3 \sin \theta \cos^2 \theta \right]$$

(10.18)

$$\frac{r_1}{r_2} \approx 1 + \frac{d}{r} \sin \theta \tag{10.19}$$

と近似する．なお，(10.18) では後で参照するために，次の次数の項を [ ] の中に示した．波動関数の式 (10.14) で (10.18), (10.19) を使うと，

$$W(r, q) = \frac{W_0}{r} e^{-iqr} (1 + e^{iqd \sin \theta}) \tag{10.20}$$

となる．結局，この近似で波の強弱を決めるものは，代表点からの距離 r と，波源の配置を表す関数 $1 + e^{iqd \sin \theta}$ である．波の強さを求めると

$$s = s(r, \theta) = |W(r, q)|^2 = 2S_0(r) \left[1 + \cos(qd \sin \theta) \right]$$
$$= 4S_0(r) \cos^2 \left(\frac{qd \sin \theta}{2} \right)$$

(10.21)

となる．ここで，(10.16) と同じ形の式

$$S_0(r) = \frac{k}{2} \left(\frac{W_0}{r} \right)^2$$

は，1個の波源が O にあるときの，P の波の強さである．

波源（の集まり）を近似的に中心とする半径 r の大きい円周の上で波の強さを観測すると，θ 方向へ進む波の強さは，(10.21) の2番目の因子

$$p(\theta) = \cos^2 \left(\frac{qd \sin \theta}{2} \right) \tag{10.22}$$

に従って変化する．

§10.3 遠方の波の近似と現実の波

(a) 1方向に進むビーム状の波　(b) 全方向に同じ強さで進む波

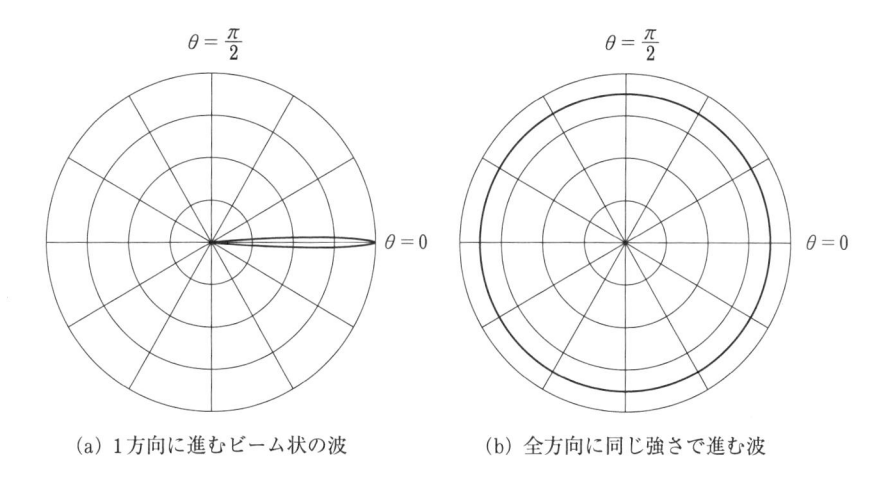

図 10.12

このような角度の関数 $p = p(\theta)$ を図示するには，極グラフを使うと便利である．これは，原点と基準の方向とを定め，極座標 (p, θ) の点，すなわち角度 θ の方向に p に比例する長さ p の線分 OP の先端の点 P を結ぶ曲線である．例えば，全方向に同じ強さで進む円形波，1方向にだけビーム状に進む波で，強さを表す極グラフは，それぞれ図 10.12 のようになる．本書では，この表し方をしばしば使うことにする．

波の強さに比例する量 p の最大値 ($= 1$) は $\theta = 0$，すなわち波が直進する方向で起こる．その両側では，$qd = 2\pi d/\lambda$ の値に応じて，いくつかの極大と波の進まない方向 ($p = 0$) とが現れる．特に

波の強さが極大の方向　　$d \sin\theta = n\lambda$ 　　$(n = 0, \pm 1, \pm 2, \cdots)$
$$\tag{10.23}$$

波の強さが極小 (0) の方向　　$d \sin\theta = \left(n + \dfrac{1}{2}\right)\lambda$ 　　$(n = 0, \pm 1, \pm 2, \cdots)$
$$\tag{10.24}$$

である．

266 　10. 干渉と回折

§10.1 の 2 番目の例でとり上げた，2 点から出る円形波の干渉は図 10.11 と同じ配置になっている．また，2 本のスリットのように，線状の波源から出る波の場合も，図 10.3 でみたように，それぞれの波源が円筒波を出すと考え，波源に垂直な平面内でみれば，図 10.11 を当てはめることができる．これらの場合には，個々の波の波動関数 $W(r)$ あるいは $S_0(r)$ は (10.13)，(10.16) と異なるが，(10.21) を導くことができる．したがって，波源をほぼ中心とする，半径 r の大きい円，あるいは円筒の上での波の強さの変化は，

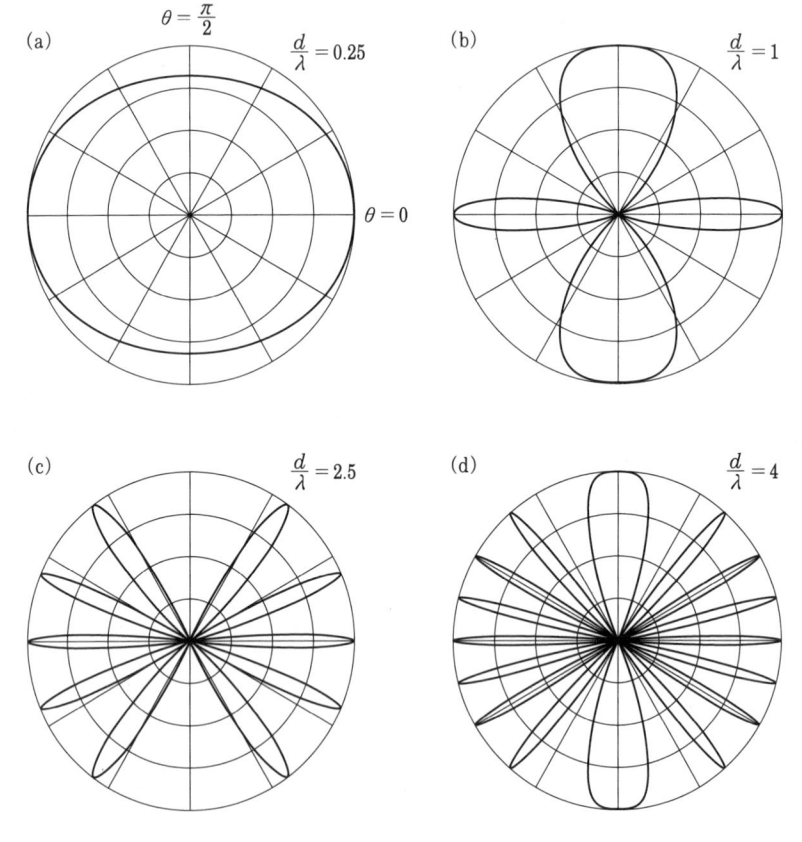

(a) $\theta = \dfrac{\pi}{2}$ 　 $\dfrac{d}{\lambda} = 0.25$ 　 $\theta = 0$

(b) $\dfrac{d}{\lambda} = 1$

(c) $\dfrac{d}{\lambda} = 2.5$

(d) $\dfrac{d}{\lambda} = 4$

図 10.13

§10.3 遠方の波の近似と現実の波　267

やはり (10.22) や図 10.13 で表される．

[例題 10.3] 2 個の細長い波源が位相差 $\beta\,(-\pi<\beta<\pi)$ の単振動 $w_1(S_1,\,t)=W_0\cos\omega t$, $w_2(S_2,\,t)=W_0\cos(\omega t+\beta)$ で振動しているとき，それらが出す円筒波が遠方で干渉する様子を調べよ．(10.18), (10.19) の近似が使えるものとする．

[解] (10.20) と同様にして，遠方での波動関数は $W(r,\,q)=W_0(r)[1+e^{\mathrm{i}(qd\sin\theta-\beta)}]$ で，合成波の強さは $S_0(r)=(k/2)W_0^2(r)$ として，

$$s = S_0(r)\,[1+\cos(qd\sin\theta-\beta)]^2 = 2S_0(r)\cos^2\!\left(\frac{qd\sin\theta-\beta}{2}\right)$$

となる．これは (10.21) で $qd\sin\theta$ を $qd\sin\theta-\beta$ におきかえた式である．特に $|\beta|<qd=2\pi(d/\lambda)$ であれば，$\sin\theta_{\max}=\beta/qd$ で与えられる方向で波が最も強め合う．$qd=5\pi$，すなわち $d=5\lambda/2$, $\beta=\pi/2$ のとき，波の強さの角度変化を図 10.14 に示した．図 10.13(c) と比較すると，波の進む方向とその広がりが変わっていることがわかる．

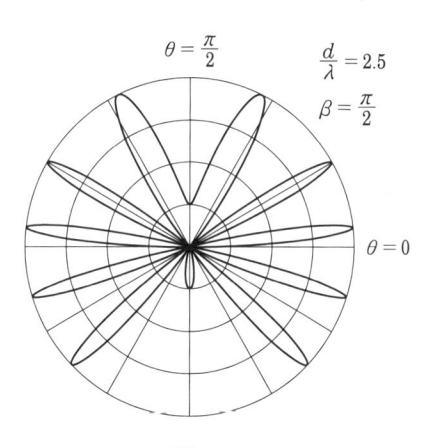

図 10.14

(10.18), (10.19) の近似を**遠方の波の近似**ということにする．§10.1 で (10.6) から (10.7) に移るときにも同じような考え方を使った．その意味を図 10.11 によって見直してみよう．十分遠方の点 P から見れば，S_1, S_2 は 1 点 O に重なっていると見なせるから，波の進む方向 S_1P, S_2P を平行と考える．このとき，S_1P, S_2P の差 $d\sin\theta$ によって，2 つの波の間に位相差 $2\pi(d\sin\theta/\lambda)$ が現れる．厳密にいえば，このような点 P は波源から無限に遠くなる．しかし，波長がおおよそ 0.3〜0.6 μm の可視光の波については，この近似が現実的である．

典型的な例として，約 0.5 mm 離れた 2 本の平行なスリットを通った光を，約 5 m 離れたスクリーン上で観測する場合を考えよう．図 10.15 は，アルミ箔にかみそりでスリットを切り，この条件で撮影したものである．このとき $d/r \approx 10^{-4}$ で (10.17)，(10.18)

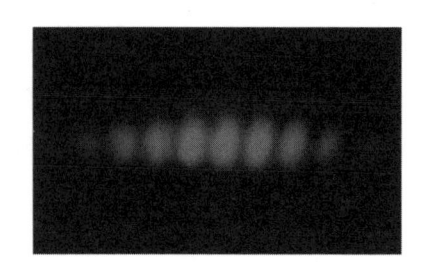

図 10.15

の [ ] の部分は第 1 項の 10^{-8} あるいは 10^{-4} 程度の補正項にすぎない．またレンズを使って，一定方向に平行に進む光を焦点に集めることができるから，P に相当する点での波の強さを測定できる．こうしてスリット，レンズなど実験室で普通に手に入る機材を使えば，遠方の波の近似が当てはまる条件の下で，光の干渉を確かめることができる．その一方，より高次の近似をとると，計算が急に難しくなる．次節以後では，上の近似を使う．

しかし，このような議論を，電波，光の波など，電磁波の干渉や回折に応用するには問題がある．まず，電磁波は電場，磁場を表す 2 つのベクトル量の波で，しかも両者が関連し合っている．また，障害物の表面や媒質の境界面では，これらのベクトルが一定の境界条件を満たさなければならない．したがって，波源や障害物などの近くの場や，偏波に関係する現象を説明するには，ベクトルとしての扱いが本質的に必要になる．しかし，障害物から遠方での波の強さを求めて，光の実験で観察される明暗の縞を説明するなどの問題では，電場，磁場の 1 つの成分をスカラーのように考え，それを波の量 w とする取扱いで済むことが多い．波源や障害物から遠いところでは，この取扱いで十分であることがわかっている．

電波を送信するアンテナには，決まった初期位相で振動する電流が発振器から供給されている．図 9.6 のような簡単な場合には，波の強さはアンテナに垂直な平面内では遠方で前節の議論を利用できる．しかし光の波について

は，§10.5 で述べる根本的な問題があって，異なる光源の出す光は干渉しない．光の干渉を起こさせるには，1つの光源から出た光を2本のスリットを通すなどの方法で一度2つに分け，再び1つに合わせることが必要である．

§10.4 波源の列*

前節の応用として，N 個の波源 $S_0, S_1, \cdots, S_{N-1}$ が直線上に等間隔 d で並んでいる場合（図 10.16）に，遠方の干渉の様子を調べる．これは，一定の位相差をもつ単振動の合成（§3.4 参照）の応用になる．合成波の波動関数

$$W(\mathrm{P}, q) = \frac{W_0}{r_0} e^{-\mathrm{i}qr_0} + \frac{W_0}{r_1} e^{-\mathrm{i}qr_1} + \frac{W_0}{r_2} e^{-\mathrm{i}qr_2} + \cdots + \frac{W_0}{r_{N-1}} e^{-\mathrm{i}qr_{N-1}}$$
(10.25)

で，波の強さを観測する点 P の位置を，端にある波源 S_0 から P までの距離 $r = r_0$ で表し，前節で述べた遠方の近似をとると，

$$W(\mathrm{P}, q) \approx \frac{W_0}{r} e^{-\mathrm{i}qr} [1 + e^{\mathrm{i}q\sin\theta} + e^{\mathrm{i}2q\sin\theta} + \cdots + e^{\mathrm{i}(N-1)\sin\theta}]$$

$$= \frac{W_0 e^{-\mathrm{i}q[r-(N-1)d\sin\theta/2]}}{r} D_1(\varDelta, N) \quad (10.26)$$

となる．$D_1(\varDelta, N)$ は (3.16) で定義した関数で，$\varDelta = qd\sin\theta = 2\pi d\sin\theta/\lambda$ は隣り合う波源から出た波の位相差である．

(10.26) は，振幅 W_0 の波源が列の中心の位置に1個あるときの波動関数を表す第1の因子 $W_0 e^{-\mathrm{i}q[r-(N-1)d\sin\theta/2]}/r$ と，一定の位相差 $\varDelta$ をもつ波の干渉を表す $D_1(\varDelta, N) = \sin(N\varDelta/2)/\sin(\varDelta/2)$ の積になっている．波の強さは

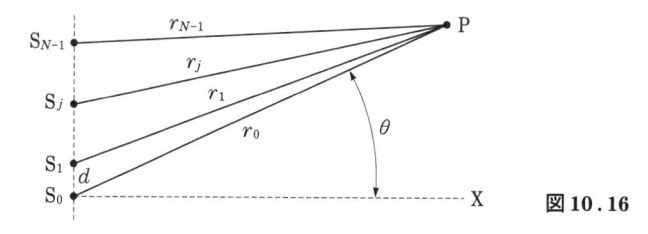

図 10.16

270   10. 干渉と回折

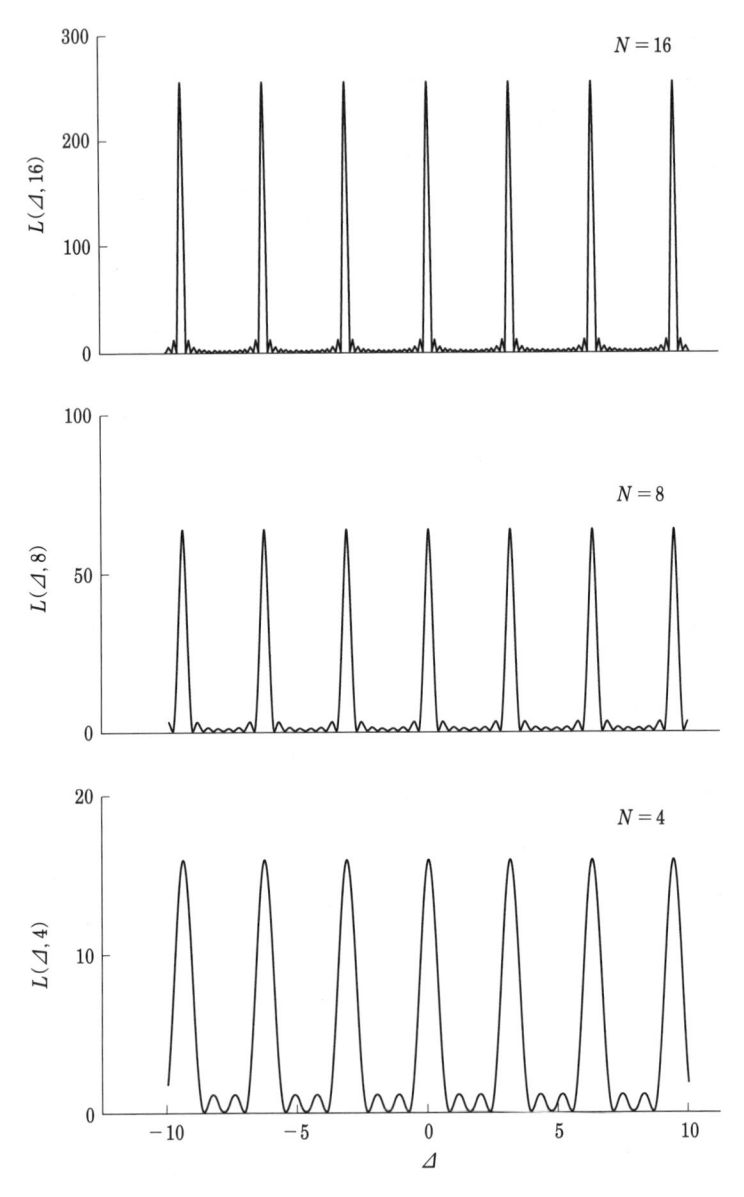

図 10.17

$$s(r,\theta) = \frac{k}{2}\left(\frac{W_0}{r}\right)^2 \left(\frac{\sin\frac{N\varDelta}{2}}{\sin\frac{\varDelta}{2}}\right)^2 \tag{10.27}$$

で与えられる．2番目の因子

$$L_N(\varDelta) = \left(\frac{\sin\frac{N\varDelta}{2}}{\sin\frac{\varDelta}{2}}\right)^2 \tag{10.28}$$

は，波源が一定の間隔で並んだ構造から出る波の干渉でしばしば現れる式である．図 10.17 が示すように，$L_N(\varDelta)$ は $\varDelta = 0, \pm 2\pi, \pm 4\pi, \cdots$，すなわち

$$d\sin\theta = n\lambda \quad (n = 0, 1, 2, 3, \cdots) \tag{10.29}$$

のとき，最大値 N^2 をとり，その間に小さいピークとゼロとが交互に現れる．大きいピークの条件 (10.29) は隣り合う波源から点 P までの距離，すなわち波の進む距離の差が波長の整数倍であり，すべての成分波の位相差が $2\pi \times$ 整数 となって，ゼロと等価になることを表している．

波の強さ (10.27) とそれが進む方向との関係の例は図 10.18 のようになる．波源の間隔 d と波長 λ の関係で，いくつかの典型的な場合をとり上げると，次のようになる．

(1) $d \ll \lambda$ のとき　波は，ほとんどすべての方向に広がる．これは N 個の波源をひとまとめにして 1 個の小さい波源のように考えられる場合に当る．

(2) $d \gg \lambda$ のとき　強い波が前方 ($\theta = 0$) に進むが，同時に横 ($\theta = \pm\pi/2$)，あるいは斜め方向に進む波がある．

(3) $d = \lambda/2\,(qd = \pi)$ のとき　おおざっぱに言って，(1)，(2) で代表される場合の境界で，これより d が大きいと，斜め方向に進む波が現れる．

(a) $\theta = \dfrac{\pi}{2}$, $\dfrac{d}{\lambda} = 2$, $N = 8$, $\theta = 0$

(b) $\dfrac{d}{\lambda} = 0.5$, $N = 8$

(c) $\dfrac{d}{\lambda} = 4$, $N = 8$

図 10.18

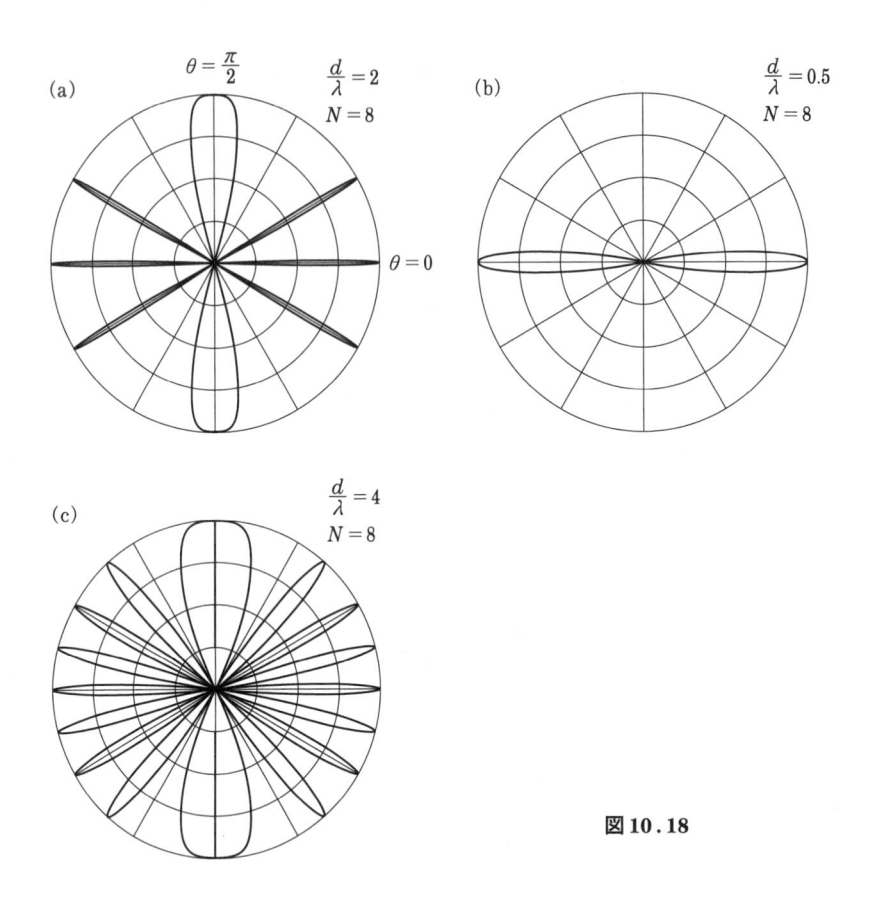

　それぞれのピークの広がりは θ の範囲にして λ/Nd の程度であり，その外側では波の強さは小さい．したがって，N が大きくなると波の伝わる方向に強い指向性ができる．一方，[例題 10.3] のように，隣り合う波源ごとに一定の位相差 β を与えれば，合成波の進む方向を変えることができる．例えば，複数個のアンテナを1列に並べ，順に一定の位相差をもつ振動電流を供給すると，特定方向に指向性のある電磁波を発生することができる．

§10.5 光の波の干渉

これまでに述べたことを，そのまま光の干渉に適用することはできない．通常の光は，別々の原子から独立に発生した電磁波の波連の集まりで，頭から尻尾まで一定の位相関係にある"1個の波"ではないからである．この点で，光は初期位相が一定の単振動をする電流が流れているアンテナから出る"電波"とは異なる．光の干渉が起こるのは，1つの光源の同じ部分からほぼ同時に出た光を一度2つに分けてから，再び合わせたときに限られる．異なる光源の出す光は一般に干渉しない．

このことを調べるのに，もう一度 §10.1 の最初の例に戻って，同じ方向に進む2つの正弦波をとり上げよう．今度は波源の振動に時々リセットがかかって，その度に a_1, a_2（および偏波の状態）が以前とは全く無関係な値に変わり，その結果，波源は有限な長さの波連を次々に出している．波の速さを c，リセットから次のリセットまでの平均時間を τ とすると，波連の平均長さは $c\tau$ である．このような波源を2個だけ考えて，それらが出している"波"を (10.1) と同じ形

$$w_1(x, t) = W_1 \cos(\omega t - qx + a_1), \quad w_2(x, t) = W_2 \cos(\omega t - qx + a_2)$$

で近似的に表してみる．波連の長さが有限であるために，a_1, a_2 は時々不規則に変化して，それ以前と無関係な値をとる．座標が x の点における合成波の強さは，k' を比例定数として

$$\begin{aligned}
s(x, t) &= \frac{k'}{2}[w_1(x, t) + w_1(x, t)]^2 \\
&= \frac{k'W_1^2}{2}\cos^2(\omega t - qx + a_1) + \frac{k'W_2^2}{2}\cos^2(\omega t - qx + a_2) \\
&\quad + k'W_1W_2 \cos(\omega t - qx + a_1)\cos(\omega t - qx + a_2) \\
&= \frac{k'W_1^2}{2}\cos^2(\omega t - qx + a_1) + \frac{k'W_2^2}{2}\cos^2(\omega t - qx + a_2) \\
&\quad + \frac{k'W_1W_2}{2}\left[\cos\left(\omega t - qx + \frac{a_1 + a_2}{2}\right) + \cos\frac{a_1 - a_2}{2}\right]
\end{aligned}$$

(10.30)

である．しかし，現実の測定には，ある有限の時間 T がかかるから，実際に測定される波の強さは (10.30) を時間間隔 T で平均した値

$$\langle s(x,\ t)\rangle_T$$
$$= \frac{1}{T}\int_t^{t+T} s(x,\ t')\ dt'$$
$$= \frac{k'W_1^2}{2}\langle \cos^2(\omega t - qx + \alpha_1)\rangle_T + \frac{k'W_2^2}{2}\langle \cos^2(\omega t - qx + \alpha_2)\rangle_T$$
$$+ \frac{k'W_1W_2}{2}\{\langle \cos[2(\omega t - qx) + (\alpha_1 + \alpha_2)]\rangle_T + \langle \cos(\alpha_1 - \alpha_2)\rangle_T\}$$
$$(10.31)$$

となる．

可視光の周期は $10^{-15} \sim 10^{-16}$ 秒程度で，例えば $T = 1\mu\text{s}$ 程度の光センサーを用いても，平均 $\langle\ \rangle_T$ は十分多くの周期についてとることになるから，

$$\langle \cos^2(\omega t - qx + \alpha_1)\rangle_T = \langle \cos^2(\omega t - qx + \alpha_2)\rangle_T = \frac{1}{2}$$

$$\left\langle \cos\left(\omega t - qx + \frac{\alpha_1 + \alpha_2}{2}\right)\right\rangle_T = 0$$

であり，実際に測定される光の強さ（エネルギーの流れの強さ）は

$$s = \langle s(x,\ t)\rangle_T = \frac{k'W_1^2}{4} + \frac{k'W_2^2}{4} + \frac{k'W_1W_2}{2}\left\langle \cos\frac{\alpha_1 - \alpha_2}{2}\right\rangle_T$$
$$(10.32)$$

で与えられる．干渉の効果を表す第3項は位相差 $\alpha_1 - \alpha_2$ がランダムな値をとるために，位相定数が一定に保たれている時間 τ より十分に長い時間での平均はゼロであり，より短い時間での平均は不規則に変化することになる．

上述のようにして，(10.31) で第3項が消えるとき，2つの波源が出す波の干渉の効果は現れないで，全体の波の強さ s は $k'(W_1^2 + W_2^2)/4$，すなわち 2つの波源が単独に存在するときの波の強さ $s_1 = k'W_1^2/4$, $s_2 = k'W_2^2/4$ の和

$$s = s_1 + s_2 \qquad (10.33)$$

になる．

一方，1つの"波"を2つに分けて，異なる経路をたどらせた後，もう一度一緒にする場合には，τ 程度の時間では位相差 $\Delta\alpha = \alpha_1 - \alpha_2$ が一定の値を保っている．このように成分波の位相の間に ある程度 相関関係が残るときには，平均値 $\langle\cos\Delta\alpha\rangle_T$ が有限の値となり，合成波の強さ

$$s = s_1 + s_2 + 2\sqrt{s_1 s_2}\langle\cos(\Delta\alpha/2)\rangle_T \qquad (10.34)$$

には，干渉を表す第3項が現れる．

光の古典論によると，光源を構成している1個，1個の原子は寿命が有限な波源であり，位相が互いに不規則な波連を出している．したがって，2つの光源が出す光は，それぞれ多くの波連の集まりである．それらの間で干渉が起こるのは，要素になっている1つ1つの波連の位相定数が一定の相関関係をもっているときに限られる．このとき2つの光，あるいは一般に波連の集まりは**コヒーレント**であるという．一方，波連同士の相関がない場合には，干渉は起こらない．このような光は**インコヒーレント**であるという．電球，蛍光灯などの巨視的な光源は無関係に振動している多くの原子の集まりと考えることができるから，異なる光源，あるいは同じ光源の異なる部分から出る光は互いにインコヒーレントである．同じ光源の同じ部分から出る光でも，一定の長さ以上の時間遅れを与えればインコヒーレントになる．

光の干渉を観測するには，1つの光源から出た光をいくつかに分け，異なる経路を通らせて位相差を与えることが必要である．このような装置を一般に**干渉計**という．［例題10.2］で述べた管は音波に対する一種の干渉計である．1つの例として，図10.19のマイケルソンの干渉計による干渉を調べよう．この装置では，光源Sから出た光はまず45°傾いた半透明な鏡Hで2つに分かれ，それぞれ鏡 M_1，M_2 で反射した後，再びHに入射して，1つに合わさる．このとき異なる経路を通った反射光が干渉して，スクリーンTの上に明暗の図形が現れる．凸レンズを使って，光源から出る光ビームが広がるようにしておけば，この干渉図形（図10.20）は同心円状になる．

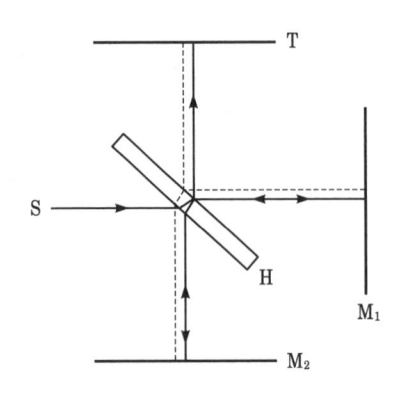

図 10.19

図 10.20

[**例題 10.4**] マイケルソン干渉計 (図 10.19) で，鏡の間の距離 HM_1, HM_2 の経路差を d とする．図 10.21 を参考にして，この干渉計で観測される明るい輪の半径を求めよ．この図で T と S_1', S_2' の距離はそれぞれ 2 つの経路の長さ $SH + 2HM_1 + HT = L$, $SH + 2HM_2 + HT = L + 2d$ に等しいとする．

[**解**] 光源 S を出た光は 2 つの経路を通ってスクリーンに達する．これを一直線上でスクリーンから L，あるいは $L + 2d$ だけ離れた 2 つの仮想的な光源 S_1', S_2' が，同じ位相で光を出している場合におきかえることができる．レンズでビームを広げているとき，同心円状の干渉図形の中心から距離 R の点 P では，$S_1'P$ と $S_2'P$ の経路の差は $|PS_1 - PS_2| \approx 2d\cos\varphi \approx 2d[1 - (1/2)(R/L)^2]$ となる．明るい輪の位置では，これが波長の整数 n 倍に等しい．ゆえに，n 番目の明るい輪の半径は

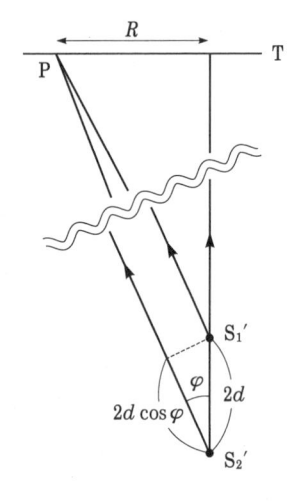

図 10.21

$$R_n = L\sqrt{2\left(1 - \frac{n\lambda}{2d}\right)} \quad (n = 0, 1, 2, 3, \cdots)$$

である．

　一方の鏡，例えば M_2 を少しずつ移動させると，d が波長の $1/2$ だけ変化するごとに中心の点が明るくなる．したがって，この装置を微小な変位の検出に利用できる．

　干渉計で 2 つに分けた光の通る距離の差を増やすと，光の経路のずれが大きくなり，ついに波連同士の位相の相関がなくなって干渉が起こらなくなる．この間隔はヘリウムネオンレーザーでは 100 m 程度である．放電管などでは，これよりずっと短い．

§10.6　波の回折

　波が障害物に当るとき，へりの部分では波の一部が曲がって進み，影の部分にも回り込む．この現象が**回折**である．回り込みの様子は，障害物を特徴づける大きさと，波の波長の大小で決まる．このことは，浅い水槽の水の波が障害物によって遮られるときに観測することができる(図 10.22：高等学校「物理 I」（三省堂）より転載)．波長よりも幅のずっと小さいスリットを波が通り抜けるときには，通過した波の波面はほぼ半円形になり，可能なあらゆる方

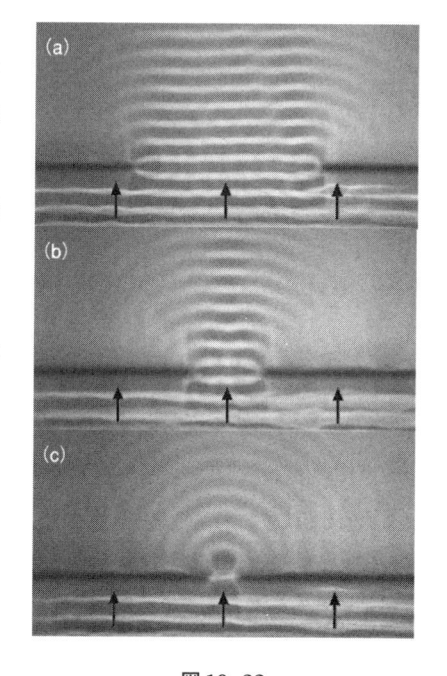

図 10.22

向に波が進む.一方,幅が大きいときには,波はほぼ直進し,両側に波の到達しない影の部分ができる.

通常の音波では波長が数 10 cm 〜 数 m の程度であり,回折によって,障害物の裏側でも広い範囲で音が聞こえる.我々はこれに慣れていて,波の特質であることに気づかない.一方,波長が $0.3 \sim 0.6\,\mu$m の光では回折の効果が非常に小さく,はっきりとした影ができる.どちらの場合にも,日常生活でこれらの波の回折に気づく機会は少ない.しかし,注意していると回折の現象を観察することができる.例えば,街に立っている目の粗い布でできた広告の旗を通して,近づいてくる車のヘッドライトを見ると,明るい点が規則正しく並んでいるのに気づく.これは布目が規則正しく並んだ孔の役目をして起こす光の回折による現象である.このような図形は目の細かい網や布を通して光源を見るときにしばしば観察される(図 10.23).以下では光の回折を念頭において,数式による回折の初等的な取扱いを示す.

回折を含めて,波の伝播を説明する基本的な考え方の一つは次のようなものである.ある時刻 $t=0$ に 1 つの波面 S_0 がわかったとしよう.S_0 の上の各点では同じ位相で振動が起こっている.これらの振動が次の波源となってそれぞれ独立に球面波(2 次波)を発生し,それらの重ね合わせが以後の波全体を与えると考える.この考え方をまとめたのが次の**ホイヘンスの原理**である.

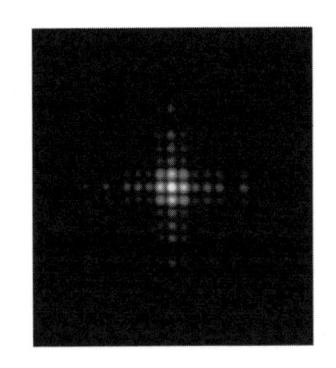

図 10.23

時刻 $t=0$ における波面がわかれば,その後の時刻 $t(>0)$ における波面は次のようにして得られる.c を波の速さとして,S_0 の各点を中心とする半径 ct の球面の集まりを考えると,波の進行する側でこれらの球面に接する曲面(包絡面)が求める波面である.一例として,波を通さない壁に空けら

れた穴の部分だけが波面になっている場合を図10.24に示した．

波の伝播をホイヘンスの原理によって説明する例として，2つの媒質A，Bの境界面における平面波の反射と屈折の法則を挙げる．それぞれの媒質での波の速さが c_A, c_B のとき，図10.25のように，媒質Aの側から境界面に斜めに平面波が入射するとしよう．境界面の上の各点から出る2次波を考えると，Aへ戻る反射波，Bへ進む透過波の波面は図の直線 l，あるいは l' で表される平面となる．これから，それぞれの波と境界面の法線との間の入射角 i，反射角 i'，屈折角 r の関係

$$i = i', \quad \frac{\sin i}{\sin r} = \frac{c_A}{c_B}$$

が得られる．

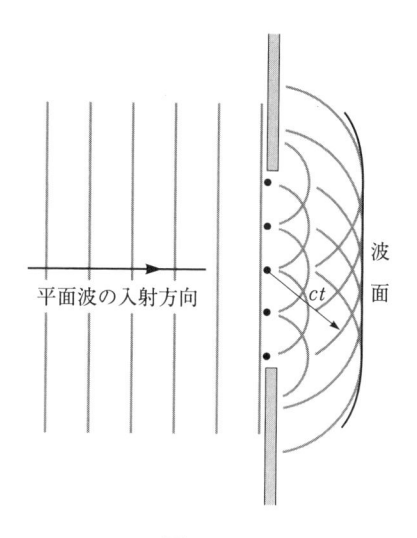

図 10.24

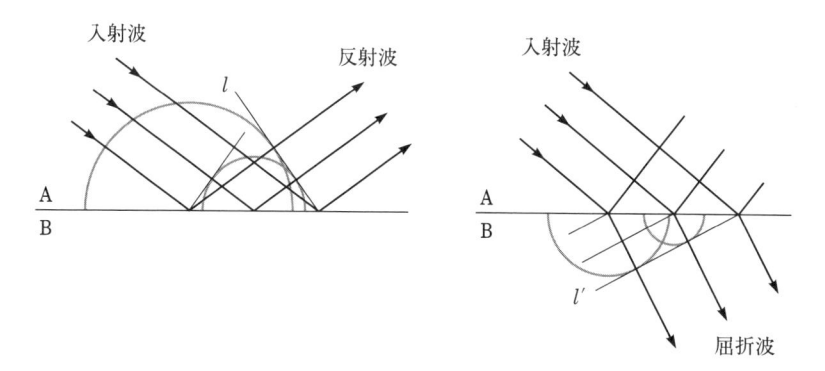

図 10.25

干渉や回折を含めて,波の伝播の現象をホイヘンスの原理で簡単に説明することができるが,それには限界がある.この原理の内容が,"波の進行は経路の長さが最小の方向に起こる",という幾何学的な事柄に限られているからである.例えばホイヘンスの原理だけでは,なぜ前に進む波だけが現れ,後に戻る波が現れないかを説明することができない.2次元,3次元の波の伝播を正確に扱うには,波の基本法則に基づく議論が必要であるが,それには数学的に難しい点が多い.以下ではホイヘンスの原理の考え方によって,波面上に並んだ仮想的な波源がつくる波の干渉として,単純な配置でのスカラーの波の回折を説明する.

§10.7 スリットによる回折*

前節の考え方によって,波数 q の平面波がスリットに垂直に入射する場合,遠方での波の強さと進行方向との関係を求めよう.ここでは,§10.4 の考え方を応用するが,数式による波の取扱いに慣れていない読者は途中の計算を飛ばして,当面,結果の式 (10.40) を受け入れることにしてもよい.まず,図 10.26 のように,スリットを細い帯状の部分に分けて,各部分が出す2次波が遠方で干渉する様子を調べればよい.スリットは十分に細長いと考

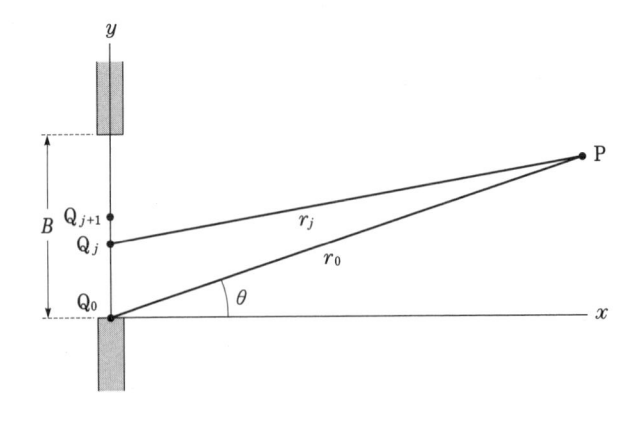

図 10.26

§10.7 スリットによる回折　281

えて，それに垂直な平面の中だけで考えることにすると，問題を§10.4の点波源の列が出す波の干渉におきかえることができる．

　スリットから遠くの点Pでの波の強さを遠方の波の近似で求めるのが，この節の方針である．幅Bのスリットの中心に原点O，スリットの面に垂直な入射波の方向にx軸，幅方向にy軸をとる．スリットを幅$\Delta y = B/N$のN個の小部分に分けて，それぞれの端の点を$Q_j(0, y_j)$ ($j = 0, 1, \cdots, N-1$)とすると，

$$y_0 = -\frac{B}{2}, \quad y_1 = -\frac{B}{2} + \Delta y, \quad y_2 = -\frac{B}{2} + 2\Delta y, \quad \cdots,$$

$$y_{N-1} = -\frac{B}{2} + (N-1)\Delta y \quad \left(= \frac{B}{2} - \Delta y\right)$$

である．

　いまの場合，入射波の波面がスリットの面に平行だから，どの小部分Q_jQ_{j+1}も同じ振幅，同じ位相で振動している．このときQ_jQ_{j+1}上に分布している波源の作用を点Q_jにある点波源でおきかえ，それが発生する円筒波の点Pにおける複素振幅が

$$a\, \Delta y\, W(r_j) e^{-iqr_j} \tag{10.35}$$

で与えられると考える．ここで，r_jはQ_jとPの間の距離であり，幅Δyの部分Q_jQ_{j+1}をひとまとめにして1個の波源としたことが，因子$a\,\Delta y$で表れている．(10.35)は球面波に対する式(10.13)に似た形をしていて，そこでのW_0/rに相当するのが$W(r)$である．

　点Pにおける合成波の波動関数は(10.25)と同じ形

$$W(P, q) = a\, \Delta y\, [W(r_0)e^{-iqr_0} + W(r_1)e^{-iqr_1} + \cdots$$
$$+ W(r_j)e^{-iqr_j} + \cdots + W(r_{N-1})e^{-iqr_{N-1}}] \tag{10.36}$$

となる．点Pの位置をr_0とx軸とQ_0Pの間の角θで表し，(10.18)，(10.19)に対応して，

$$q(r_j - r_0) \approx - q(j\,\Delta y) \sin \theta = - q y_j \sin \theta \tag{10.37}$$

$$\frac{W(r_j, q)}{W(r_0, q)} \approx 1 \tag{10.38}$$

とする.これがスリットから遠方の波に対する近似である.

(10.36) の和で (10.37), (10.38) を使い,分割を細かくして $N \to \infty$, $\Delta y \to 0$ の極限をとると,スリットから遠方にある点の波動関数は

$$\begin{aligned}
W(\mathrm{P}, q) &\approx a\,\Delta y\, W(r_0)\, e^{-\mathrm{i}q r_0} (1 + e^{\mathrm{i}q y_1 \sin\theta} + \cdots + e^{\mathrm{i}q y_j \sin\theta} + \cdots \\
&\qquad\qquad\qquad\qquad\qquad\qquad\qquad\qquad + e^{\mathrm{i}q y_{N-1} \sin\theta}) \\
&\to a\, W(r_0)\, e^{-\mathrm{i}q r_0} \int_0^B e^{\mathrm{i}q y' \sin\theta}\, dy' \\
&= aB\, W(r_0, q) \exp\left[-\mathrm{i}q\left(r_0 - \frac{B}{2}\sin\theta\right)\right] D_2(qB\sin\theta)
\end{aligned}$$
$$\tag{10.39}$$

となる.ここで,$D_2(\Delta) = \sin(\Delta/2)/(\Delta/2)$ は (3.21) で定義された関数で,そこでも述べたように,位相差が連続的に分布した単振動の重ね合わせを表す役目をする.

波の強さ s は $|W(\mathrm{P}, q)|^2$ で求められるが,波の進む方向との関係を表すには,θ に依存する部分

$$p(\theta) = \left[\frac{\sin\left(\dfrac{qB}{2}\sin\theta\right)}{\dfrac{qB}{2}\sin\theta}\right]^2 \tag{10.40}$$

だけを考えれば十分である.波の強さは $B^2 p(\theta)$ に比例する.

$p(\theta)$ の角度変化の例を図 10.27 に示す.この図は,スリット幅 B が波長 λ よりかなり大きい場合には,波はほぼ直進するが,B/λ が小さくなるにつれて,進行方向が広がって,斜め方向にも波が進むようになる,という性質(図 10.22 参照)を説明している.また (10.40) を使って,遠方にある y 軸に平行な直線の上での波の相対的な強さを求めると,図 10.28 のように変化

§10.7 スリットによる回折　283

(a) $\theta = \dfrac{\pi}{2}$, $\dfrac{B}{\lambda} = \dfrac{1}{4}$, $\theta = 0$

(b) $\theta = \dfrac{\pi}{2}$, $\dfrac{B}{\lambda} = 1$, $\theta = 0$

(c) $\theta = \dfrac{\pi}{2}$, $\dfrac{B}{\lambda} = 4$, $\theta = 0$

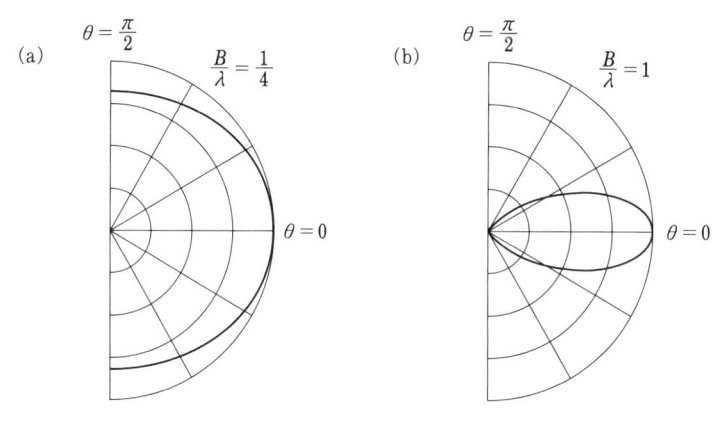

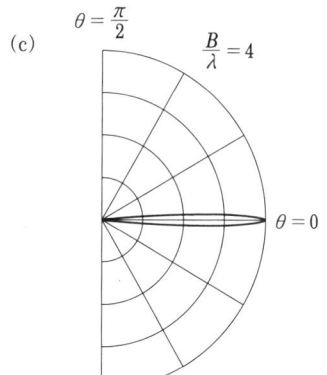

図 10.27

する．これは，光の回折の実験で，スリットから遠い位置にあるスクリーンの中心の近くでの明暗の変化に相当する．波の強さは前方 ($\theta = 0$) で最大値をとる他に，$B \sin \theta$ が波長の整数倍になる方向で小さい極大値をとり，中心のピークの形はスリット幅 B が大きいほど鋭い．この図では(a), (b), (c)の順にスリットの幅が広くなっている．両側で強さが最初にゼロになる方向は $qB \sin \theta / 2 = \pi$，すなわち

$$\frac{B}{2} \sin \theta = \frac{\lambda}{2} \tag{10.41}$$

で与えられる．この方向ではスリットの中央，およびへりを通った波がそれ

284   10. 干渉と回折

$\dfrac{B}{\lambda} = 10$

$\dfrac{B}{\lambda} = 20$

$\dfrac{B}{\lambda} = 40$

スクリーン上の位置

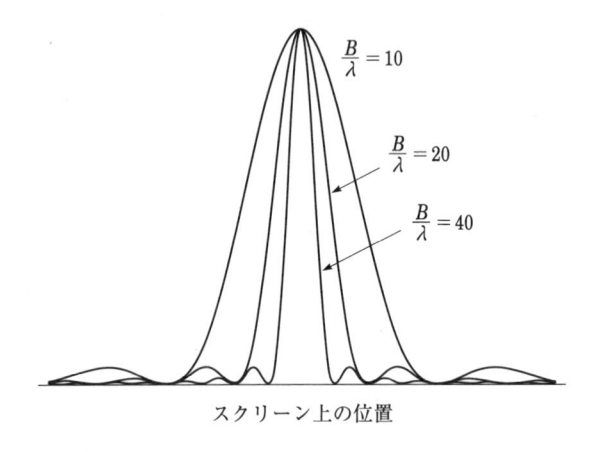

図 10.28

それぞれ進む経路の差が $\lambda/2$ である．

[**例題 10.5**] 図 10.29 のように，幅 B の細長いスリットが 2 本平行に空けられていて，その中心の間隔が $d\,(>B)$ である．波数 q の平面波がこの複スリットに垂直に入射して通過するとき，遠方での波の強さと進行方向との関係を求めて，複スリットから遠方にあるスクリーンの上での波の強さの分布を図示せよ．

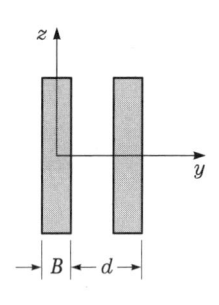

図 10.29

[**解**] スリットは十分細長いとして，それに垂直な平面内の波の強さ s と進行方向との関係を求める．(10.39), (10.40) と同じように考えると，回折した波の強さとその進行方向との関係は

$$P(\theta) = \left| \int_{-d/2-B/2}^{-d/2+B/2} e^{\mathrm{i} q y' \sin\theta}\, dy' + \int_{d/2-B/2}^{d/2+B/2} e^{\mathrm{i} q y' \sin\theta}\, dy' \right|^2$$

$$= \left| [e^{\mathrm{i}(qd\sin\theta)/2} + e^{-\mathrm{i}(qd\sin\theta)/2}] \int_{-B/2}^{B/2} e^{\mathrm{i} q y' \sin\theta}\, dy' \right|^2$$

$$= B^2 \left[D_2(qB\sin\theta) \right]^2 \cos^2\left(\frac{qd}{2}\sin\theta \right)$$

で表される．

§10.7 スリットによる回折 285

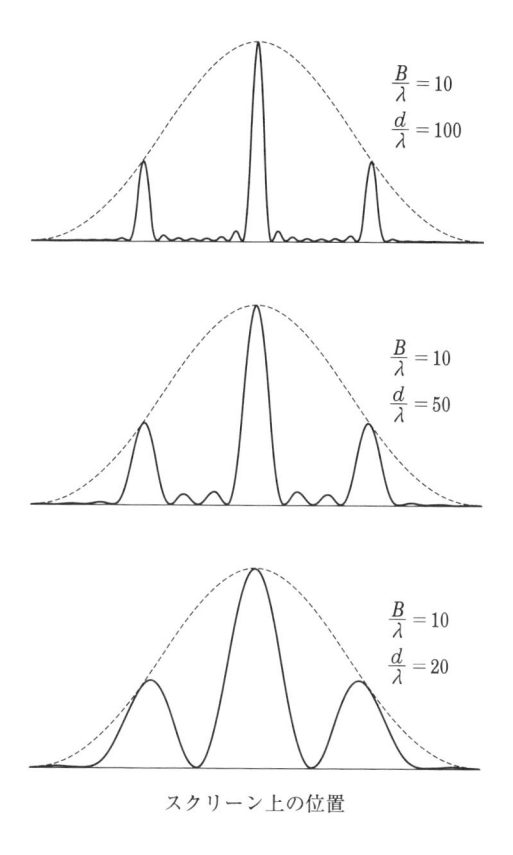

図 10.30

$\dfrac{B}{\lambda} = 10$
$\dfrac{d}{\lambda} = 100$

$\dfrac{B}{\lambda} = 10$
$\dfrac{d}{\lambda} = 50$

$\dfrac{B}{\lambda} = 10$
$\dfrac{d}{\lambda} = 20$

スクリーン上の位置

　この結果は，単一スリットによる回折波の強さの変化を表す因子 $[B\,D_2(qB\sin\theta)]^2$ と 2 個の平行なスリットの干渉効果を表す因子 $\cos^2(qd\sin\theta/2)$ の積になっている．後者はスリットの間隔 d だけに依存し，スリットの構造，例えば幅 B にはよらない．特に B が波長 λ と同程度あるいはそれ以下のときは，個々のスリットの回折による波は進む方向が広がって，半円周上におおよそ一様に広がる．このとき回折の様子は §10.2 の 2 個の小さい波源が出す波の干渉で説明される．図 10.30 にスクリーン上の波の強さの分布の例を示した．

§10.8 回折格子*

[例題 10.5] を一般化して,同じ間隔 d で平行に並んだ N 個の細長いスリット (図 10.31) による回折を調べることができる. N が大きい場合は §10.1 で述べた回折格子である. 入射波と角度 θ の方向に進む波の強さは,

$$\begin{aligned}
P(\theta) &= \left| \int_0^B e^{\mathrm{i}qy'\sin\theta}\, dy' + \int_d^{d+B} e^{\mathrm{i}qy'\sin\theta}\, dy' + \cdots + \int_{(N+1)d}^{(N-1)d+B} e^{\mathrm{i}qy'\sin\theta}\, dy' \right|^2 \\
&= \left| \int_0^B e^{\mathrm{i}qy'\sin\theta}\, dy' [1 + e^{\mathrm{i}qd\sin\theta} + e^{2\mathrm{i}qd\sin\theta} + \cdots + e^{\mathrm{i}(N-1)qd\sin\theta}] \right|^2 \\
&= [B\, D_2(qB\sin\theta)]^2\, [D_1(qd\sin\theta,\, N)]^2 \qquad (10.42)
\end{aligned}$$

に比例し,1個のスリットによる回折の効果を表す $[D_2(qB\sin\theta)]^2$, N 個の波源の波の干渉を表す $[D_1(qd\sin\theta,\, N)]^2$ とスリット幅 B の積で表される.

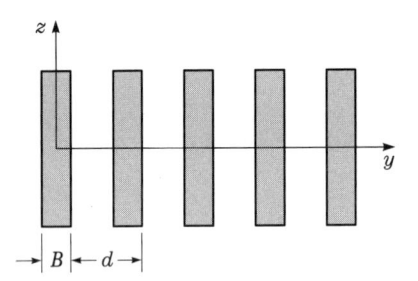

図 10.31

図 10.17 のように,$[D_1(qd\sin\theta,\, N)]^2$ は $qd\sin\theta_n = n \times 2\pi$, すなわち

$$d\sin\theta_n = n\lambda \qquad (n = 0,\, \pm 1,\, \pm 2,\, \pm 3,\, \cdots) \qquad (10.43)$$

を満たす方向 θ_n で高さ N^2 のピークをつくり,その広がりの角度は λ/Nd 程度である. N が大きければ,これらのピークは十分に鋭い.一方,(10.42) の最初の因子である $[D_2(qB\sin\theta)]^2$ の方向依存性はより緩やかだから,強さのピークも (10.43) の方向で起こる.その相対的な高さは番号 n とともに次のような変化をする.

$$P_n = P(\theta_n) \propto [B\, D_2(qB\sin\theta_n)]^2 = \left[\frac{B\sin\left(\dfrac{n\pi B}{d}\right)}{\dfrac{n\pi B}{d}} \right]^2 \qquad (10.44)$$

§10.8 回折格子

$\theta = \dfrac{\pi}{2}$

$\dfrac{B}{\lambda} = 1$
$\dfrac{d}{\lambda} = 1.5$
$N = 8$

(a-1)

$\dfrac{B}{\lambda} = 1$
$\dfrac{d}{\lambda} = 2$
$N = 8$

(a-2)

$\dfrac{B}{\lambda} = 1$
$\dfrac{d}{\lambda} = 8$
$N = 8$

$\theta = 0$

(a-3)

$\dfrac{B}{\lambda} = 1$
$\dfrac{d}{\lambda} = 2$
$N = 16$

$\dfrac{B}{\lambda} = 1$
$\dfrac{d}{\lambda} = 2$
$N = 8$

$\dfrac{B}{\lambda} = 1$
$\dfrac{d}{\lambda} = 2$
$N = 4$

スクリーン上の位置

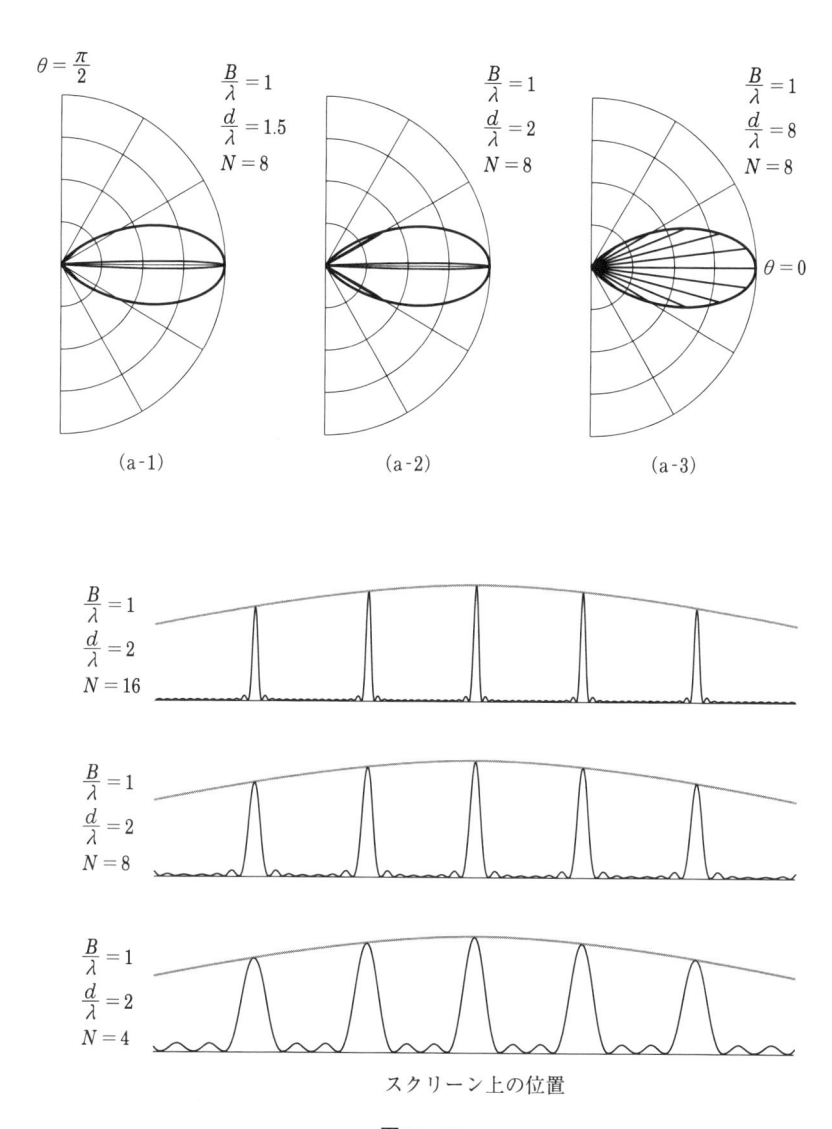

図 10.32

図 10.32 に波の強さと方向の関係 (a), および遠方にあるスクリーンの上での強さの変化を示した. (a) での太線は 1 個のスリットによる回折での強さと回折波の方向との関係である. スリットを並べることで極大が鋭くなっている. 特に幅 B がスリット間隔 d に比べて小さいときには, 1 個のスリットによる回折波は一様に広がって, ほとんど θ によらない. このときは §10.1 でみたように, 異なるスリットを通る波の経路差を考えるだけで, ピークの方向を求めることができる.

[**例題 10.6**] 異なる幅 B_1, B_2 の平行なスリットが間隔 d で交互に並んでいて, スリットの総数が $N = 2M$ である. この列に波数 q の平面波が垂直に入射するとき, 回折した波の強さと方向の関係を求めよ.

[**解**] 波の強さは (10.42) と同じようにして,

$$P(\theta) = \left| \int_0^{B_1} e^{iqy'\sin\theta}\,dy' + \int_d^{d+B_2} e^{iqy'\sin\theta}\,dy' + \cdots + \int_{(2M-1)d}^{(2M-1)d+B_2} e^{iqy'\sin\theta}\,dy' \right|^2$$

$$= \{[B_1 D_2(qB_1 \sin\theta)]^2 + [B_2 D_2(qB_2 \sin\theta)]^2 + 2B_1 B_2 [D_2(qB_1 \sin\theta) D_2(qB_2 \sin\theta)]\} \times [D_1(q(2d)\sin\theta, M)]^2$$

に比例する.

この式の 2 つの因子はそれぞれ異なる 2 つのスリットを通った波の干渉, あるいは

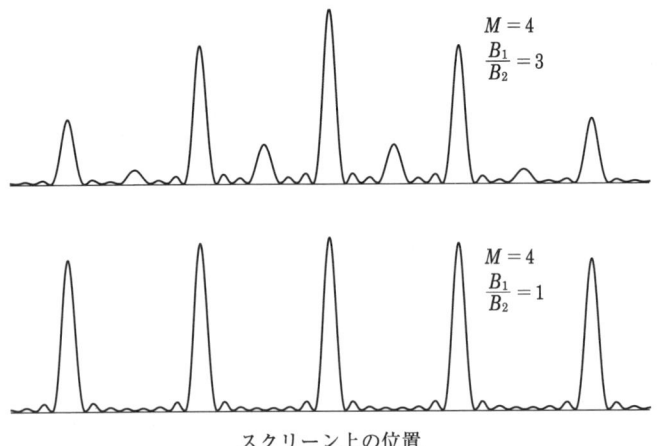

$M = 4$
$\dfrac{B_1}{B_2} = 3$

$M = 4$
$\dfrac{B_1}{B_2} = 1$

スクリーン上の位置

図 10.33

このスリットの組が間隔$2d$で繰り返していることによる干渉を表している．第2の因子が高さM^2のピークをつくる，$2d\sin\theta = n\lambda$ ($n=0, \pm 1, \pm 2, \pm 3, \cdots$)のときに，第1の因子の値は(1) $(B_1 + B_2)^2$ (nが0または偶数のとき)，あるいは(2) $(B_1 - B_2)^2$ (nが奇数のとき)となる．これらは隣り合う2つのスリットを通る波が強め合う場合，あるいは弱め合う場合である．したがって，同一のスリットが間隔dで並んでいるときと比べると，もともとのピークの中間に より弱いピークが現れる．この様子を図10.33に例示した．

演習問題

[1] 音叉を鳴らしながら軸の周りに回転すると，音の強弱が変化してうなりのように聞こえる．その理由を説明せよ．

[2] (1) ビームの直径3mm，波長633nmの赤い光が幅0.1mmのスリットに垂直に入射するときに，スリットから3m離れたスクリーンの上で回折の様子を観察する．中央の明るい部分の両側に現れる暗部の中心の間隔はいくらか．また，スリットの幅が0.001mm狭くなると，暗部の間隔はどのくらい変化するか．

(2) このスリットが中心の間隔0.2mmで10本平行に並んでいるときはどうか．

[3]* He-Neレーザーの633nmの赤い光を使うマイケルソン干渉計で，M_1とHとの間に両側が透明な窓になった容器Cがある．窓(の内側)の間の距離lは5.00cmである．Cの内部が真空になっている状態では，スクリーン上に同心円状の図形が見え，その中心

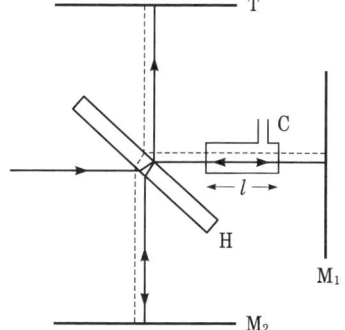

は明るくなっていた．バルブを開けて C に空気をゆっくり導入したところ，干渉による縞模様が半径に沿って移動し，内部が室温，大気圧の状態になるまでに中央の部分は，明→暗→明の変化を 43 回繰り返した．この結果から空気の屈折率を求めよ．

[4]* 半径 R の大きい球面と平面で囲まれたレンズを，図(a)のように，平らなガラス板の上に置き，上側から波長 λ の単色の光を垂直に入射すると，レンズと板の接触する点を中心とする同心円状に，干渉による明暗の模様が見られる．図(b)を参考にして，暗い円形の輪の半径は $r_n = \sqrt{n\lambda R}$ ($n = 0, 1, 2, \cdots$) で与えられることを示せ．ただし，空気の屈折率を 1 とする．

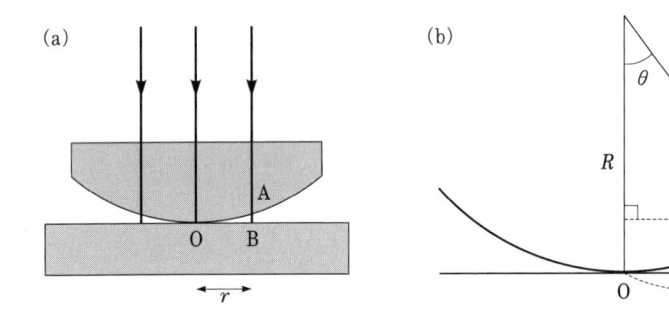

演習問題解答

第 1 章

[1] ばね定数 k の単位は $[\mathrm{N/m}] = [\mathrm{kg\cdot m\cdot s^{-2}}/\mathrm{m}] = [\mathrm{kg/s^2}]$ であることを使え.

[2] $X_0 = 4.00 \times 10^{-2}\,\mathrm{m}$, $\quad \omega = 10.0\,\mathrm{s^{-1}}$, $\quad \alpha = \dfrac{\pi}{3}$, $\quad k = 5.0\,\mathrm{N/m}$

[3] (1.15) から $v(t) = -\omega C_1 \sin\omega t + \omega C_2 \cos\omega t$. これから $x(0) = C_1 = X_0$, $v(0) = \omega C_2 = V_0$.

[4] $I = MR^2/2 \approx 0.82 \times 10^{-3}\,\mathrm{kg\cdot m^2}$ を使って, $k = (2\pi/T)^2 \cdot I = 5.1 \times 10^{-4}\,\mathrm{N\cdot m}$.

[5] (1) つり合い状態でのばねの力 $= k(l-l_0) = mg$, $\therefore\ l = l_0 + mg/k$. 鉛直下向きに x 軸をとり, つり合いの位置からの変位を u とすると, おもりの運動方程式は $m(d^2u/dt^2) = mg - (l+u-l_0) = -ku$ で, $\omega = \sqrt{k/m} = \sqrt{g/(l-l_0)}$ となる.

(2) (a) つり合い状態での伸び $x_0 = mg/2k$. 変位が u のときにおもりにはたらく力 $= mg - 2k(u+x_0) = -2ku$, したがって $\omega = \sqrt{2k/m}$.

(b) つり合い状態で上側, 下側のばねの力, したがって伸びは等しく, mg/k. この状態からの変位が u のとき, 1個のばねの余分な伸び $= u/2$ で, おもりにはたらく復元力 $= -k(u/2)$. $\omega = \sqrt{k/2m}$.

[6] おもりを付けた棒の点 P の周りの回転角を θ, 慣性モーメントを $I = mL^2$ とすると, 運動方程式は $I(d^2\theta/dt^2) = \mathrm{P}$ の周りの力のモーメントとなる. つり合い状態 ($\theta = 0$ にとる) でのばねの伸びを x とすると, 力のモーメントのつり合いから, $L_0(kx) = Lmg$. θ が微小ならば, おもりにはたらく重力のモーメント $= Lmg\cos\theta \approx Lmg$. $\triangle\mathrm{OQQ'}$ で $\angle\mathrm{QPH} = \angle\mathrm{QOQ'}(=\beta)$, $\angle\mathrm{OQ'Q} = \theta/2$

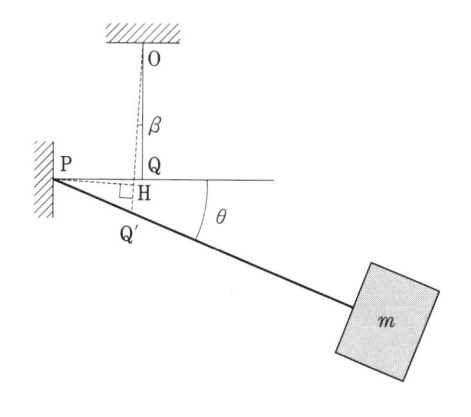

$-\beta$. θ, β を微小角とすると，ばねの伸び $= OQ' - (l-x) = OQ' - OQ + x \approx L_0\theta + x$, ばねの力のモーメント $= -k(L_0\theta + x)L_0\cos(\theta/2 - \beta) \approx -kL_0^2\theta - kL_0x$ だから，運動方程式は $d^2\theta/dt^2 = (-kL_0^2\theta - kL_0x + Lmg)/mL^2 = -(k/m)(L_0/L)^2\theta$. $\therefore\ \omega = (L_0/L)\sqrt{k/m}$.

[7] 棒の傾き角 θ のとき，ばねの長さの変化 $\approx \pm a\theta$，おもりの高さの変化 $= -l(1-\cos\theta) \approx -l\theta^2/2$. つり合い状態を基準にした位置エネルギー $= k(a\theta)^2/2 - mgl\theta^2/2 = (ka^2 - mgl)\theta^2/2$，また運動エネルギー $= ml^2(d\theta/dt)^2/2$. (1.36), (1.37) と比較して，$\omega = \sqrt{(ka^2 - mgl)/ml^2} = \sqrt{(g/l)(ka^2/mgl - 1)}$. なお，$ka^2/mgl < 1$ のときは，この配置は不安定，すなわち棒が傾くとばねで支えられない．

第 2 章

[1] 重力の加速度を $g = 9.80\,\mathrm{m/s^2}$ とする．
 (1) $\omega_0 = 3.13\,\mathrm{Hz}$
 (2) N 周期の間に振幅は $\exp(-2\pi N\gamma/\sqrt{\omega_0^2 - \gamma^2}) = \exp(-2\pi N/\sqrt{4Q^2 - 1})$ 倍に減少する．$N = 15$ のとき，この比が $1/2$ だから，$Q = 68$.
 (3) $\omega = \sqrt{\omega_0^2 - \gamma^2} = \omega_0\sqrt{1 - 1/4Q^2} \approx \omega_0(1 - 1/8Q^2)$ だから，$(\omega_0 - \omega)/\omega_0 \approx 1/8Q^2 = 2.7 \times 10^{-5}$.

[2] 直接代入せよ．

[3] $0 \leq t \leq \tau$ での運動を表す式は (2.59), $t > \tau$ では $x(\tau), v(\tau)$ を初期値とする減衰振動で $x(t) = x(\tau)e^{-\gamma(t-\tau)}\cos\sqrt{\omega_0^2 - \gamma^2}(t-\tau) + [v(\tau) + \gamma x(\tau)]/\sqrt{\omega_0^2 - \gamma^2}\,e^{-\gamma(t-\tau)}\sin\sqrt{\omega_0^2 - \gamma^2}(t-\tau)$ (*) である．$\tau \to 0, F_0\tau \to I_0$ のとき，$e^{-\gamma\tau} \approx 1 - \gamma\tau$, $\sin\sqrt{\omega_0^2 - \gamma^2}\,\tau \approx \sqrt{\omega_0^2 - \gamma^2}\,\tau$, $\cos\sqrt{\omega_0^2 - \gamma^2}\,\tau \approx 1$ と近似すると，$x(\tau) \to 0, v(\tau) \to I_0\omega_0^2/k = I_0/m$ だから，(*) は $x(t) = (I_0/m\sqrt{\omega_0^2 - \gamma^2})e^{-\gamma t}\sin\sqrt{\omega_0^2 - \gamma^2}\,t$ となり，衝撃力で始まる運動の式 (2.40) に一致する．

[4] 一定の外力 F_0 の下でのつり合いの位置 F_0/k への接近の過程と見ると，x' はつり合いからのずれを表す．

[5] 糸の上端 O' を原点とし，鉛直下向きに x' 軸，O' の振動方向に y' 軸をとると，この座標系では，重力 mg，糸の張力の他に，慣性力 $F(t) = m\omega^2 X_0\cos\omega t$ がはたらく．おもりの運動方程式 $ml^2(d^2\theta/dt^2) = -mgl\sin\theta - bl^2(d\theta/dt) + F(t)l\cos\theta$ で $\sin\theta \approx y'/l$, $\cos\theta \approx 1$ とすると，$d^2y'/dt^2 + b/m(dy'/dt) + (g/l)y' = F(t)/m = \omega^2 X_0\cos\omega t$. 定常的な運動は外力 $F(t) = m\omega^2 X_0\cos\omega t$

による強制振動である．

(1) $y(t) = X_0 \cos \omega t + \omega^2 X_0 / \sqrt{(g/l - \omega^2)^2 + gb^2/lm^2} \cos(\omega t - \varphi)$, $\tan \varphi = (b/m\sqrt{g/l})/[(g/l)^2 - \omega^2]$. ここで $X_0 = 1.00 \times 10^{-3}$ m, $\omega_0 = \sqrt{g/l} = 3.1$ Hz, $b/m = \omega_0/Q = 4.6 \times 10^{-2}$ である．

(2) 問題とする速度の振幅は $\omega^3 X_0 / \sqrt{(g/l - \omega^2)^2 + gb^2/lm^2}$ で，共振角振動数 $\omega_0 = \sqrt{g/l}$ では，$\omega_0 Q X_0 = 0.21$ m/s．

(3) $\left| \dfrac{\omega_0 - \omega_{1/2}}{\omega_0} \right| = \dfrac{1}{2Q} = 0.74 \times 10^{-2}$

[6] つり合いの位置からのおもりの変位を $x(t)$，容器の単振動を $y(t) = Y_0 \cos \omega t$ と表すと，ばねの伸びは $x(t) - y(t)$ で，運動方程式は $m(d^2x/dt^2) = -kx + kY_0 \cos \omega t$．定常状態でのおもりの運動は $x(t) = Y_0 / [1 - (\omega/\omega_0)^2] \cos \omega t$ で表される．特に $\omega \ll \omega_0 = \sqrt{k/m}$ のとき，$x(t) \approx y(t)$ でおもりは容器とほとんど一緒に運動し，一方 $\omega \gg \omega_0$ のとき，おもりはほとんど静止する．（このとき，おもりと容器との相対的な振動から，床の振動がわかる．）求める条件 $|1/[1 - (\omega/\omega_0)^2]| < 10^{-2}$ を満足するためには，$k/m < \omega^2/101 \approx 10^{-2} \omega^2$．

[7] (2.86) を参照して $\overline{K} = F_0^2 \omega^2 / 2m \left[(\omega^2 - k/m)^2 + (2b/m)^2 \right] \langle \cos^2(\omega t - \delta) \rangle$, $\overline{V} = (F_0^2 k / 2m^2) \left[(\omega^2 - k/m)^2 + (2b/m)^2 \right] \langle \sin^2(\omega t - \delta) \rangle$. ここで $\langle \ \rangle$ は 1 周期での時間平均を表す．$\langle \cos^2(\omega t - \delta) \rangle = \langle \sin^2(\omega t - \delta) \rangle = 1/2$ だから，$\overline{K}/\overline{V} = m\omega^2/k = (\omega/\omega_0)^2$.

[8] 過渡現象が減衰する周期の数 n を求める．振幅が 1% になるときを減衰の目安とすると，$e^{-\gamma n T} = e^{-2\pi n \gamma / \omega_0} = 0.01$ から，$n = (\ln 10^2 / \pi) \omega_0 / 2\gamma \sim 1.5 Q$．

[9] おもり，およびダッシュポットのピストンのつり合い点からの変位をそれぞれ $x(t), y(t)$ とすると，$m(d^2x/dt^2) = -b(dx/dt - dy/dt)$（ダッシュポットの抵抗力）$= -k(y - x_0)$（ばねの力）．定常状態での $x(t), y(t)$ の複素振幅 X, Y を使うと，$-\omega^2 m X = -i\omega b(X - Y) = -k(Y - X_0)$, $X/X_0 = ib\omega / [-\omega^2 mk + ib\omega(\omega^2 m - k)] kX_0$. $\omega_0 = \sqrt{k/m}$, $Q = m\omega_0/b$ として，

$$x(t) = kX_0 / \sqrt{[(k - \omega^2 m)^2 + (\omega m k/b)^2]} \cos(\omega t - \varphi)$$
$$= \omega_0^2 X_0 / \sqrt{[(\omega_0^2 - \omega^2)^2 + (\omega \omega_0 Q)^2]} \cos(\omega t - \varphi)$$
$$\tan \varphi = (\omega m k / b)(k - \omega^2 m) = \omega \omega_0 Q / (\omega_0^2 - \omega^2)$$

である．

$b = 0$, あるいは $b \to \infty$ のとき，おもりは停止（ダッシュポットが滑る），あるいは $x(t) = (X_0 / \sqrt{1 - \omega^2 m/k}) \cos \omega t = \{X_0 / \sqrt{[1 - (\omega/\omega_0)^2]}\} \cos \omega t$ で表される運動をする．後の場合，ダッシュポットのピストンとシリンダーは一体となって運動する．

第 3 章

[1] この図の横軸は $T_0 = 2\pi/\omega_0$ を単位として目盛った.

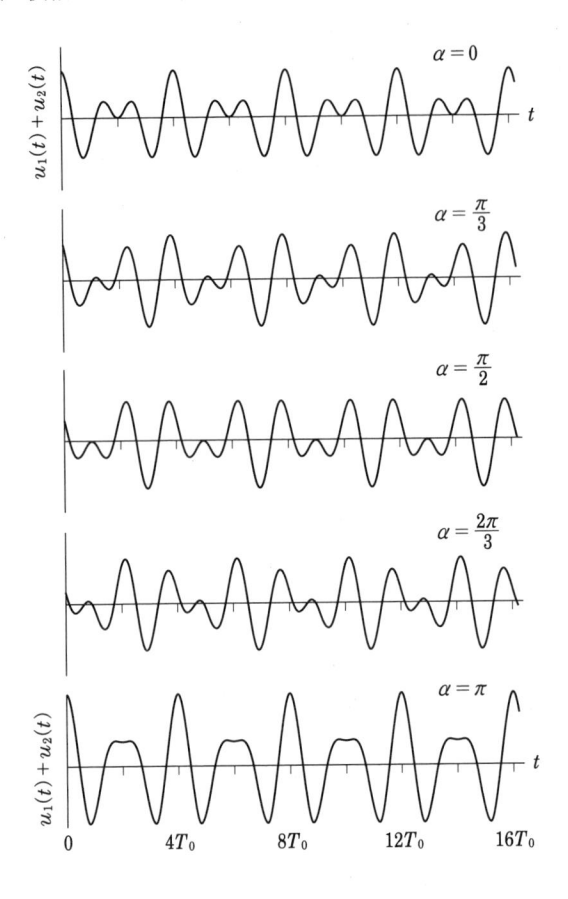

[2] $x(t) = X_0 \cos\omega t$, $y(t) = Y_0 \cos(\omega' t + \alpha)$ のとき $(0 \leq \alpha < 2\pi)$, a を定数として, $Y_0 \cos(\omega' t + \alpha) = aX_0 \cos\omega t$ でなければならない. 両辺を2回微分すると, $-\omega'^2 Y_0 \cos(\omega' t + \alpha) = -a\omega^2 X_0 \cos\omega t$, したがって $(1 - \omega^2/\omega'^2) aX_0 \cos\omega t = 0$ が t の値によらず成り立つ. さらに $y/x = Y_0/X_0 (1 - \sin\alpha \cdot \tan\omega t)$ が t によらず一定だから $\sin\alpha = 0$. すなわち, 2つの単振動の角振動数 ω, ω' が等しく, 位相差 α は 0 または π.

[3] $g(t)$ は奇関数だから,フーリエ正弦級数で表せる.
$$b_n = \frac{4}{T}\int_0^{T/2} g(t')\sin n\omega_0\, dt'$$
$$= \frac{4F_0}{T}\left[\int_0^{T/4} \frac{4t'}{T}\sin n\omega_0 t'\, dt' + 2\int_{T/4}^{T/2}\left(1 - \frac{2t'}{T}\right)\sin n\omega_0\, dt'\right]$$
$$= \frac{8F_0}{(n\pi)^2}\sin\frac{n\pi}{2}$$
である.
[4] (省略)

第 4 章

[1] (1) $Z = R + i\omega L$ (a), $\quad Z = R - \dfrac{i}{\omega C}$ (b)

(2) $i(t) = \dfrac{V_0}{L\sqrt{\omega^2 + (R/L)^2}}\cos(\omega t - \delta), \quad \tan\delta = \dfrac{\omega L}{R}$ (a)

$i(t) = \dfrac{\omega V_0}{R\sqrt{\omega^2 + (1/RC)^2}}\cos(\omega t - \delta), \quad \tan\delta = -\dfrac{1}{\omega RC}$ (b)

(3) この図で $\omega_0 = \sqrt{R/L}$ (a),または $\omega_0 = 1/\sqrt{RC}$ (b) である.

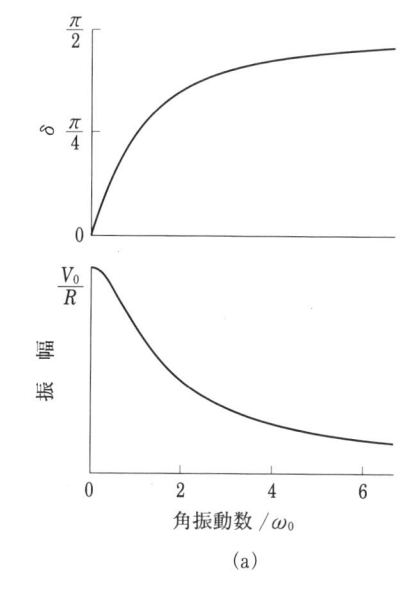

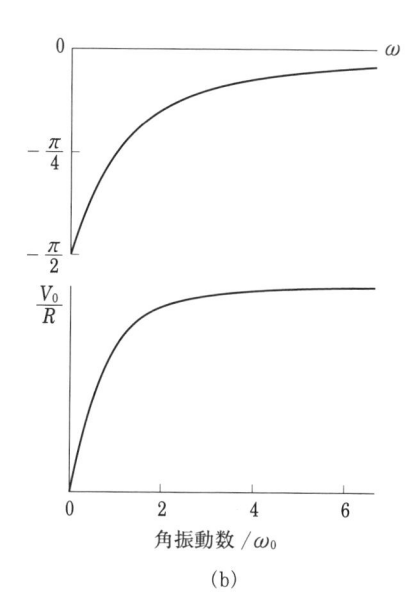

(a)   (b)

[2] $I_0(\omega) = V_0/[R + i(\omega L - 1/\omega C)]$ から,$\text{Re}[I_0(\omega)] = RV_0/[R^2 + (\omega L - 1/\omega C)^2]$, $\text{Im}[I_0(\omega)] = -(\omega L - 1/\omega C) V_0/[R^2 + (\omega L - 1/\omega C)^2]$.
$\{\text{Re}[I_0(\omega)]\}^2 + \{\text{Im}[I_0(\omega)]\}^2 = V_0^2$. 求める図形は中心 O,半径 V_0 の半円.

[3] 複素振幅はそれぞれ $I_R(\omega) = V(\omega)/R$, $I_L(\omega) = -iV(\omega)/\omega L$, $I_C(\omega) = i\omega CV(\omega)$. [例題 4.2] を参照して,
$$i_L(t) = \{RI_0/\omega L\sqrt{1 + (CR^2/L)(\omega/\omega_0 - \omega_0/\omega)^2}\}\sin(\omega t - \theta)$$
$$i_R(t) = \{I_0/\sqrt{1 + (CR^2/L)(\omega/\omega_0 - \omega_0/\omega)^2}\}\cos(\omega t - \theta)$$
$$i_C(t) = \{-\omega CRI_0/\sqrt{1 + (CR^2/L)(\omega/\omega_0 - \omega_0/\omega)^2}\}\sin(\omega t - \theta)$$
θ は (4.27) で与えられる.
　並列共振では $i_R(t) = I_0\cos\omega t$, $i_L(t) = -i_C(t) = R\sqrt{C/L}I_0\sin\omega t$,このとき電源から流れ込んだ電流はそのまま抵抗を通り電源に戻る.一方,コイルとコンデンサーを回る振動電流が流れている.$R \gg \sqrt{L/C}$ ならば,後者は電源からの電流よりもずっと大きい.

[4] 運動方程式 $m(dv/dt) = -kx - bv + f(t)$ で右辺の第 1 項を省略すると,$dv/dt + b/mv = f(t)/m$. §4.5 の考え方で,解は $v(t) = \dfrac{e^{-(b/m)t}}{m}\displaystyle\int_0^t f(t') \times e^{(b/m)t'} dt'$. 力がはたらいている短い時間を $\tau(<t)$ とすると,積分は $I' = \displaystyle\int_0^\tau f(t')e^{(b/m)t'} dt'$ になる.十分時間が経った後の速さはゼロ,この間に進んだ距離は $\displaystyle\int_0^\infty v(t') dt' = \dfrac{I'}{m}\int_0^\infty e^{-(b/m)t'} dt' = I'/b$ である.

[5] （省略）

[6] $t = 0$ に続く時間 Δt の間だけ電圧がはたらいて,電流が 0 から I_0 まで変化したとする（図 4.7 参照).
$$P_0 = \int_0^{\Delta t} v(t') dt' = \int_0^{\Delta t}\left(L\frac{di}{dt} + Ri\right) dt'$$
$$= L\,i(t)\Big|_0^{\Delta t} + R\left(\frac{L}{R}\right)(1 - e^{-R\Delta t/L})$$
ここで,$\Delta t \to 0$ とすればよい.

第 5 章

[1] 振れ角が小さく $\sin\theta_A \approx \theta_A$, $\cos\theta_A \approx 1$ などと近似できるときは,おもりの横変位を x_A, x_B とすると,運動方程式は $m(d^2x_A/dt^2) = -(mg/l) x_A - k(x_A - x_B)$, $m(d^2x_B/dt^2) = -(mg/l) x_B + k(x_A - x_B)$. 2 つの基準振動は $x_A = x_B$,

$\omega_1 = \sqrt{g/l}$ と $x_A = -x_B$, $\omega_2 = \sqrt{g/l + 2k/m}$ である．問題の条件から $l = 1\,\mathrm{m}$, $2\pi/\sqrt{g/l + k/m} = 1.5\,\mathrm{s}$, したがって $k/m = 7.75\,\mathrm{s}^{-2}$ で，（1）$\omega_1 = 3.13\,\mathrm{Hz}$, $\omega_2 = 5.03\,\mathrm{Hz}$.

（2）$t = 0$ での A の変位を X_A とすると，このときの運動の式は，$x_A(t) = (X_A/2)(\cos\omega_1 t + \cos\omega_2 t)$, $x_B(t) = (X_A/2)(\cos\omega_1 t - \cos\omega_2 t)$. B の振幅は周期 $= 4\pi/(\omega_2 - \omega_1) = 6.6\,\mathrm{s}$ で変化する．

[2] 上，下のおもり A，B のつり合いの位置からの変位をそれぞれ x_A, x_B とすると，運動方程式は $m(d^2x_A/dt^2) = -kx_A - k(x_A - x_B)$, $m(d^2x_B/dt^2) = k(x_A - x_B)$. （変数をこのように選ぶと，重力の項は現れない．第1章の [5] の解答参照．）2つの基準振動は $x_B/x_A = (\sqrt{5} + 1)/2 \approx 1.62$, $\omega_1 = [(\sqrt{5} - 1)/2]\sqrt{k/m} \approx 0.62\sqrt{k/m}$ と $x_B/x_A = -(\sqrt{5} - 1)/2 \approx -0.62$, $\omega_2 = [(\sqrt{5} + 1)/2]\sqrt{k/m} \approx 1.62\sqrt{k/m}$ で，それぞれ A と B が同じ向き，あるいは逆向きに振動する．

[3] （1）$\omega_1 = \sqrt{1/(L + 2L')C}$, $q_1(t) = -q_2(t)$, $\omega_2 = \sqrt{1/LC}$, $q_1(t) = q_2(t)$. ある瞬間の電荷と電流の状態を図 (a) に示す．

（2）$L' = 1.5L$ の場合を図 (b) に示す．ここで $T_0 = 2\pi/\omega_2$ である．

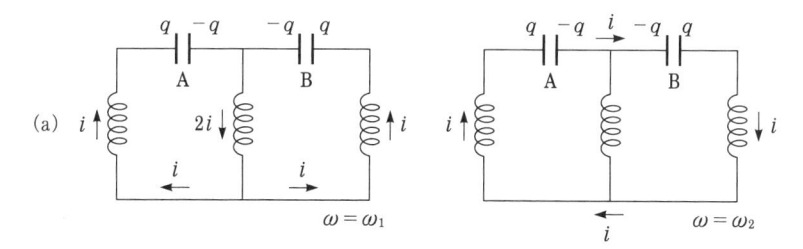

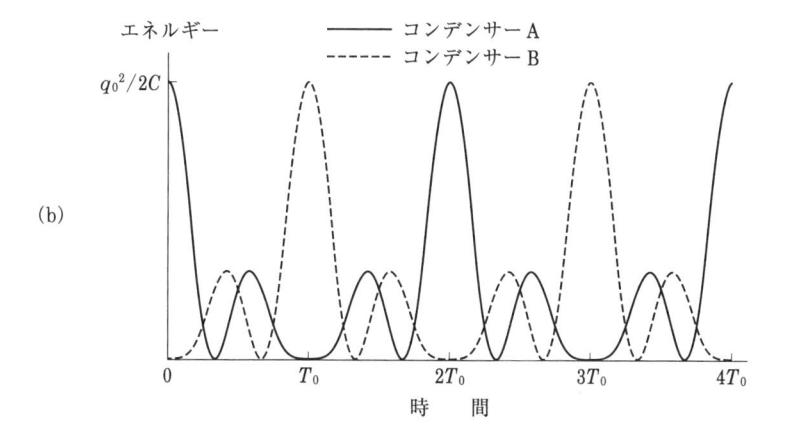

[4] ダッシュポットのピストンの変位を $y(t) = Y_0 \sin\omega t$，また左，右のおもりの変位をそれぞれ $x_A(t), x_B(t)$ とすると，A, B の運動方程式はそれぞれ $m(d^2x_A/dt^2) = -k(x_A - x_B) - bd(x_A - Y_0\sin\omega t)/dt, m(d^2x_B/dt^2) = -kx_B + k(x_A - x_B)$. 定常状態での運動は単振動をする外力 $f_{ex} = b\omega Y_0 \cos\omega t$ による強制振動である．x_A, x_B の複素振幅 X_A, X_B を $u = \omega/\omega_0$, $Q = \omega_0/2\gamma$ の式で表すと，$X_A/Y_0 = u(2 - u^2)e^{-i\varphi}/Q\sqrt{(u^4 - 3u^2 + 1)^2 + [u(2 - u^2)/Q]^2}$, $X_B/Y_0 = ue^{-i\varphi}/Q\sqrt{(u^4 - 3u^2 + 1)^2 + [u(2 - u^2)/Q]^2}$, $\tan\varphi = u(2 - u^2)/Q(u^4 - 3u^2 + 1)$ である．ここで $\omega_0 = \sqrt{k/m}$, $\gamma = b/2m$．A, B の変位を表す式は

$$x_A(t) = \frac{u(2 - u^2)Y_0}{Q\sqrt{(u^4 - 3u^2 + 1)^2 + \left[\dfrac{u(2 - u^2)}{Q}\right]^2}} \cos(\omega t - \varphi)$$

$$x_B = \frac{uY_0}{Q\sqrt{(u^4 - 3u^2 + 1)^2 + \left[\dfrac{u(2 - u^2)}{Q}\right]^2}} \cos(\omega t - \varphi)$$

$Q = 10$ の場合の振幅と位相の変化を図に示した．

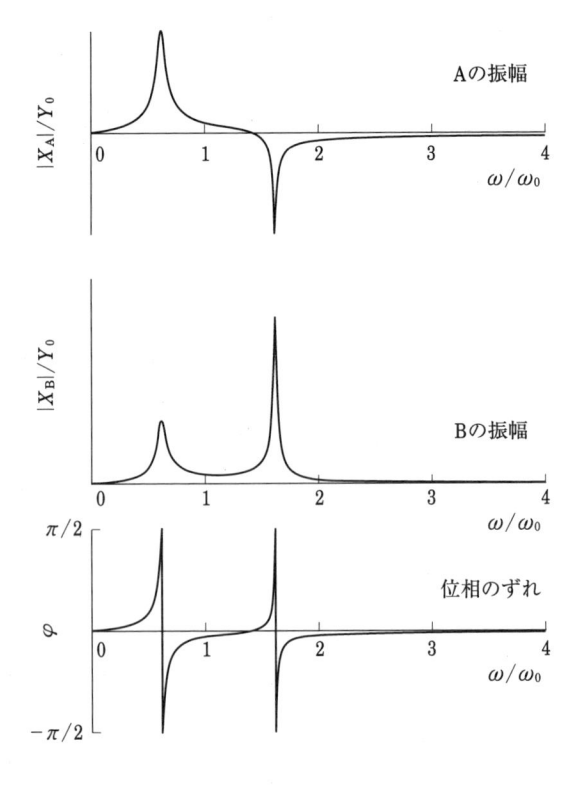

第 6 章

[1] §6.2 の議論で (6.8) の代わりに，$U_N(\omega) = U_{N+1}(\omega)$ とする．基準振動は (6.9), (6.12) で $q_n = (2n-1)\pi/(2N+1)a$ $(n = 1, 2, 3, \cdots, N)$ として得られる．$N = 10, n = 1, 2, 3$ のモードを図示した．

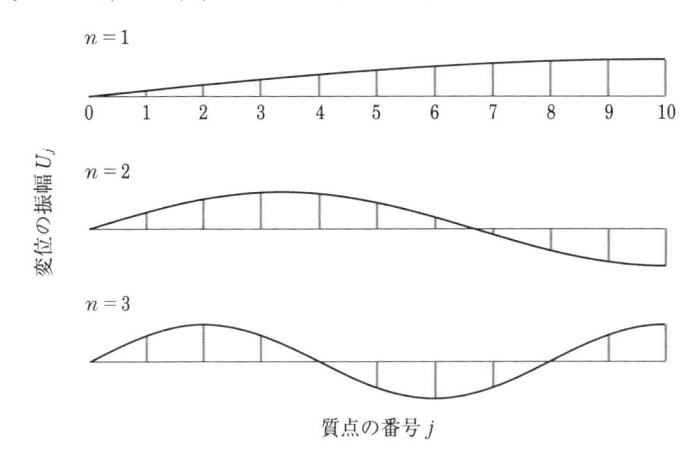

$n = 1$

0　1　2　3　4　5　6　7　8　9　10

変位の振幅 U_j

$n = 2$

$n = 3$

質点の番号 j

[2] j 番目の単位で，電流とコンデンサーの電荷をそれぞれ $i_j(t), q_j(t)$ とすると，
$$-\frac{L}{2}\frac{di_{j-1}(t)}{dt} + L\frac{di_j(t)}{dt} - \frac{L}{2}\frac{di_{j+1}(t)}{dt} + \frac{q_j(t)}{C} = 0, \quad q_j(t) = \int^t i_j(t')\, dt'$$
$$(j = 1, 2, \cdots, N)$$
$i_0(t) = i_{N+1}(t) = 0$ である．$\omega_0 = \sqrt{1/LC}$ として，$i_j(t) = I_j(\omega)e^{i\omega t}$ とおくと，複素振幅を決める式は (6.6)〜(6.8) と同じ形，$I_{j-1}(\omega) + (2 - \omega_0^2/\omega^2)I_j(\omega) + I_{j+1}(\omega) = 0, I_0(\omega) = I_{N+1}(\omega)$ になる．n 番目の基準振動の角振動数とモードは $\omega_n = \sqrt{1/LC}\,|\sin[n\pi/2(N+1)]|, I_j(\omega_n) = I_j(q_n) = I_0 \sin jn\pi/(N+1)$ $(n = 1, 2, 3, \cdots, N)$ で表される．

[3] 基準振動の波数は，$2L$（棒の長さ×2）＝半波長 π/q の奇数倍，という条件で決まり，$q_n = (2n-1)\pi/2L$ $(n = 1, 2, 3, \cdots, N)$．これと (6.58) の前半から基準角振動数は $\omega_n = [(2n-1)\pi/2L]\sqrt{E/\rho}$ である．ここで $\omega_1 = 2\pi \times 10^3$ Hz とする．

(1) $L = 1.3$ m

(2) 他の基準振動の角振動数は $2\pi \times 1000$ Hz の奇数倍，$n = 1, 2, 3$ のモードを各点の変位の大きさで表すグラフは図のようになる．

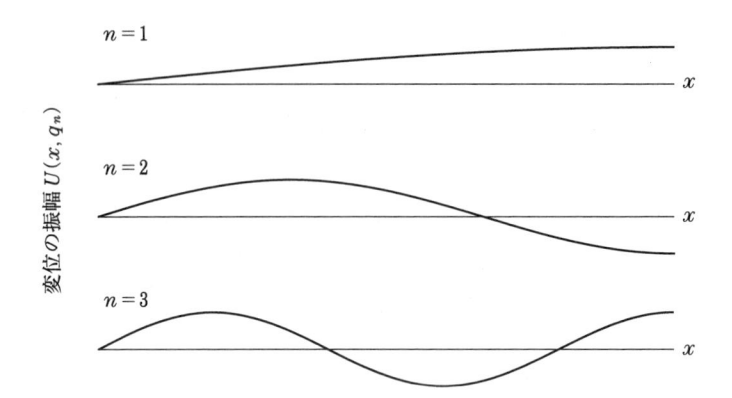

[4] (1) ばねの各点 x の速度,力を複素表示でそれぞれ $V(x,q)e^{i\omega t}$, $F(x,q)e^{i\omega t}$ とし,[例題 6.4]と同じように進むと,$V(x,q) = 2iA\sin qx$, $F(x,q) = 2\sqrt{mK}\,A\cos qx$. $f(L,q) = 0$ を考慮すると,$q_n = (2n-1)\pi/2L$ $(n = 1, 2, \cdots)$

(1) 特に $q_1 = \pi/2L$ すなわち波長 $= L/4$ の場合は $\omega_1 = (\pi/2)\sqrt{K/m}$,モードは[3]の解答の図で $n = 1$ のときと同じ形になる.

(2) $V(L,q) = 2iA\sin q_1L = i\omega_1U_0$ から $A = \omega_1U_0/2$. ∴ $F(0,q) = \omega_1U_0\sqrt{mk} = \pi kU_0/2$. ばねの力の時間変化は $f(0,t) = \pi KU_0/2\cos\omega_1 t$ で表される.

第 8 章

[1] 弦の横波の速さ $c = 3.2 \times 10^2\,\text{m/s}$. 変位 $u(x,t) = 1.0 \times 10^{-2}\cos 50\pi(t - 0.32 \times 10^{-2}x)$. これらを時間 t で順に微分すれば速度,加速度の式を得る.

(1) $u(1,t) = 1.0 \times 10^{-2}\cos 50\pi(t - 0.32 \times 10^{-2})$, $v(1,t) = -1.6\sin 50\pi(t - 0.32 \times 10^2)$, $a(1,t) = -2.5 \times 10^2\cos 50\pi(t - 0.32 \times 10^2)$

(2) 速度の振幅を $V_0 = 1.6\,\text{m/s}$ とすると $\langle s\rangle = \dfrac{c\mu V_0^2}{2} = 0.39\,\text{J/s}$.

[2] つり合い状態で棒にはたらいている張力 $F = (l - l_0)/l_0 EA$ だから,$c_v = \sqrt{E/\rho}$, $c_t = \sqrt{(l-l_0)/l_0}\sqrt{EA/\rho A} = \sqrt{(l-l_0)/l_0}\sqrt{E/\rho}$ である.両者の比 $c_t/c_v = \sqrt{(l-l_0)/l_0}$. 縦波の方がずっと速い.

[3] 弦の上端を原点 O,鉛直下向きに x 軸をとる.位置 x での張力を $T(x)$ とすると,座標 x より下の部分のつり合いを考えて $T(x) = \mu g(l-x)$. 上端か

らの距離 $x, x+\varDelta x$ の微小部分での波の速さ $=\sqrt{T(x)/\mu}$ だから，この部分をパルス波が通過する時間は $\varDelta x/\sqrt{g(l-x)}$. したがって，求める時間 $= \dfrac{1}{\sqrt{g}}\displaystyle\int_0^l \dfrac{dx'}{\sqrt{l-x'}} = \dfrac{2}{\sqrt{l/g}}$ となる.

[4] 各点が同じ角振動数 ω, 同じ位相で振動するとして，$u(x,t) = U(x,\omega)\cos(\omega t + \alpha)$ を (8.12) に代入すると, $d^2U/dt^2 + (\mu\omega^2/F)U = 0$. ここで μ は弦の線密度である. 弦の長さを l とすると両端の条件に合う $U(0,\omega) = U(l,\omega) = 0$ の解は, $U(x,\omega) = A_n \sin q_n x, q_n = \sqrt{\mu/F}\,\omega_n = n\pi/l$, すなわち n 番目の基準振動の角振動数は $\omega_n = (n\pi/l)\sqrt{F/\mu}$. 変位を表す式は $U_n(x,t) = A_n \sin(n\pi x/l)\cdot\cos(\omega_n t + \alpha_n)$. ここで A_n, α_n は任意定数である.

[5] 前問の結果を利用すると，$\omega_1 = (\pi/L)\sqrt{F/\mu} = 330 \times 2\pi = 2073\,\text{Hz}$ だから, (1) $F = 83\,\text{N}$. (2) 他の基準振動の角振動数は $2070\,\text{Hz}$ の正の整数倍.

[6] [3] の解によって，張力は $T(x) = \mu g(l-x)$. また x と $x+\varDelta x$ の間の微小部分の運動方程式は $\mu \varDelta x (\partial^2 u/\partial t^2) = T(x+\varDelta x)\,\partial u/\partial x|_{x+\varDelta x} - T(x)\,\partial u/\partial x|_x = \partial(T\,\partial u/\partial x)/\partial x|_x \varDelta x$. これらから，位置 x での関係として問題の式を得る.

[7] (省略)

[8] つり合い状態でのおもりの位置を原点，弦に沿って x 軸をとり，複素表示で, 変位を $u_c^-(x,t) = U_{\text{in}} e^{i\omega(t-x/c)} + U_{\text{rfl}} e^{i\omega(t+x/c)}$ $(x<0)$, $u_c^+(x,t) = U_{\text{tr}} e^{i\omega(t-x/c)}$ $(x>0)$ とする. $U_{\text{in}}, U_{\text{rfl}}, U_{\text{tr}}$ はそれぞれ, 入射波, 反射波, 透過波の複素振幅である. $x=0$ では両側の変位が等しいから, $U_{\text{in}} + U_{\text{rfl}} = U_{\text{tr}}$, またこの点での加速度と変位の復元力はそれぞれ，$a(0,t) = \partial^2 u_c^-(x,t)/\partial t^2|_{x=0}, f(0,t) = -F\,\partial u_c^-(x,t)/\partial x|_{x=0} + F\,\partial u_c^+(x,t)/\partial x|_{x=0}$ である. これらはおもりの加速度, 復元力でもある. おもりの運動方程式 $m\,a(0,t) = f(0,t)$ から, $U_{\text{rfl}}/U_{\text{in}} = 1/(2iF/mc\omega - 1)$. エネルギー反射率 $R = |U_{\text{rfl}}/U_{\text{in}}|^2 = 1/[(2F/mc\omega)^2 + 1] = 1/(4\mu F/m^2\omega^2 + 1)$. 例えば [1] の弦に $2.0 \times 10^{-3}\,\text{kg}$ のおもりを付けたとき，$\omega = 50\pi$ の波に対して, $R = 0.71$.

[9] O を原点, 棒に沿って x 軸をとる.

(1) 引っ張り力の場 $f(x,t)$ に対して, (8.15) から $f_{\text{ex}}(t) = -f(0,t) = -EA\,\partial u(x,t)/\partial x|_{x=0} = -(\omega EA/c)U_0 \sin\omega t$.

(2) O の速度は $v(0,t) = \partial u(x,t)/\partial t|_{x=0} = -\omega U_0 \sin\omega t$. 1周期 T の間に外力がする仕事 $= \displaystyle\int_0^T f_{\text{ex}}(t')\,v(t')\,dt' = \dfrac{EA\omega^2 U_0^2 T}{2c}$. 単位時間当りの平均仕事 $P = EA\omega^2 U_0^2/2c$.

(3) [例題 8.2] によると，この棒を伝わるエネルギーの流れ $= A s_{\text{vol}}(x,t)$

$= (EA/c)[v(x,t)]^2 = (EA/c)\{-\omega U_0 \sin[\omega(t-x/c)]\}^2$. この時間平均値は P に等しい。すなわち、外力の仕事は波のエネルギーとなって、棒を流れる。

[10] (6.2) から $f_j = ku_j - ku_{j-1}$. これが $-Zv_j = -Z\,du_j/dt$ に等しいとして、$u_j(t) = Ae^{i(\omega t - q(ja))}$ を代入し、$\omega = 2\sqrt{k/m}\sin(qa/2)$ を使うと、$Z(\omega) = \sqrt{mk}\,e^{iqa/2} = \sqrt{mk}\,[\cos(qa/2) + i\sin(qa/2)] = \sqrt{mk}(1-m\omega^2/4k) + i\omega m/2$. 特に ω が小さいときには [例題6.3] の e を使って、$Z \approx \sqrt{mk} = \sqrt{\mu e}$.

[11] (1) $c_P = \omega/q = \sqrt{g/q + \gamma q/\rho}$, $c_g = (g + 3\gamma q^2/\rho)/2\omega = (g + 3\gamma q^2/\rho)/2\sqrt{gq + \gamma q^3/\rho}$. ここで $c_g = c_P = c$ ならば、$2\omega^2/q = 2(g + \gamma q^2/\rho) = g + 3\gamma q^2/\rho$, したがって $q = \sqrt{\rho g/\gamma}$ である。このとき波長は $\lambda = 2\pi/q = 2\pi\sqrt{\gamma/\rho g} \approx 1.7 \times 10^{-2}\,\mathrm{m}$.

  (2) 波長が長い $(q \to 0)$ 極限では $\omega \approx \sqrt{gq}$, $c_P \approx \sqrt{g/q}$, $c_g \approx \sqrt{g/q}/2 \approx c_P/2$. 例えば、波長10 mの波の角振動数は2.48 Hz, 群速度は3.95 m/sである。

第 9 章

[1] 誘電率の単位 [F/m] = [C/V·m], 透磁率の単位 [H/m] = [Wb/m·A], 抵抗の単位 [Ω] = [V/A] と, [Wb] = [V·s] (電磁誘導の法則による。なお、これは記憶しておくと便利な関係である) を使えば、すぐに導ける。

[2] (1) $V_1(x, q) = V_0 e^{-iqx}$, $V_2(x, q) = 2V_0 e^{-i(qx + \pi/3)}$

  (2) 合成波の複素振幅 $= (1 + 2e^{-i\pi/3})V_0 e^{-iqx} = (2 - i\sqrt{3})V_0 e^{-iqx} = \sqrt{7}\,V_0\,e^{-i(qx + \alpha)}$; $\tan\alpha = \sqrt{3}/2$ である合成波の式は $v_\mathrm{sum}(x, t) = \sqrt{7}\,V_0\cos(\omega t - qx - \alpha)$.

  (3) $\langle S_1 \rangle = V_0^2/2Z$, $\langle S_2 \rangle = 2V_0^2/Z$ (4) $\langle S_\mathrm{sum} \rangle = 7V_0^2/2Z$

[3] (1) 音の波に対するインピーダンス $Z = \sqrt{B\rho_0} = \sqrt{\rho_0/\kappa}$. 空気を分子量 $M_A = 29 \times 10^{-3}$ kg/mol の理想気体とし、κ に(6.34)を使うと $Z_A = \sqrt{\gamma M_A p^2/RT} = 4.1 \times 10^2$ N·s/m³. また $Z_B = 1.2 \times 10^7$ kg/m²·s. 振幅反射率 $r = (Z_B - Z_A)/(Z_B + Z_A)$ は実質上1 (振幅透過率 $\approx 6.7 \times 10^{-5}$) である。

  (2) $r = 0.50$ (3) $r = -0.52$

[4] 問題の図に示したように電圧 $v_j(t)$, 電流 $i_j(t)$ を決めると、(9.1)〜(9.3) に対応する式は $-L\,d[i_j(t) - i_{j+1}(t)]/dt = v_j(t)$ (a), $q_j(t) = C[v_j(t) - v_{j-1}(t)]$ (b), $dq_j(t)/dt = C\,d[v_j(t) - v_{j-1}(t)]/dt = i_j(t)$ (c). 複素表示で $v_{jc}(t) = V_0 e^{i(\omega t - j\Delta(\omega))}$, $i_{jc}(t) = I_0 e^{i(\omega t - j\Delta(\omega))}$ とすると、(a), (c) から $V_0/I_0 = i\omega L(e^{-i\Delta} - 1) = 1/i\omega C(1 - e^{i\Delta})$ となる。これから $2 - \omega_0^2/\omega^2 = 2\cos\Delta$, ∴ $\omega = \omega_0/\sin(\Delta/2)$. したがって、$\omega \geq 2\omega_0$ の波だけが伝わる。

第 10 章

[**1**]　図のように音叉が振動しているとき，XX', YY' 方向に進む音の波は位相が π ずれる．XX', YY' の二等分方向では，これらの波が常に打消す．

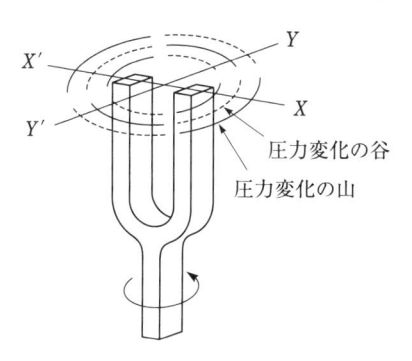

圧力変化の谷
圧力変化の山

[**2**]　スリットからスクリーンまでの距離を L，暗部の間隔を a とする．
　（1）　(10.41) によって，$a/2L \approx \sin\theta = \lambda/B$．$a = 2\lambda L/B \approx 3.8 \times 10^{-2}$ m，$\Delta a = -a(\Delta B/B) \approx 3.8 \times 10^{-4}$ m だけ広がる．
　（2）　光の強さの分布は (10.42) の 2 番目の因子で決定される．ここで (10.28) を使うと $a/2 \approx L\sin\theta = \lambda L/Nd$．$a \approx 1.9 \times 10^{-3}$ m．このように光の進む方向は N とともに鋭くなる．

[**3**]　空気の屈折率を $n = 1 + \Delta n$ とする．同時に光源を出て，2 つの異なる経路を通り，スクリーンの中央に達する光の位相差で，M_2 で反射される光が長さ l の容器を往復することによる部分は，$-\omega(2l)/c = -(\omega/c_0)2(1+\Delta n)l = -4\pi(1+\Delta n)l/\lambda_0$ である．λ_0 は真空中の波長である．容器を排気するときの位相差の変化は $4\pi \Delta n\, l/\lambda_0$ で，この値が 2π を超えるごとに，中心の点で暗→明→暗（あるいは明→暗→明）の変化が 1 回起こる．したがって，$43 < 2\Delta n\, l/\lambda_0 < 44$．これから $\Delta n \approx 2.7 \times 10^{-4}$．

[**4**]　中心軸から距離 R の位置で，薄い空気の層の上側 A，下側 B で反射した光の波の干渉を考える．AB の距離 $d = R(1-\cos\alpha) \approx R\alpha^2/2 \approx R(r/R)^2/2 = r^2/2R$．観測の位置で 2 つの波の位相差は $2\pi(2d)/\lambda + \pi = 2\pi(r^2/\lambda R + 1/2)$ である．空気の屈折率 < ガラスの屈折率 なので，B での反射では位相が π ずれることに注意．2 つの波が干渉で弱め合い暗い輪ができるための条件は $r^2/\lambda R + 1/2 =$ 奇数 $\times 1/2$，すなわち $r_n = \sqrt{n\lambda R}$　$(n = 0, 1, 2, 3, \cdots)$ である．

参 考 書

　本書の執筆，特にまとめの段階で，以下の書物を参考にした．そのうちいくつかは，以前から著者が身近に置いて，必要に応じて参照してきたものである．これらの多くは，本書の読者にとってもよい参考書であろう．

1) D. ハリディ，R. レスニック，J. ウォーカー 共著，野崎光昭 監訳：「物理学の基礎 ［2］ 波・熱」（培風館，2002）
2) 小出昭一郎 著：「物理学 (三訂版)」（裳華房，1997）
3) 長岡洋介 著：「振動と波」（裳華房，1992）
4) K.U. Ingard : *"Fundamentals of Waves and Oscillations"* (Cambridge, 1988)
5) A.P. フレンチ 著，平松 惇，安福精一 監訳：「MIT 物理 振動・波動」（培風館，1986）
6) 有山正孝 著：「振動・波動」（裳華房，1970）
7) カルマン - ビオ 共著，村上勇次郎，武田晋一郎，飯沼一男 訳：「工学における数学的方法 上，下」（法政大学出版局，1954）

　第9章，第10章の内容は，電磁気学，あるいは伝統的な課程では光学とよばれる分野で扱われるものである．特にこの部分については，

8) J.D. ジャクソン 著，西田 稔 訳：「電磁気学 (原書第3版) 上，下」（吉岡書店，2003）
9) 熊谷寛夫 著：「電磁気学の基礎 ―実験室における―」（裳華房，1983）

を参考にした．前者は電磁波についての標準的な教科書であるが，想定されている程度は本書より高い．

索　引

ア

圧縮率　164

イ

位相　3, 182
　──速度　193
　──定数　5, 181
　──ベクトル　15
　初期──　4
一般解　8
インコヒーレント　275
インピーダンス　101, 222
　真空の──　233

ウ

うなり　68

エ

LCR（直列）回路　95
エネルギー
　強制振動の──　56
　減衰振動の──　38
　単振動の──　18
エネルギー吸収曲線　59, 93
エネルギーの散逸　23
エネルギーの流れ
　電磁波の──　243
　波の──　217

オ

円筒波　225
円偏波　242
遠方の波の近似　262

応答　105
　一般の外力に対する
　　──　115
　衝撃力に対する──　107
応力　166
おもりとばねとダッシュポットの模型　29
おもりとばねの模型　2
おもりとばねの列　151

カ

回折　277
回折格子　255, 285
外力　41, 105
外力と応答の関係　104, 112
角振動数　4
　カットオフ──　248
　基準──　121, 129
　固有──　7
過減衰　33
重ね合わせ　64, 112, 189
　──振動　64
　──の原理　64
　──の法則　189

過渡現象　46
感受率　105
干渉　251, 257
　光の波の──　272
干渉計　275

キ

Q 値　37
機械‐電気アナロジー　98
基準角振動数　121, 129
基準座標　130, 141
　おもりとばねの列の
　　──　157
基準振動　121
　──のモード　136
　弦の横振動の──　149, 216
　対称型の──　129
　反対称型の──　129
　棒の縦振動の──　150, 171
球面波　225
鏡映に対して反対称　136
鏡映に対して対称　137
共振　53
　直列──　102
　並列──　103
強制振動　49
共鳴　53

索引

ク
群速度 193

ケ
減衰振動 32
減衰のある調和振動子 34

コ
格子定数 256
合成振動 64
合成波 189
剛性率 166
固定端 210
コヒーレント 275
固有角振動数 7

サ
サイドバンド 68

シ
時定数 28
周期 3
自由端 211
衝撃力 34, 109
　――に対する応答 107
初期位相 4
真空中の光速度 233
真空のインピーダンス 233
振動数 3
　角―― 4
振幅 3

セ
―― スペクトル 84
―― 密度 75
複素―― 18

セ
正弦波 181
成分振動 64
成分波 189
線形 30, 43
　――系 64, 112

タ
対称型の基準振動 129
対数減衰率 37
体積弾性率 164
楕円偏波 242
ダッシュポット 29
おもりとばねと――の模型 29
縦振動 150
縦波 177
単振動 3
　――の重ね合わせ 64
　――の合成 64
弾性定数 166
単振り子 13

チ
調和振動子 8
　減衰のある―― 34
直線偏波 242
直列（LCR）回路 95
直列共振 102

テ
定在波（定常波） 217
デルタ関数 109
電磁波 238

ト
同次でない微分方程式 43
同次（微分）方程式 30

ナ
波の基本方程式 202
波の速度 182
　一様な誘電体中の電磁波 244
　弦の横波 198
　真空中の電磁波 241
　大気中の音波 199
　同軸ケーブルの電磁波 231
　棒の縦波 204
波の伝播の線 181
波の反射 210, 234
波の量 177

ニ
2重振り子 132

ネ
粘性抵抗力 28

ノ
伸び変形 166

ハ

媒質 177
ハイパスフィルター 248
はしご回路 245
波数 84, 179
　　——ベクトル 188
波束 194
波動関数 260
波動方程式 206
波面 188
パルス 71
　　——波 184
波連 190
パワースペクトル 89
反対称型の基準振動 129

ヒ

歪み 166
ひねり振り子 9

フ

フィルター 248
　　ハイパス—— 248
　　ローパス—— 248
複素振幅 18
複素（数による）表示 17
不足減衰 33
フーリエ逆変換 89
フーリエ級数 81
フーリエ係数 81
フーリエ正弦級数 82
フーリエ積分表示 89
フーリエ展開 80
フーリエ変換 89
フーリエ余弦級数 82
分散 190
分散関係 193
おもりとばねの列の—— 154
棒の縦振動の—— 174

ヘ

平面波 188
並列共振 103
ベクトル図 15
ヘルツ 3
変調 68, 191

偏波面 242

ホ

ホイヘンスの原理 278

ヤ

ヤング率 166

ヨ

横振動 150
横波 177

リ

リサージュ図形 77
臨界減衰 33

レ

連成系 121
連成振動 121
連成振り子 119

ロ

ローパスフィルター 248
ローレンツ曲線 59

著者略歴

1936年 東京都出身．1964年 東京大学大学院数物系研究科博士課程修了．東京大学理学部助手，早稲田大学理工学部助教授を経て，1974年から2004年まで早稲田大学理工学部教授．現在，早稲田大学名誉教授．理学博士．専攻は磁性体物理．

主な編著書：「マグネトセラミックス」（共著，技報堂出版，1986），「実験物理学講座6 磁気測定Ⅰ」（共編，丸善，2000）

裳華房フィジックスライブラリー **振動・波動**

	2006年11月20日 第1版発行
	2010年3月10日 第2版1刷発行

検印省略

定価はカバーに表示してあります．

増刷表示について
2009年4月より「増刷」表示を「版」から「刷」に変更いたしました．詳しい表示基準は弊社ホームページ
http://www.shokabo.co.jp/
をご覧ください．

著作者	近 桂一郎 (こん けいいちろう)
発行者	吉野 和浩
発行所	〒102-0081 東京都千代田区四番町8-1 電話 03 - 3262 - 9166 ～ 9 株式会社 **裳華房**
印刷所	横山印刷株式会社
製本所	牧製本印刷株式会社

社団法人
自然科学書協会会員

JCOPY 〈(社)出版者著作権管理機構 委託出版物〉
本書の無断複写は著作権法上での例外を除き禁じられています．複写される場合は，そのつど事前に，(社)出版者著作権管理機構（電話03-3513-6969, FAX 03-3513-6979, e-mail: info@jcopy.or.jp）の許諾を得てください．

ISBN 978-4-7853-2226-7

©近 桂一郎, 2006　Printed in Japan

2010年3月現在

裳華房フィジックスライブラリー

著者	書名	定価
木下紀正 著	大学の物理	2940円
高木隆司 著	力学（I）・（II）	（I）2100円 （II）1995円
久保謙一 著	解析力学	2205円
近桂一郎 著	振動・波動	3465円
原康夫 著	電磁気学（I）・（II）	（I）2415円 （II）2415円
中山恒義 著	物理数学（I）・（II）	（I）2415円 （II）2415円
香取眞理 著	統計力学	近刊
小野寺嘉孝 著	演習で学ぶ量子力学	2415円
坂井典佑 著	場の量子論	3045円
塚田捷 著	物性物理学	3255円
松下貢 著	フラクタルの物理（I）・（II）	（I）2520円 （II）2520円
齋藤幸夫 著	結晶成長	2520円
中川・蛯名・伊藤 著	環境物理学	3150円
小山慶太 著	物理学史	2625円

裳華房テキストシリーズ－物理学

著者	書名	定価
川村清 著	力学	1995円
宮下精二 著	解析力学	1890円
小形正男 著	振動・波動	2100円
小野嘉之 著	熱力学	1890円
兵頭俊夫 著	電磁気学	2730円
阿部龍蔵 著	エネルギーと電磁場	2520円
原康夫 著	現代物理学	2205円
原・岡崎 著	工科系のための現代物理学	2205円
松下貢 著	物理数学	3150円
岡部豊 著	統計力学	1890円
香取眞理 著	非平衡統計力学	2310円
小形正男 著	量子力学	3045円
松岡正浩 著	量子光学	2940円
窪田・佐々木 著	相対性理論	2730円
永江・永宮 著	原子核物理学	2730円
原康夫 著	素粒子物理学	2940円
鹿児島誠一 著	固体物理学	2520円
永田一清 著	物性物理学	3780円

裳華房ホームページ http://www.shokabo.co.jp/